MIX
Papier aus verantwortungsvollen Quellen
Paper from responsible sources
FSC® C105338

Wolf-Dieter Schmidt

Entwicklung und Fertigung von Leiterplatten-Baugruppen

Bauteile · Lötverfahren · Layoutregeln

disserta
Verlag

Schmidt, Wolf-Dieter: Entwicklung und Fertigung von Leiterplatten-Baugruppen:
Bauteile - Lötverfahren - Layoutregeln, Hamburg, disserta Verlag, 2014

Buch-ISBN: 978-3-95425-322-7
PDF-eBook-ISBN: 978-3-95425-323-4
Druck/Herstellung: disserta Verlag, Hamburg, 2014
Covermotiv: © Uladzimir Bakunovich – Fotolia.com

Bibliografische Information der Deutschen Nationalbibliothek:
Die Deutsche Nationalbibliothek verzeichnet diese Publikation in der Deutschen
Nationalbibliografie; detaillierte bibliografische Daten sind im Internet über
http://dnb.d-nb.de abrufbar.

Das Werk einschließlich aller seiner Teile ist urheberrechtlich geschützt. Jede Verwertung
außerhalb der Grenzen des Urheberrechtsgesetzes ist ohne Zustimmung des Verlages
unzulässig und strafbar. Dies gilt insbesondere für Vervielfältigungen, Übersetzungen,
Mikroverfilmungen und die Einspeicherung und Bearbeitung in elektronischen Systemen.

Die Wiedergabe von Gebrauchsnamen, Handelsnamen, Warenbezeichnungen usw. in
diesem Werk berechtigt auch ohne besondere Kennzeichnung nicht zu der Annahme,
dass solche Namen im Sinne der Warenzeichen- und Markenschutz-Gesetzgebung als frei
zu betrachten wären und daher von jedermann benutzt werden dürften.

Die Informationen in diesem Werk wurden mit Sorgfalt erarbeitet. Dennoch können
Fehler nicht vollständig ausgeschlossen werden und die Diplomica Verlag GmbH, die
Autoren oder Übersetzer übernehmen keine juristische Verantwortung oder irgendeine
Haftung für evtl. verbliebene fehlerhafte Angaben und deren Folgen.

Alle Rechte vorbehalten

© disserta Verlag, Imprint der Diplomica Verlag GmbH
Hermannstal 119k, 22119 Hamburg
http://www.disserta-verlag.de, Hamburg 2014
Printed in Germany

Mit Urteil vom 12. Mai 1998 hat das Landgericht Hamburg entschieden, dass man durch die Ausbringung eines Links die Inhalte der gelinkten Seite ggf. mit zu verantworten hat. Dies kann, so das LG, nur dadurch verhindert werden, dass man sich ausdrücklich von diesen Inhalten distanziert.

Hiermit distanziere ich mich von allen Inhalten der externen Links in diesem Dokument. Ich habe keinen Einfluss auf Gestaltung oder Inhalt der gelinkten Seiten und mache mir die Inhalte nicht zu eigen.

Alle nicht mit einer Quelle gekennzeichneten Bilder und Grafiken in diesem Dokument sind Arbeiten des Autors. Angaben in eckigen Klammern verweisen auf die Literatur- und Quellenangaben am Ende.

Inhaltsverzeichnis

1.	**Übersicht**	7
1.1.	Hintergründe	7
1.2.	Untergliederung des Inhalts	8
1.3.	Begriffsbestimmungen	8
1.4.	Normen	9
1.4.1.	Sinn und Zweck von Normen	9
1.4.2.	Herausgeber von Normen	10
1.4.3.	einige Normen als Beispiele	11
2.	**Entstehung einer Leiterplattenbaugruppe**	13
2.1.	Aufgliederung des technischen Ablaufes	13
2.2.	Einflüsse und Wechselwirkungen	14
3.	**Technologie der Leiterplatte**	17
3.1.	Grundlagen	17
3.2.	Materialien	18
3.3.	Aufbautechniken	23
3.3.1.	einseitige Leiterplatte – Grundlagen Ätztechnik	23
3.3.2.	doppelseitige Leiterplatte – galvanisieren und modifizierte Ätztechnik	24
3.3.3.	Multilayer	25
3.3.4.	Multilayer – spezielle Bauformen und besondere Aspekte	27
3.3.4.1.	Sacklöcher, Buried Vias, Laserstrukturierung	27
3.3.4.2.	Sequentiell aufgebaute Multilayer (SBU), ultradünne Multilayer (UTM) und LASER-Strukturierung	28
3.3.4.3.	Multilayer mit integrierten Wärmeableitschichten	29
3.3.5.	sonstige Leiterplatten(-Sonder)bauformen	29
3.4.	mechanische Bearbeitung: Stanzen, Bohren, Fräsen und Ritzen	31
3.5.	Lackschichten	32
3.6.	metallische Oberflächen bzw. Oberflächenschutz	33
3.7.	Qualitätsaspekte und Leiterplatten-Fehler	35
3.7.1.	Lagenversatz	35
3.7.2.	Bohrprobleme	36
3.7.3.	Kontaktabriss	36
3.7.4.	Orangenhaut	37
3.7.5.	Delaminierung	37
3.7.6.	Entnetzung	38

3.8.	Kostenaspekte	38
4.	**elektronische Bauteile**	**40**
4.1.	Begriffsbestimmung	40
4.2.	bedrahtete Bauteile	40
4.3.	SMDs („Surface Mounted Devices") bzw. OMBs („oberflächenmontierte Bauteile")	41
4.3.1.	Chips in Bauform „MA"	42
4.3.2.	Chips in Bauform „AB"	44
4.3.3.	kleine Halbleitergehäuse	45
4.3.4.	große Halbleitergehäuse für integrierte Schaltungen (ICs)	46
4.4.	Materialaspekte: Gehäuse und Anschlüsse	49
4.4.1.	Gehäuse	49
4.4.2.	Anschlüsse	50
4.4.3.	Materialprobleme	51
4.5.	Bauteil-Empfindlichkeiten	51
4.5.1.	Mechanik	51
4.5.2.	ESD – Electro Static Discharge	52
4.5.3.	Feuchte	53
5.	**Bestücktechnik**	**54**
5.1.	Bauteilbereitstellung	54
5.2.	Handbestückung	54
5.3.	Maschinenbestückung	55
5.3.1.	bedrahtete Bauteile	55
5.3.2.	SMDs	55
5.3.2.1.	Bestückvorbereitung	55
5.3.2.2.	bedrahtete Bauteile und SMDs / einseitig Wellen-Löttechnik	56
5.3.2.3.	bedrahtete Bauteile und SMDs / Reflow- und Wellenlöt-Technik	56
5.3.2.4.	SMDs auf beiden Seiten / beidseitig Reflow-Technik	57
5.3.3.	Pick-and-Place-Prinzip	58
5.3.3.1	Detail-Unterschiede	58
5.3.3.2	ortsfeste Leiterplatte	58
5.3.3.3	Leiterplatte entlang einer Achse bewegt	59
5.3.3.4	Leiterplatte entlang beider Achsen bewegt	60
5.4.	Sondertechniken	60
6.	**Verbindungstechnologie**	**61**
6.1.	Begriffsbestimmung	61
6.2.	Löttechnik	61

6.2.1.	allgemeine Grundlagen	62
6.2.1.1.	Abgrenzung Löten – Schweißen	62
6.2.1.2.	wichtige Lotlegierungen	62
6.2.1.3.	Aufbau der Lötstelle	63
6.2.1.4.	Fähigkeit zum Ausbilden einer Lötstelle – Benetzungseigenschaften	66
6.2.1.5.	Kompatibilität von bleihaltigen und bleifreien Loten und Oberflächen von Bauteilanschlüssen	67
6.2.1.6.	Funktion des Flussmittels	69
6.2.2.	Handlötung	70
6.2.3.	Wellenlöten	71
6.2.3.1.	Grundlageninformationen Welle	71
6.2.3.2.	Lötbilder und Lötfehler Welle	74
6.2.4.	Reflow-Löten	75
6.2.4.1.	Grundlageninformationen Reflow	75
6.2.4.2.	Heißgas-Reflow-Anlagen	78
6.2.4.3.	Vapourphase-Löten	80
6.2.4.4.	Lötbilder und Lötfehler Reflow	83
6.2.5.	„Pin in Paste"	84
6.2.6.	sonstige Löttechniken	85
6.2.7.	Kompatibilität Bauteil – Lötprozess	86
6.3.	Leitklebetechnik	87
6.4.	Schweißen / Bonden	87
6.5.	Einpresstechnik	88
7.	**Prüfung**	89
7.1.	Begriffsbestimmung Prüfung – Abgleich	89
7.2.	Prüfmethoden	89
7.2.1.	Optische Methoden	90
7.2.1.1.	Sichtprüfung	90
7.2.1.2.	Automatic Optical Inspection (AOI)	91
7.2.1.3.	Röntgenuntersuchung	91
7.2.2.	Elektrische Methoden	91
7.2.2.1.	Moving Probe Tester / Flying Probe Tester	91
7.2.2.2.	In-Circuit-Test = ICT	92
7.2.2.3.	Boundary-Scan	93
7.2.2.4.	Funktions-Test = FUT	94
7.3.	Abgleich	94
8.	**Arbeitsorganisation**	95

8.1.	Analyse	95
8.2.	Zeitplanung	95
8.3.	Fertigungskonzept	96
8.4.	Typengebundene Werkzeuge	99
8.5.	Daten- bzw. Unterlagenverteilung, Arbeitspläne	100
9.	**Leiterplatten-Layout – allgemeine Voraussetzung**	**103**
9.1.	Definition prozessrelevanter Parameter	103
9.1.1.	Feinheit der Struktur	103
9.1.2.	Pad und Bohrung	105
9.1.2.1.	grundlegende Dimensionierung	105
9.1.2.2.	Besonderheiten der Bohrung-Pad-Kombination	107
9.1.3.	Lötstopplack	108
9.1.4.	Kennzeichnungsdruck	110
9.1.5.	Technologische Anforderung als Auswahlkriterium	111
9.2.	Symbol-Bibliothek	111
9.2.1.	Sinn einer Bibliothek, Aufbau & Struktur	111
9.2.2.	Elemente der Bibliothekssymbole	113
9.2.3.	Funktion der Sperrzonen	115
9.3.	bedrahtete Technik (THT)	116
9.3.1.	Block- und Scheiben-Gehäuse, 2-polig	116
9.3.2.	axiale Bauteile, 2-polig	117
9.3.3.	vielpolige Gehäuse	119
9.3.3.1.	Steckverbinder, Schalter u.a. („Electromechanics")	119
9.3.3.2.	Transistorgehäuse, ICs in runden Metallgehäusen o.ä.	120
9.3.3.3.	ICs in DIL-Gehäusen (Dual-Inline)	121
9.3.3.4.	Leistungshalbleiter mit Kühlkörpern u.ä.	121
9.4.	SMT	122
9.4.1.	Grundlagen	122
9.4.1.1.	SMD in der Lötwelle	122
9.4.1.2.	SMDs beim Reflowlöten	124
9.4.1.3.	Lötstopplackfenster	126
9.4.1.4.	Lotpastenfenster	126
9.4.2.	Layout für Chip-Bauteil (Anschluss-Typ „MA")	127
9.4.2.1.	Wellen-Löten	127
9.4.2.2.	Reflowlöten (Anschluss-Typ „MA")	129
9.4.3.	Layout für Chip-Bauteil (Anschluss-Typ „AB")	130
9.4.3.1.	Wellen-Löten	130

9.4.3.2.	Reflowlöten (Anschluss-Typ „AB")	131
9.4.4.	Layout für Halbleiter-Gehäuse (Anschluss-Typ „GW")	132
9.4.4.1.	Wellen-Löten (Anschluss-Typ „GW")	133
9.4.4.2.	Wellen-Löten – spezielle Aspekte (Anschluss-Typ „GW")	134
9.4.4.3.	Reflowlöten (Anschluss-Typ „GW")	136
9.4.5.	Layout für IC-Gehäuse (Anschluss-Typ „JL") – nur Reflow-Technik	138
9.4.6.	Layout für IC-Gehäuse (Anschluss-Typ „BGA")	140
9.4.7.	Layout für Bauteile mit Flächenanschlüssen	143
9.4.8.	Layout für „Exoten"	144
9.4.9.	schwere / große Bauteile (,heavy components')	145
10.	**Leiterplatten-Layout – Details**	146
10.1.	Festlegung der Eckdaten der zu konstruierenden LP	146
10.1.1.	Kontur und Befestigung	146
10.1.2.	Technologieauswahl	149
10.1.3.	Definition des Aufbaus	151
10.2.	erste Schritte im Layout	152
10.2.1.	Bauteilplatzierung	152
10.2.2.	thermische Aspekte	153
10.2.3.	Ströme und Spannungen	155
10.3.	Detaillierung des Layouts	158
10.3.1.	Layout	158
10.3.2.	Justierung und Test	161
10.3.3	diverse Feinheiten	162
10.4.	High-Speed-Layout	165
10.4.1.	ideale Leitungen und Anpassung	165
10.4.2.	reale Leitungen auf Leiterplatten	167
10.4.3.	Ausgangs- und Eingangsimpedanzen	170
10.4.4.	Konsequenzen für das Layout	171
10.5.	Abschluss des Themas „Layout"	174
	Literatur und Quellen	175
	Verzeichnis gängiger Abkürzungen	180

1. Übersicht

1.1. Hintergründe

An der Entstehung einer Leiterplattenbaugruppe sind mehrere Abteilungen einer Firma bzw. mehrere Firmen beteiligt, was im 2. Abschnitt genauer betrachtet werden soll. Unabhängig von der Konstellation gibt es zu den technischen Schwierigkeiten nur zu häufig Kommunikationsprobleme zwischen den Beteiligten. Wie leicht einzusehen ist, kann eine Arbeit nur dann sinnvoll, d.h. mit gutem technischen und wirtschaftlichem Ergebnis ausgeführt werden, wenn der oder die Ausführende zumindest einen Überblick über die aus der eigenen Arbeit resultierenden Konsequenzen für die nachfolgenden Fertigungsschritte hat. Hier muss man aber leider allzu oft deutliche Mängel feststellen.

Aus den zuvor dargestellten Überlegungen resultiert der Ansatz für die Struktur dieses Buches. In den folgenden Kapiteln sollen die Grundzüge der am Entstehungsprozess einer Leiterplattenbaugruppe beteiligten Technologieschritte erläutert werden, wobei der Schwerpunkt auf Standard-Techniken Stand etwa 2012/2013 liegt. Bei spezialisierten Firmen und / oder ohne Berücksichtigung der Kosten sind auch heute schon weitaus anspruchsvollere Konstruktionen möglich.

Sehr wichtig ist es, die Wechselwirkungen zwischen den verschiedenen Fertigungsschritten zu betrachten. Dabei sollen die folgenden Stichworten eine Art Leitlinie darstellen:

- Darstellung der komplexen Verkettung der Einzelschritte
- Übersicht über die beteiligten Verfahren (Grundlagen)
- Ausrichtung auf „gesamtheitliches Denken"
- wirtschaftliches Engineering

Unter dem letzten Stichwort verstehe ich die Brücke zwischen der technischen und der kaufmännischen Welt. Jedem sind die immer wieder aufkommenden Diskussionen um den „Standort Deutschland" und das Schlagwort „Lohnstückkosten" bekannt. Nur wenn man sich bereits zu Beginn eines Projektes gründlich Gedanken über die Kostenanteile der „Zutaten" macht bzw. die Wechselwirkung von Technologieauswahl und Kosten angemessen berücksichtigt, kommt man letztlich auch zu einem vermarktbaren Produkt. Ingenieuren wird häufig nachgesagt „zu verspielt" zu sein und zu wenig auf das „liebe Geld" zu achten. Daher werden auch immer wieder Denkanstöße für das Kostendenken gegeben. Eine Kostenoptimierung bis zur letzten Konsequenz dürfte allerdings in den meisten Fällen ein Wunschtraum bleiben, da der dafür notwendige Aufwand nur unter besonderen Randbedingungen realisiert werden kann.

Diese Zusammenstellung kann viele Themen nur streifen und Anregungen vermitteln. Beim Beurteilen von Sachverhalten hilft ein gutes Verständnis grundlegender physikalischer Gesetzmäßigkeiten ganz erheblich. Wenn man bedenkt, wie verschiedenartig Leiterplattenbaugruppen sein können, dann wird schnell klar, dass es zu solch einem Thema keine „Kochrezepte" geben kann.

1.2. Untergliederung des Inhalts

Der gesamte Inhalt ist in 10 Hauptkapitel mit unterschiedlichem Umfang unterteilt:
1. Übersicht
2. Entstehung einer Leiterplattenbaugruppe
3. ***Technologie der Leiterplatte***
4. elektronische Bauteile
5. Bestücktechnik
6. ***Verbindungstechnologie***
7. Prüfung
8. Arbeitsorganisation LP-Baugruppen-Fertigung
9. ***LP-Layout – allgemeine Voraussetzungen***
10. ***LP-Layout – Details***

Dabei sind die kursiv und fett gedruckten 4 Kapitel verhältnismäßig umfangreich und beschreiben besonders wichtige Aspekte. Die Reihenfolge der Kapitel ergibt sich aus der Erkenntnis, dass für ein erfolgreiches Layout die Grundkenntnisse über die Materialien (3. & 4.) und die aufeinanderfolgenden Prozessschritte (5. Bis 7.) notwendig sind.

1.3. Begriffsbestimmungen

Bisweilen werden die gleichen Begriffe für verschiedene Dinge verwendet. Diese verschiedenen Bezeichnungen sind nicht genormt und ich möchte die üblichen Bezeichnungen hier erläutern und den Gebrauch innerhalb des Buches festlegen:

Tab. 1.1: Begriffe

	andere Bezeichnungen	Erläuterung
Leiterplatte:	PB (= printed board) PCB (= printed circuit board) gedruckte Schaltung	die nicht bestückte einzelne Leiterplatte
Leiterplatten-Baugruppe:	PBA (= printed board assembly) PCBA (= printed circuit board assembly) Flachbaugruppe	die einzelne bestückte Leiterplatte
Baugruppe:	assembly	- einzelne Baugruppe (z.B. Einschub in System) oder - mehrere Leiterplattenbaugruppen zusammengebaut
Gerät:	system	- eine oder mehrere Leiterplattenbaugruppe(n) oder - Baugruppen, meist eingebaut in Gehäuse oder Gestell......

1.4. Normen

1.4.1. Sinn und Zweck von Normen

Zu Beginn des industriellen Zeitalters wurden technische Produkte nach Gutdünken des ‚Machers' erstellt. Vor rund 100 Jahren erkannte die Industrie wie auch ihre Großkunden, dass man Regeln erstellen musste, so dass verschiedene Firmen vergleichbare Produkte herstellen konnten. Mit der Einführung leistungsfähigerer Maschinen und der Elektrizität ergaben sich auch beträchtliche Gefahren, die durch die Anwendung von Sicherheitsnormen begrenzt werden mussten. Hier mischte sich dann auch der Gesetzgeber in das Geschehen ein. Das alles zusammen war der Anlass zum Entstehen von Normung.

Normen wurden im Laufe der Zeit von den verschiedensten Institutionen und Verbänden erstellt und herausgegeben. Es gibt fünf Hauptgründe Normen zu erstellen:

a.) **Vereinheitlichung**
(Festlegung technischer Daten um gleiche Produkte von verschiedenen Herstellern herstellen lassen bzw. beziehen zu können.)

Bekannteste Vertreter sind die DIN-Normen (z.B. für Schrauben, Muttern, verschiedenste Materialien, Kabel, ...).
Im Bereich der Elektronik sind das vor allem JEDEC und EIA für Gehäusebauformen und für Bauteile mit vergleichbaren elektrischen Daten.

Dazu ein Beispiel:
Zu Beginn der Transistortechnik hatten die einzelnen Transistoren nur gemein, dass aus einem Glasröhrchen 3 Beinchen herausragten – mehr nicht. Von Telefunken gab es den TF65, von Valvo den OC71 – aber die waren nur ähnlich. Industrieunternehmen sind andererseits immer bestrebt, das gleiche Bauteil von mehreren Herstellern beziehen zu können (Liefersicherheit). So begann JEDEC Transistor-Kenndaten zu definieren. Alle wesentlichen Daten eines 2N2222 oder 2N2907 wurden festgelegt, und jetzt konnte man ohne Schaltungsänderung den Transistor gleichen Namens von Texas Instruments, RCA, Philips, Motorola usw. einsetzen.

b.) **Definition technischer Sachverhalte und Darstellungsmethoden**
(Ziel ist das gleiche Verständnis für Begriffe und zeichnerische Darstellungen in Dokumentationen und Unterlagen zu gewährleisten)

Im deutschsprachigen Raum waren es zunächst die DIN-Normen, inzwischen sind es Neuveröffentlichungen in Verbindung mit IEC- und ISO-Normen (meist mit identischem Inhalt), die z.B. Auflistungen von Fachbegriffen und deren Definitionen enthalten oder aber die einheitliche Methoden zur Darstellungen in technischen Zeichnungen beschreiben.

c.) **Definition von Mindestanforderungen an Produkte**
(Funktion eines Lastenheftes)

Die ältesten Beispiele sind die MIL-Normen und die Normen des FTZ (Fernmeldetechnisches Zentralamt der Bundespost), wichtig sind heute VDA-Normen, sofern diese inzwischen nicht in Form von DIN- oder ISO-Normen erscheinen. Diese Normen sind die Basis für viele Lieferverträge. Sie binden zwar den Lieferanten auf der einen Seite, aber sie schaffen auch von vornherein Klarheit und vermeiden später Auseinandersetzung insbesondere unter dem Aspekt Schadenersatz.

d.) Definition von Qualitätsmaßstäben

Hier sind vor allem die IPC-Standards für die Elektronik zu nennen, die mit Daten und Bildern Normal- und Grenzwerte von akzeptabler Qualität wie auch Fehler darstellen. Derartige Normen sind häufig Vertragsbestandteile zwischen Auftraggeber und Kunden, um eine definierte Basis für die Beurteilung von gelieferten Produkten zu haben.

e.) Sicherheitsaspekte – Schutz des Anwenders bzw. Käufers und der Umwelt

Vom VDE wurde hier viel Normarbeit geleistet. Diese Normen erscheinen heute in Zusammenarbeit mit DIN. Gegenüber den anderen Gruppen haben eine Reihe dieser Normen sogar Gesetzescharakter, d.h. ein Produkt welches einer Sicherheitsnorm nicht entspricht, darf nicht vermarktet werden.
In diesem Zusammenhang sind auch die einschlägigen Richtlinien der EU zu nennen, welche zwar keine Normen im eigentlichen Sinne darstellen, dafür aber durch Übernahme in nationale Gesetze für alle am Wirtschaftsleben Beteiligten verbindlich sind (z.B. [6.10], [6.11]).

1.4.2. Herausgeber von Normen

Im Folgenden sollen einige der für unser Fachgebiet wichtigen Normenherausgeber (bzw. deren Vertriebspartner) genannt werden:

ANSI  American National Standard Institute, gegründet 18.10.1918
(www.ansi.org)

Beuth   Verlag, vertreibt alle DIN und VDE- sowie eine Reihe ausländischer Normen
(www.beuth.de)

CENELEC Comité Européen de Normalisation Electrotechnique
European Committee for Electrotechnical Standardisation
Europäisches Komitee für elektrotechnische Normung
(www.cenelec.org)

DIN Deutsches Institut für Normung e.V., als NADI am 22.12.1917 gegründet
(www.din.de), Normenbezug über Beuth-Verlag Berlin)
DIN arbeitet inzwischen mit dem VDE, mit ISO usw. zusammen, d.h. viele
Normen erscheinen inzwischen als „DIN – ISO", „DIN – EN", „DIN – VDE"

DoD   Department of Defense, Herausgeber der MIL-Normen
(http://dsp.dla.mil)

EIA  Electronic Industries Association / Electronic Industries Alliance
(www.eia.org, Normenbezug teilw. über FED)

FED	Fachverband Elektronik Design, Vertrieb IPC und teilw. EIA sowie eigener Unterlagen zum Thema (www.fed.de)
IEC	International Engineering Consortium, gegründet 1944 (www.iec.ch oder www.iec.org)
IPC	 Institute for Interconnecting and Packaging Electronic Circuits (gegründet Ende der 1950er Jahre) (www.ipc.org)
ISO	International Organisation for Standardisation DIN vertritt Deutschland in der ISO (www.iso.ch oder www.iso.org)
JEDEC	Solid State Technology Association, 1960 gegründet als Joint Electron Device Engineering Council von EIA und NEMA (www.jedec.org)
MIL	Normen für militärische Produkte, siehe DoD
NEMA	National Electrical Manufacturers Association, gegründet 1926 (USA) (www.nema.org)
VDA	Verband der Automobilindustrie (www.vda.de)
VDE	Verband Deutscher Elektrotechniker www.vde.de

1.4.3. einige Normen als Beispiele

Allein die große Zahl der Normenersteller lässt eine Vielzahl von Normen vermuten. Inzwischen sind die Nummern der DIN-Normen immerhin schon 6-stellig ! Im Folgenden sollen einige Normen explizit genannt werden, einmal weil es Beispiele für die obige Darstellung sind oder aber weil die eine oder andere Norm uns noch an späterer Stelle begegnen wird.

| DIN VDE 0800, Teil 1 |
Fernmeldetechnik:
Allgemeine Begriffe, Anforderungen und Prüfungen für die Sicherheit der Anlagen und Geräte

| DIN VDE 0848, Teil 2 |
Sicherheit in elektromagnetischen Feldern
Schutz von Personen im Frequenzbereich von 30 kHz bis 300 GHz

| DIN ISO 5456 |
Technische Zeichnungen – Projektionsmethoden

DIN ISO 7083
Technische Zeichnungen; Symbole für Form- und Lagetolerierung; Verhältnisse und Maße

DIN EN 29454, Teil 1
Flussmittel zum Weichlöten
Einteilung und Anforderungen....

DIN 41652, Teil 1 = IEC807-1
Steckverbinder für die Einschubtechnik
trapezförmig, runde Kontakte.......
Diese Norm geht auf die MIL-C-24308 aus dem Anfang der 60er Jahre zurück und beschreibt die insbesondere in der PC-Welt weit verbreiteten Sub-D-Steckverbinder

DIN EN 60062 = IEC 62
Kennzeichnung von Widerständen und Kondensatoren
Hier werden die hinlänglich bekannten Farbring bzw. –punkt-Codierungen beschrieben.

DIN 60617 = IEC 617
Graphische Symbole für Schaltpläne
In mehreren der Normenteile werden die Schaltsymbole aller gebräuchlichen elektrischen und elektronischen Bauteile zur Erstellung von Schaltplänen definiert.

EN 60950 (= IEC 950 = VDE 0805)
Sicherheit von Einrichtungen der Informationstechnik
Diese Norm stellt eine ganz wesentliche Informationsquelle für einzuhaltende Isolierabstände und Isolierwiderstände sowie Prüfinformationen dar. Alle diejenigen die sich mit an Netzspannung liegenden Geräten oder Spannungen > 50 Volt auseinandersetzen müssen sollten die Vorgaben dieser Norm berücksichtigen.

IPC-4101A
Specification for Base Materials for Rigid and Multilayer Printed Boards
Hieran orientieren sich weltweit die Hersteller der Materialien für Leiterplatten.

ANSI/IPC-A-600E
Acceptability of Printed Boards
Der umfangreichste Standard bezüglich Fertigungsqualität von Roh-Leiterplatten.

IPC-A-610C
Acceptability of Electronic Assemblies
Der umfangreichste Standard bezüglich Fertigungsqualität von bestückten Leiterplatten.

IPC-SM-782A
Surface Mount Design and Land Pattern Standard
Anleitung zur Dimensionierung von Layout-Geometrien für die verschiedenen Bauteil-Gehäuse

2. Entstehung einer Leiterplattenbaugruppe

2.1. Aufgliederung des technischen Ablaufes

An der Entstehung einer Leiterplattenbaugruppe sind grob betrachtet 7 Abteilungen, Bereiche oder Firmen beteiligt:

- Produktmanagement o.ä. (Geräteidee)
- Schaltungslayouter (Definition der elektronischen Schaltung)
- Softwareentwicklung
- Konstruktion
- Leiterplattenhersteller
- Leiterplattenbestücker
- Baugruppenprüfer bzw. Baugruppenintegration

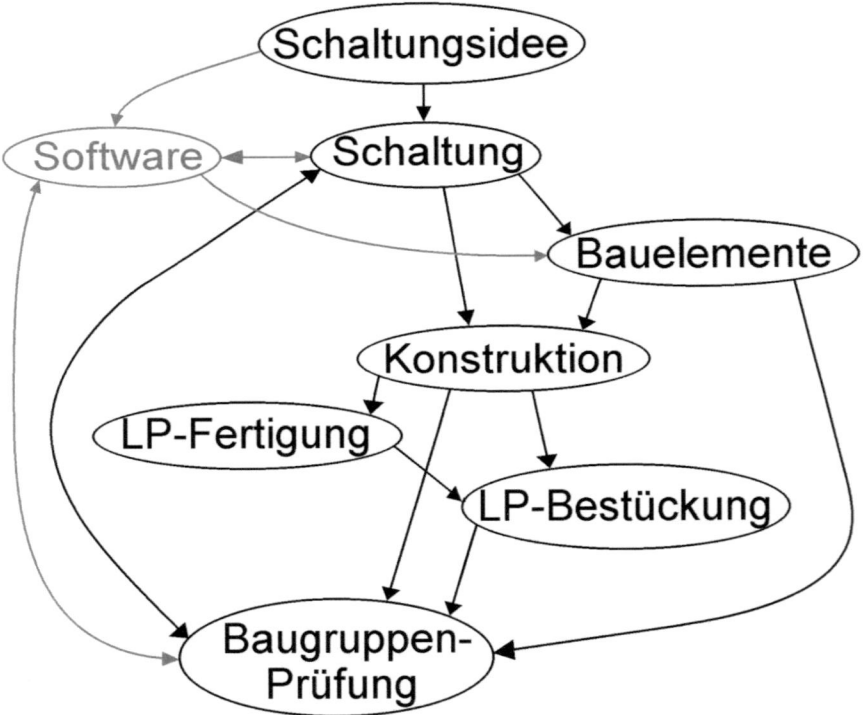

Abb. 2.1: von der Idee zur Baugruppe

Bei großen Unternehmen sind oft (noch) bis zu 5 dieser einzelnen Funktionsabschnitte innerhalb der einen Firma vorhanden, jedoch fast immer in verschiedenen Abteilungen/Bereichen. Da es in vielen Teilen der Wirtschaft inzwischen einen Trend zum Outsourcen gibt bzw. die Elektronik in viele ‚fremde' Bereiche eingedrungen ist – bestes Beispiel ist der ständig steigenden Elektronik-Anteil im Automobilbereich – befinden sich mitunter alle aufgezeigten Funktionen in verschiedenen Firmen, oft genug auch geografisch und über Sprachgrenzen weit von einander entfernt – Probleme sind fast unvermeidlich.

Aus der Grafik (Abb. 2.1) wird sehr schnell klar, dass die Konstruktion unmittelbare Auswirkungen auf alle nachfolgenden Schritte hat. Aber auch schon bei der Definition der elektronischen Schaltung wird Einfluss auf das Layout der Leiterplatte und dadurch mittelbar auf die weiteren Schritte genommen.

2.2. Einflüsse und Wechselwirkungen

Wie schon im ersten Kapitel dargestellt soll auch immer wieder die wirtschaftliche Seite des Engineerings betrachtet werden. Der Einfachheit halber soll bereits die grobe Struktur des Ablaufs aus dem vorherigen Abschnitt dahingehend untersucht werden.
Bei der Erstellung des Gerätekonzepts, bei der Konzeption der elektronischen Schaltung sowie bei der Ausführung der Konstruktion hängt der Aufwand in erster Linie von den Anforderungen des Projektes und dem Können der Ausführenden ab. Insbesondere der zeitliche Aufwand lässt sich bei Verfügbarkeit guter Hilfsmittel (z.B. EDV-Programme) vermindern. Nur in Ausnahmefällen dürfte die Anzahl der zu bauenden Systeme hier einen Einfluss haben.
Bei der Konstruktion werden aber die entscheidenden Weichen gestellt. Mit der Ausführung einzelner Konstruktionsdetails wird über die Kombination der anzuwendenden Techniken und den Bedarf an (meist teuren) Werkzeugen entschieden. Das Hauptunterscheidungsmerkmal sind alternativ Handarbeit oder Maschinenarbeit, welche oft den Einsatz typengebundener Werkzeuge voraussetzt. Die bei der Konstruktion getroffenen Festlegungen sind später nur noch sehr bedingt revidierbar. In der Gegenüberstellung sieht das so aus:

Tab. 2.1: Hand- bzw. Maschinenarbeit bei der Herstellung von Leiterplatten-Baugruppen

		Handarbeit	**Maschinenarbeit**
Aufwand für Arbeitsvorbereitung (Maschinenrüstung, Programmerstellung)		gering	mittel bis hoch
Kostenaspekte	**Stundensatz** / Zeitkosten	mittel	hoch
	Durchsatz (Stück pro Zeiteinheit)	gering	hoch bis sehr hoch
	Stückkosten	hoch	gering
Invest für Ausrüstung		gering	hoch bis sehr hoch
Werkzeugaufwand		eher gering	mittel bis hoch

Schaut man sich den Gesamtaufwand zur Realisation einer Leiterplattenbaugruppe an, dann stellt dieser sich vereinfacht etwa so dar:

Tab. 2.2: Kostenanteile beim Entstehungs- und Produktionsprozess

Posten	Art der Kosten
Entwicklungskosten	fix
+ Konstruktionskosten	fix
+ Leiterplattenfertigung / Arbeitsvorbereitung	fix
+ Leiterplattenfertigung / Herstellung	stückzahlabhängig
+ LP-Bestückung / Arbeitsvorbereitung	fix
+ LP-Bestückung / Ausführung	stückzahlabhängig
+ Löten	stückzahlabhängig
+ Prüfen / Arbeitsvorbereitung	fix
+ Prüfen / Ausführung	stückzahlabhängig
= Gesamtaufwand	

Daraus folgt, dass die Stückkosten für das gleiche Teil ganz erheblich von der zu fertigenden Stückzahl abhängen. Ein ganz einfaches Beispiel soll dies erläutern:

Für eine Leiterplatte von 10 cm * 10 cm Größe und 4 Kupferlagen wurde ein Angebot eingeholt und die Kostenanteile aufgeschlüsselt. Dabei ergab sich:

Tab. 2.3: Fix- und Arbeitskosten in Abhängigkeit von der Stückzahl einer Leiterplatte

Stückzahl	Fixkostenanteil pro Stück	Lohn- und Materialkosten pro Stück
10	≈ 85 %	≈ 15 %
100	≈ 50 %	≈ 50 %
1.000	≈ 15 %	≈ 85 %

Fixe Kosten sind nur begrenzt beeinflussbar:
- ➢ mit guten SW-Hilfsmitteln in der Entwicklung und Konstruktion,
- ➢ durch gute Unterlagen ohne Bedarf an Nachbesserung bei den einzelnen Arbeitsvorbereitungsschritten.

In den allermeisten Fällen besteht die Kunst darin, die für eine definierte Baugruppe unter Berücksichtigung aller Randbedingungen optimale Kombination von Einzelprozessschritten zu finden – hier liegt ein erhebliches Einsparpotential. Tendenziell gilt folgende Überlegung:

Tab. 2.4: Bewertung von Aufwendungen in Relation zu Stückzahlen

	Stückzahl der zu fertigenden Baugruppe		
	klein	mittel	hoch
Entwicklungs- / Konstruktionsaufwand	möglichst gering halten	abwägen	Aufwand lohnt sich
Spezialwerkzeuge	möglichst wenig anwenden, stattdessen Universalwerkzeuge nutzen	abwägen	Einsatz ist lohnend
Maschinenfertigung	kann teurer sein als Handarbeit (Berücksichtigung von Arbeitsvorbereitungskosten usw.)	abwägen	lohnt sich

Hier kann dieses Thema jetzt nur gestreift, an anderer Stelle sollen Einzelaspekte dann vertieft werden. Diese Vertiefung bei der Betrachtung der Details ist schon deshalb notwendig, weil sich den prinzipiellen Überlegungen fast immer Sachzwänge überlagern und den Entscheidungsraum eingrenzen.

3. Technologie der Leiterplatte

3.1. Grundlagen

Was bezeichnet man als Leiterplatte ? Weit gefasst ist das ein Isoliermaterial auf welches ein Metall aufgebracht ist, welches nach dem Aufbringen strukturiert wird oder das schon in strukturierter Form aufgebracht wird. Strukturieren heißt, aus einer ganzflächigen Metallisierung eine Leitungsstruktur durch Entfernen von Teilen der Metallisierung erzeugen.
Warum heißt die Leiterplatte auch gedruckte Schaltung ? Zu Beginn der Technik (ca. Mitte der 50er-Jahre) bedruckte man Kunststoff-Platten, die mit einer Kupfer-Schicht überzogen waren, mit einer chemikalien-resistenten Druckfarbe und ätze dann die ersten Leiterplatten, eben gedruckte Schaltungen. Eine grobe Übersicht gibt Tab. 3.1.

Tab. 3.1: Isoliermaterial / Träger (Substrat):

Grundtyp	Material		Bemerkungen
	Verstärkung (Reinforcement)	Bindemittel (Resin)	
starre Leiterplatten (Verstärkung mit Harz getränkt)	Papier Glas-Vlies Glas-Fiber Aramid-Faser	Phenol-Harze Epoxid-Harze (EP), Bismaleinimid-Triazin-Harz (BT) Cyanat-Ester (CE)	viele Kombinationen incl. Harzmischungen
Spezial-Leiterplatten	Glasgewebe od. Fasern, Aluminium-Oxyd-Mehl	Teflon	Spezial-Material für HF-Anwendungen
flexible Leiterplatten	Polyimid-Folien (Kapton) Polyesterfolien		auch in Verbindung mit starren Leiterplatten
Keramik-Leiterplatten	Aluminium-Oxyd, Ferrit		teuer, speziell für Hybride und HF-Anwendungen
MID (Molded Interconnect Devices)	Kunststoff-Gehäuseteile aus verschiedenen Materialien mit verschiedenen Verfahren geformt		Spezial-Anwendungen

Tab. 3.2: Metallisierungen:

Metall	Anwendung	Aufbringung
Aluminium	seltene Anwendung, meist für Kühlzwecke	Folie oder Platte
Gold	Spezialanwendungen z.B. zum Bonden und Aufkleben von Chips auf Keramik; als Oberfläche über Nickel auf Kupfer	aufdampfen, Paste einbrennen
Kupfer	die Standard-Metallisierung	Folie
Nickel	auf Keramik für Hybride Oberfläche auf Kupfer	auf Keramik: als Paste einbrennen
Silber	auf Keramik, als Oberfläche auf Kupfer	

3.2. Materialien

Für die Auswahl und den Einsatz von LP-Material gibt es mehrere Kriterien zu beachten – je nach Applikation. Einige der Kriterien sind:
- Kosten
- Temperaturfestigkeit
- HF-Eigenschaften
- mechanische Stabilität (auch hinsichtlich Wärmeausdehnung)
- Prozesskompatibilität
- sonstige technologische Anforderungen

Tab. 3.3 enthält einige Eckdaten (ungefähre Richtwerte) zu Materialtypen für Leiterplatten, wobei die heute erhältliche Vielfalt unter (fast) gleicher Bezeichnung sich aber gar nicht mehr überschaubar darstellen lässt:

Tab. 3.3: Leiterplatten-Trägermaterialien – Übersicht

NEMA-Bezeich.	Aufbau	T_g (°C)	ε_r [4.] @1MHz	Wasseraufnahme (%)	Bemerkung
GFT	Quarzglasgewebe Bismalemid-Triazin-Harz (BT) [1.]	180-220	3,9-4,3	0,3 [2.] 0,35/0,8 [3.]	bis 2 ... 3 GHz geeignet
GC	Quarzglasgewebe Cyanatester-Harz (CE) [1.]	230	3,6	0,3 [2.] 3 [3.]	bis 2 ... 3 GHz geeignet
CEM1	Hartpapierkern mit FR4-Außenlagen [5.]	130	≈ 4,4 (≤ 5,4)	0,5 [3.]	
CEM3	Glasvlieskern mit FR4-Außenlagen [5.]	130	≈ 4,5 (≤ 5,4)	0,5 [3.]	
FR2	Zellulose-Papier Phenol-Harz [5.]	105	≈ 4,7	1,3 [3.]	
FR3	Zellulose-Papier Epoxidharz [5.]	110	≈ 4,9	1,0 [3.]	
FR4 [6.]	Glashartgewebe Epoxidharz	135-150	≈ 4–4,7 (≤ 5,4)	0,35/0,8 [3.]	
FR4 [6.]	Glashartgewebe vernetztes Epoxidharz	150-180	≈ 4–4,7 (≤ 5,4)	0,2 [2.] 0,35/0,8 [3.]	
GI	Glashartgewebe Polyimidharz	200-250	4,2-4,6	0,5/1,0 [3.]	
PTFE	Glasgewebe / kurze Glasfasern oder Al_2O_3 Tetrafluoräthylen (Teflon)	240-280	2,2 -3 oder 6-10		je nach Material bis 20 GHz
CHn	hochvernetzte Kohlenwasserstoffe mit Keramik	300	4,5-9,8		
	Polyimid-Folie	300-350	3,2-3,6	1,8-2 [2.]	für flexible Leiterplatten

Anmerkungen:

[1.] Noch bessere Eigenschaften aber auch höhere Kosten ergeben sich bei Verwendung von Aramid-Fasern an Stelle von Glasfasern, wobei auch Gläser verschiedener Qualität zum Einsatz kommen.

[2.] typische Werte nach Siemensangaben (Herstellerdatenblätter)
[3.] Maximalwerte nach IPC-4101, z.T. abhängig von der Dicke des Materials (Daten aus ILFA-Leiterplattenhandbuch, Siemens Symposium 1999 und IPC-4101)
[4.] Die Werte schwanken stark von Hersteller zu Hersteller und je nach Zumischung von Füllstoffen zur Erhöhung des TG. In () stehen die Grenzwerte laut Norm.
[5.] nicht oder nur eingeschränkt für Bleifrei-Technik geeignet.
[6.] Das Spektrum der Materialien unter „FR4" ist extrem breit geworden, bedingt durch spezielle Harz-Typen und Kombinationen sowie durch Füllmaterialien usw. Die Tabellenwerte sind grobe Anhaltswerte. Materialdatenauflistungen finden sich z.B. in den Quellen [3.10] und [3.11].

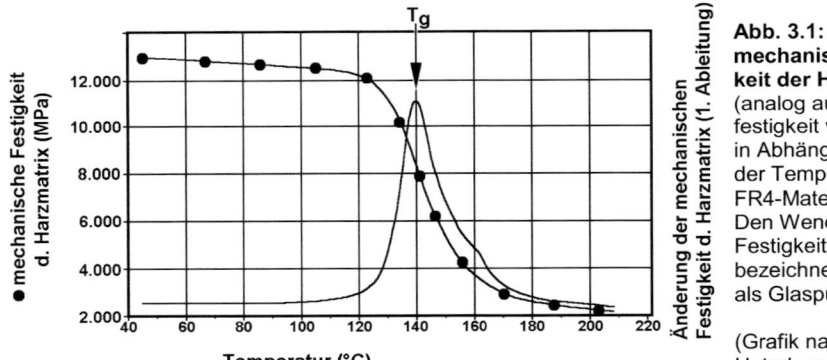

Abb. 3.1: mechanische Festigkeit der Harzmatrix (analog auch Haftfestigkeit von Kupfer) in Abhängigkeit von der Temperatur für FR4-Material. Den Wendepunkt der Festigkeitskurve (-●-) bezeichnet man auch als Glaspunkt.

(Grafik nach Isola-Unterlagen)

Einige Begriffe sollen noch erläutert werden:

T_g (Glaspunkt):

Diese Temperatur kennzeichnet die Erweichung des Harzsystems (siehe Abb. 3.1). Davon hängen u.a. die Haftfestigkeit des Kupfers und die mechanische Stabilität der Leiterplatte ab. Sie kann kurzzeitig zum Löten über T_g hinaus erwärmt werden solange nicht die Zerstörung des Harzes einsetzt (siehe T_D, T260 usw.).

T_D (Decomposition Temperature):

Bei dieser Temperatur verliert die Leiterplatte 5% an Gewicht (siehe Abb. 3.2, Definitionen siehe IEC 60068-2-58 bzw. DIN EN 60068-2-58). Da das Leiterplattenmaterial allenfalls Spuren von Wasser und keine Lösungsmittel enthält, kann der Verlust nur durch die temperaturbedingte chemische Zersetzung der Harzmatrix des Bindemittels, bei der flüchtige Substanzen entstehen, verursacht werden.

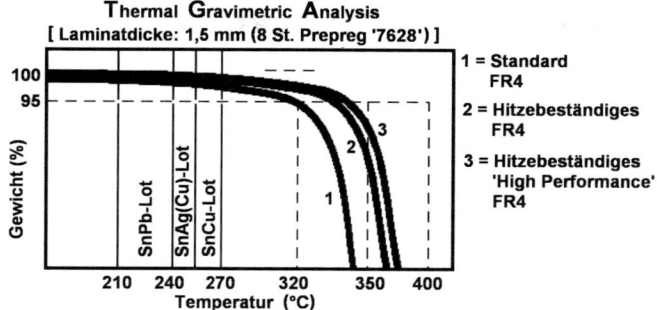

Abb. 3.2:
Gewichtsverlust von LP-Material durch Zersetzung unter Wärmeeinfluss (aus [3.6])

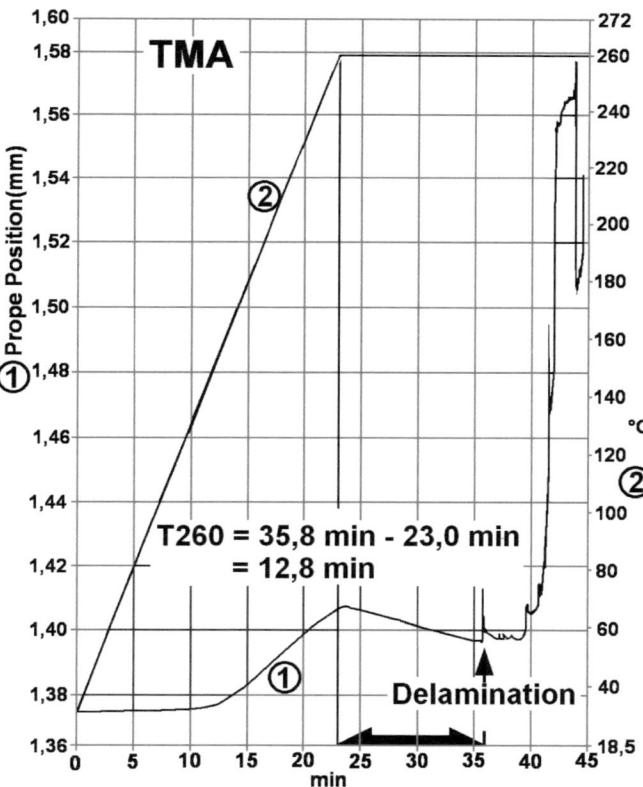

Abb. 3.3:
TMA (Thermal Mechanical Analysis) Messung zur Ermittlung der Zeit bis zum Eintreten von Delamination bei Erwärmung auf 260°C

T_{260}, T_{288} (Time to Delamination at…)

Zeitspanne, nach der bei Leiterplatten, die einer Temperatur von 260°C (= 500°F) bzw. 288°C (= 550°F) ausgesetzt sind, Delamination eintritt. Delamination ist stets mit einer zumindest partiellen Zerstörung der Harzmatrix des Bindemittels verbunden. Zur Ermittlung von T_D, T_{260} und T_{288} werden verschiedene physikalische Messmethoden eingesetzt (DMA = Dynamical Mechanical Analysis, DSC = Differential Scanning Calorimetry, TMA = Thermal Mechanical Analysis), die aber bei gleichen Materialproben leider z.T. abweichende Ergebnisse liefern.

ε_r (relative Dielektrizitätskonstante):

Dieser Wert ist auch vom speziellen Aufbau abhängig, da sich die Leiterplatte aus Harz mit höherem und Gewebe o.ä. mit niedrigerem ε_r zusammensetzt. Dem überlagert sich eine z.T. erhebliche Frequenzabhängigkeit.

Wasseraufnahme:

Bei höherer Wasseraufnahme (besonders Polyimid) kann das aufgenommene Wasser bei heißen Prozessen (Löten) so schnell im Material verdampfen, dass es nicht mehr entweichen kann, sondern das Leiterplattenmaterial durch „lokale Explosionen" zerstört. Da dieses, insbesondere bei den höheren Löttemperaturen der „Bleifrei-Technik", kritisch ist, sollten alle mit maschinellen Lötverfahren zu lötenden Leiterplatten in trockenem Zustand – gegebenenfalls nach Trocknung in Trockenöfen – verarbeitet werden.

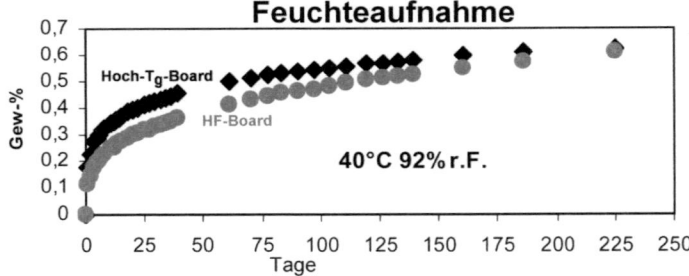

Abb. 3.4:
Messung der Feuchteaufnahme von FR4-Leiterplattenmaterial bei den angegebenen Umgebungsbedingungen (aus [3.6])

CTE (Coefficient of thermal expansion):

Parallel zur Oberfläche der Leiterplatte wird die thermisch bedingte Längenausdehnung durch das eingelagerte Gewebe auf knapp 20 ppm/Grad (= 0,02 µm/mm) begrenzt und unterscheidet sich damit nur wenig vom Wert des Kupfers.
In z-Richtung ist die Ausdehnung wesentlich stärker (vgl. Abb. 3.5) und vergrößert sich oberhalb des Glaspunktes. Dieses kann insbesondere bei den höheren Temperaturen der Bleifrei-Technik zu Problemen an Durchkontaktierungen führen. Diese bestehen aus galvanisch in Bohrungen der Leiterplatte eingebrachten Kupfer-Hülsen. Beim Löten in Lötmaschinen führt die im Vergleich zu Kupfer wesentlich stärkere Ausdehnung des Leiterplattenmaterials zur Dehnung der Kupferhülse und als Folge im Extremfall zum Abreißen der Kupferflächen an der Oberfläche der Leiterplatte, dem gefürchteten „Padlifting" (Abb. 3.6 und 3.7).

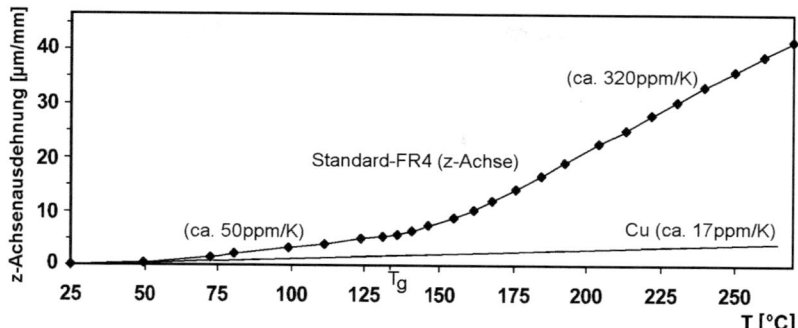

Abb. 3.5:
Thermisch bedingte Ausdehnung von FR4-Material in z-Richtung und Kupfer im Vergleich (nach Unterlagen von Würth-Elektronik)

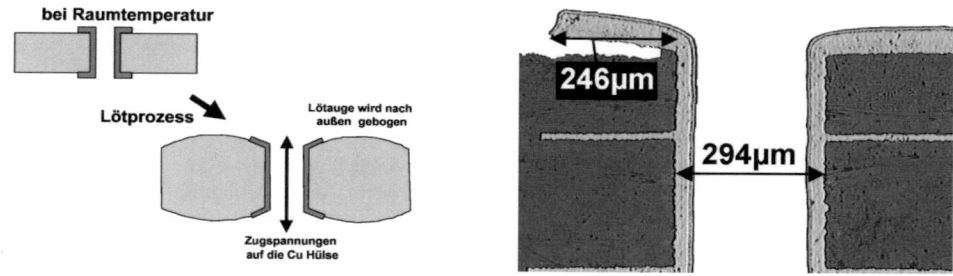

Abb. 3.6: Auswirkung zu großer z-Achsen-Ausdehnung

Abb. 3.7: Schliffbild eines dadurch verursachten Pad-Liftings

(Abb. 3.6 & 3.7 nach Unterlagen von Würth-Elektronik)

Im Bereich der Konsumelektronik u.ä. dürften FR3 und CEM1 & 3 die Hauptmarktanteile haben, zumal dort immer noch viele einseitig metallisierte Leiterplatten verwendet werden, die nicht so empfindlich auf die erhöhten Prozesstemperaturen reagieren. Im Bereich der Industrie-, Militär- oder Luftfahrt-Elektronik werden FR4 sowie je nach Anforderungen sogar die aufwändigeren Materialien eingesetzt. Die Temperaturfestigkeiten der Materialien (Epoxyd-Harz-Typen), gleich ob T_g, T_D oder T_{260} ist nicht allein das Kriterium um zu entscheiden, ob das Material für Lötprozesse bei höherer Temperatur geeignet ist [6.29] – die Glastemperatur wird bei marktüblichen Materialien auf jeden Fall deutlich überschritten. Daher gibt es gefüllte FR4-Materialien, die vor allem eine geringere Wärmeausdehnung in z-Richtung (senkrecht zur Oberfläche) aufweisen.
In der Kfz-Elektronik finden sich je nach Einsatzort sehr verschiedene Materialien. Während z.B. die Elektronik hinter den Armaturen-Instrumenten aus Kostengründen z.T. noch auf Leiterplatten aus CEM1-Material aufgebaut ist, findet sich im Motorraum auch Keramik als Schaltungsträger (hohe Temperaturbelastung z.B. für Motormanagement), z.T. in Verbindung mit besonderen Verbindungstechniken.

3.3. Aufbautechniken

3.3.1. einseitige Leiterplatte – Grundlagen Ätztechnik

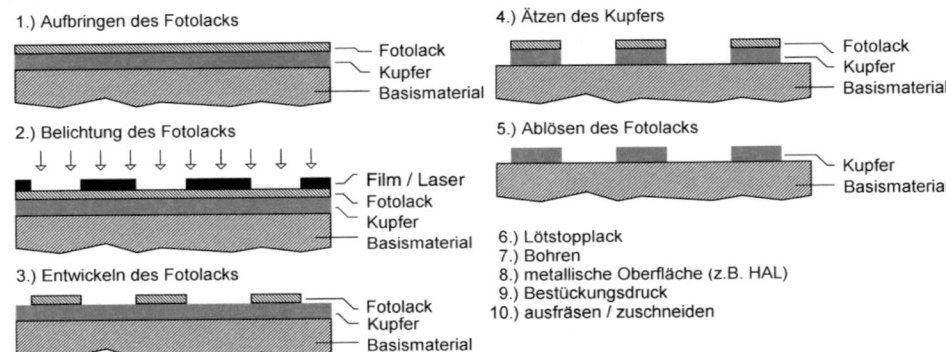

Abb. 3.8: Entstehung einer einseitigen Leiterplatte (Grafik nach ILFA-Unterlagen)

Für die folgenden Betrachtungen kann im Grunde (fast) jedes unter 3.2 beschriebene Basismaterialien eingesetzt werden – Einschränkungen beziehen sich allenfalls auf die Prozessfähigkeit der beschriebenen Einzelprozesse.

Die einseitige Leiterplatte entsteht in einem relativ wenig aufwendigen Verfahren aus einem einseitig mit Kupfer(folie) beschichteten Trägermaterial. Die zu erzeugende Struktur liegt meist als Dia-Film (sowohl positiv wie negativ möglich) im Maßstab 1:1 vor und wird im Kontaktverfahren (Film liegt auf dem Fotolack auf) auf die vorbereitete Leiterplatte belichtet. Nach maximal 10 Arbeitsschritten ist die LP fertig gestellt.

Diese einfachste Variante der Leiterplatte findet auch heute noch im Bereich der Konsum-Elektronik viele Anwendungen.

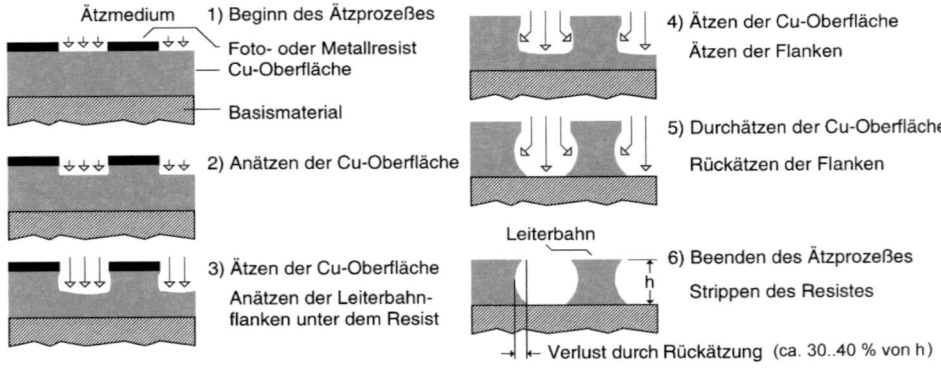

Abb. 3.9: Unterätzung im Herstellungsprozess (Grafik: ILFA-Unterlagen)

Beim Ätzen tritt aber ein grundsätzliches Problem auf: die Flanken der Leiterzüge werden nicht wie bei einem Fräs- oder Laser-Schneidverfahren senkrecht abgetragen. Vielmehr gibt es eine Art „Unterspülung", d.h. nach der Fertigstellung liegt eine gegenüber dem Layout verringerte Leiterbreite vor. Das muss in verschiedener Hinsicht bedacht werden:

> Der Leiterquerschnitt ist kleiner als geplant [Achtung: Stromdichte, Spannungsabfall].
> Die Leiterbahn sollte immer mindestens 3-mal breiter als die Kupferschicht dick sein („normale Layouts"), bei feinen Strukturen besser mindestens 5...6 mal breiter [Achtung: Ätzgenauigkeit, Stabilität der Struktur].

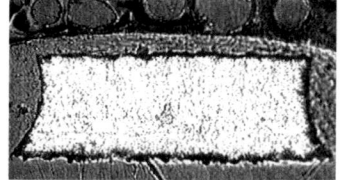

Abb. 3.10:
Schliffbild geätzte Leiterbahn
(Foto: ILFA)

3.3.2. doppelseitige Leiterplatte – galvanisieren und modifizierte Ätztechnik

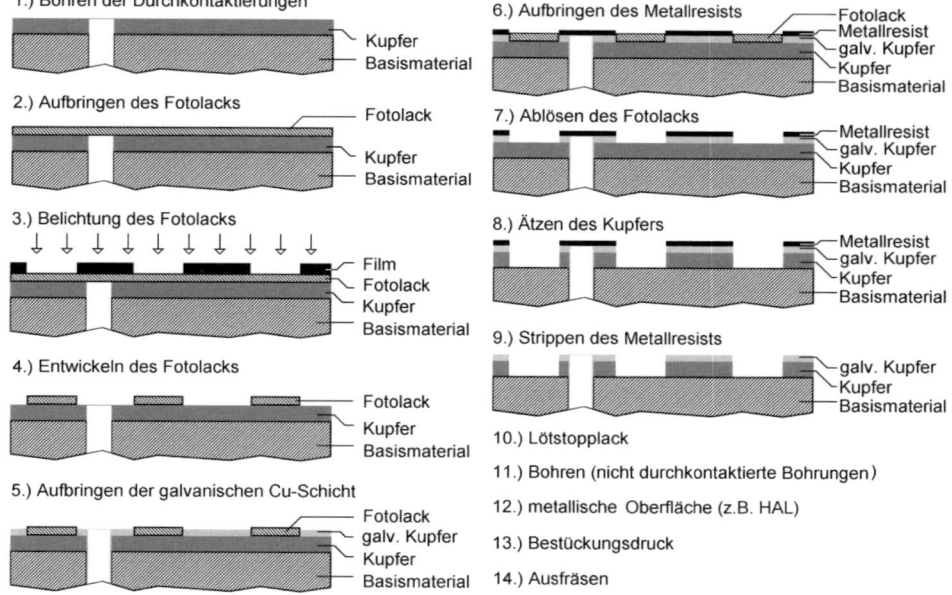

Abb. 3.11:
Herstellungsprozess einer doppelseitigen Leiterplatte mit Durchkontaktierungen
(Grafik nach ILFA-Unterlagen)

Die doppelseitige Leiterplatte unterscheidet sich in den Herstellungsprozessen doch in einigen Punkten von der einseitigen Leiterplatte. So wird auch hier im Foto-Verfahren die Struktur aufgebracht, aber jetzt negativ. Das bedeutet, dass nach dem Belichten und Entwickeln die später wegzuätzenden Schichten mit Lack abgedeckt werden. Das ist notwendig, um die Durchkontaktierung durchführen zu können. Da dieses in einem galvanischen Verfahren erfolgt, d.h. durch Stromfluss zwischen der Kupferschicht und Elektroden im Galvanik-Bad, dürfen die einzelnen Leiterbahnen noch nicht separiert sein. Mit dem Kupferauftrag wird gleichzeitig die Durchkontaktierung hergestellt und auch die Kupferschicht auf der Leiterplatte verstärkt (typ.

10...25 µm, siehe auch 3.3.3). In extremen Fällen ist auch eine noch weitergehende galvanische Verstärkung möglich.

Danach kann aber nicht mehr so ohne weiteres mit Lack abgedeckt werden und daher kommt hier Zinn als Ätzresist zum Einsatz. Die restlichen Schritte sind dann denen bei der einseitigen Leiterplatte ähnlich.

Einige Prozesse (typ. Die Schritte 2, 3, 7 und 10) müssen je nach vorhandenen Fertigungsanlagen doppelt ausgeführt werden da ja auch zwei Kupferschichten vorhanden sind. Dazu kommt der Prozess der Durchkontaktierung und die Unterscheidung zwischen den durchkontaktierten Löchern (für bedrahtete Bauelemente und auch nur zur Durchverbindung. Die Grafik stellt das in groben Zügen dar. Eine Leiterplatte benötigt also unter Berücksichtigung der teilweisen Verdoppelung insgesamt 18 Fertigungsschritte.

3.3.3. Multilayer

In vielen Fällen komplexer elektronischer Schaltungen reichen die zwei Lagen auf einer doppelseitigen Leiterplatte zur Verdrahtung der Funktionen nicht mehr aus. Hier beginnt das Einsatz-Gebiet der Multilayer-Leiterplatten. Bei diesen werden in einer Art Sandwich eine mehr oder weniger große Anzahl von Leitungs- und Isolationsschichten im wahrsten Sinne des Wortes „miteinander verbacken". Während für normale Elektronikplatten mit ca. 1,5 mm Dicke 4 bis 12-lagige Typen gebaut werden, gibt es für besondere Fälle Leiterplatten mit > 50 Lagen und mehreren cm Dicke – Leiterplatten die in jeder Hinsicht extreme Ansprüche stellen und auch sehr teuer sind. Als Material sind vornehmlich FR4 und bei höheren Anforderungen ein BT- oder CE-System im Einsatz. Am abgebildeten Beispiel soll die einfachste Art einen 6-Lagen-Multilayer aufzubauen erläutert werden:

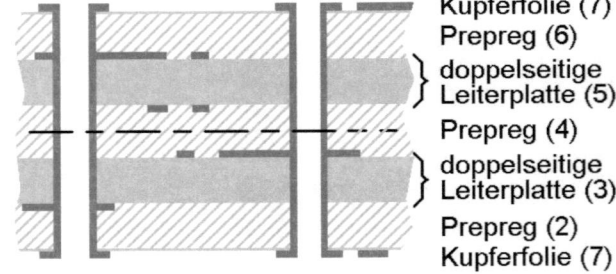

Abb. 3.12:
Prinzip-Aufbau eines Multilayers

Kupferfolie (7)
Prepreg (6)
} doppelseitige Leiterplatte (5)
Prepreg (4)
} doppelseitige Leiterplatte (3)
Prepreg (2)
Kupferfolie (7)

Zunächst werden zwei doppellagige Leiterplatten (aus sogen. Laminaten bzw. Cores) hergestellt, was in der einfacheren Form wie bei der einseitigen Leiterplatte beschrieben wurde geschehen kann. Anschließend erfolgt eine Schichtung (von unten nach oben) von

- einer Kupfer-Folie (1)
- min. 2 so genannten Prepregs (2) (Erläuterung siehe unten)
- einer der doppelseitigen Leiterplatten (3)
- min. 2 weiteren Prepregs (4)
- der zweiten doppelseitigen Leiterplatte (5)
- min. 2 weiteren Prepregs (6)
- der oberen Kupfer-Folie (7)

Die schon strukturierten inneren Lagen werden genau zueinander justiert (je nach Anforderung mechanisch/optisch oder mittels Röntgen) und fixiert. Das ganze Paket kommt dann zwischen zwei polierten Stahlplatten liegend in eine beheizbare Presse. Dann wird das Ganze bei hoher Temperatur (typ. 180 – 200°C) und hohem Druck (ca. 200 N/cm², ca. 1,5 – 2 h, lt. Isola-Angaben) verpresst. Dabei schmelzen die Harzanteile und fließen zwischen den einzelnen Schichten, wodurch nach dem Erkalten ein fester Verbund entsteht. Die Prepregs sind ganz einfach Laminate ohne Kupferbeschichtung. Die weitere Verarbeitung nach dem Verpressen entspricht dem für die doppelseitige Leiterplatte dargestellten. Das Nachzählen der Prozessschritte ergibt incl. des Verpressens Einzelvorgänge.

Bei der Definition der zu verwendenden Material-Dicken geht man i.d.R. von der vorgegebenen Enddicke der fertigen Leiterplatte aus und sucht dann eine geeignete Kombination von Prepregs und Laminaten. Die Hersteller haben meist Standard-Kombinationen für 1,5 mm und 2 mm dicke Leiterplatten, um bei der Vielzahl der auf dem Markt befindlichen Materialdicken nur eine begrenzte Auswahl auf Lager haben zu müssen.

Eine grundlegende Regel beim Aufbau von Multilayern gilt es zu beachten:

Die Schichtung muss symmetrisch zu der in der obigen Skizze gestrichelt gezeichneten Mittellinie sein. Das bedeutet, dass sowohl die Dicken der entsprechenden Lagen gleich sein müssen wie auch die Verteilung des Kupfers auf den symmetrisch liegenden Lagen möglichst gleich sein sollte. Das gilt sowohl für die dargestellte einfache Konstruktion wie auch für jeden komplexere Multilayeraufbau.

Kritisch sind die so genannten Power-Planes: nahezu vollständig ausgeführte Kupferflächen in denen sich allenfalls Durchbrüche für die Durchkontaktierungen befinden.

Wird gegen diese Regel verstoßen, dann besteht das hohe Risiko, dass sich die Leiterplatte bei der Erwärmung beim Löten aufgrund des unterschiedlichen Verhaltens von Kupfer und Leiterplattenmaterial wölbt.

Tab. 3.4: einige marktübliche Dicken und Typen von Laminaten, Prepregs und Kupferfolien

Laminate (Dickenangabe ohne Kupferbeschichtung)		Prepregs		Kupfer-Folien
		Bezeichnung	Dicke nach Verpressen	
0,050 mm	0,300 mm	106	59 µm	9 µm
0,075 mm	0,360 mm	1080	63 µm	17 µm
0,100 mm	0,410 mm	2113	95 µm	35 µm
0,125 mm	0,460 mm	2125	100 µm	70 µm
0,150 mm	0,510 mm	2116	115 µm	
0,200 mm	0,710 mm	2165	150 µm	
0,250 mm	0,900 mm	7628	180 µm	

Noch ein Hinweis zur Kupferschicht-Dicke: die im Prozess notwendigen Reinigungsvorgänge (Bürsten, Bimsen, Strippen) tragen von der ursprünglichen Kupferschicht einige µm ab, was durch die Galvanisierung (s.o.) kompensiert oder auch überkompensiert wird.

3.3.4. Multilayer – spezielle Bauformen und besondere Aspekte

3.3.4.1. Sacklöcher, Buried Vias, Laserstrukturierung

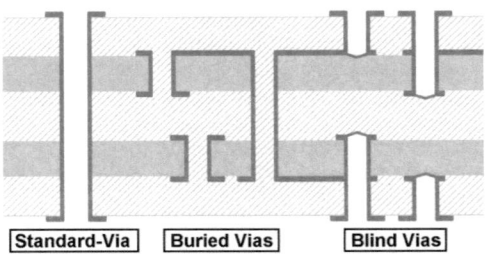

10-Lagen-ML; beidseitig Sackloch (l:d = 0,60:0,50 = 1,2); Endoberfläche heißverzinnt (HAL)

Abb. 3.13: Multilayer mit verschiedenen Durchkontaktierungstypen

Abb. 3.14: Sackloch – Schliffbild
(Foto: ILFA)

Werden viele Durchkontaktierungen gebraucht und diese als Durchgangsbohrungen ausgeführt, dann erzwingen diese jeweils eine Kupferfläche auf den Außenlagen – die Außenlagen werden „mit Augen zugestopft". Besonders ärgerlich ist es dann, wenn nur zwei (innere) nebeneinander liegende Ebenen kontaktiert werden müssen. Abhilfe schaffen „Sacklöcher" oder „Blind Vias" und „vergrabene Durchkontaktierungen" oder „Buried Vias". Aus der nebenstehenden Skizze geht aber schnell hervor, dass die „Buried Vias" es erzwingen, dass die „inneren doppelseitigen Leiterplatten" (vgl. 3.3.3.) den kompletten Galvanisierungsprozess (vgl. 3.3.2.) durchlaufen müssen, ein erheblicher Mehraufwand (Kosten !) gegenüber dem „einfachen Multilayer". Für die Sacklöcher gelten einige Einschränkungen:

a) Das Verhältnis von Bohrtiefe zu Bohrdurchmesser sollte möglichst nicht größer als 1 sein.

b) Die Bohrgenauigkeitsanforderung liegt bei rund +/- 20 µm.

Bei zu tiefen Bohrungen (a) gibt es Probleme mit der Badführung in der Galvanik und dadurch Schwierigkeiten beim Ankontaktieren. Punkt b) resultiert aus den Forderungen, dass die letzte zu kontaktierende Bohrung noch durchbohrt werden muss, die darauf folgende Lage aber nicht mehr angebohrt werden darf. Je nach Konstruktion und technologischen Möglichkeiten werden daher heute LASER-„Bohrmaschinen" eingesetzt. Sacklöcher durch mehrere Lagen sind aber immer ein Qualitätsrisiko. Die Möglichkeit, deutlich genauer und mit wesentlich kleinerem Durchmesser zu Bohren, führt die fototechnische Belichtung an ihre Grenzen. Inzwischen gibt es die Möglichkeit, mit dem Laser direkt zu belichten oder auch direkt zu strukturieren.

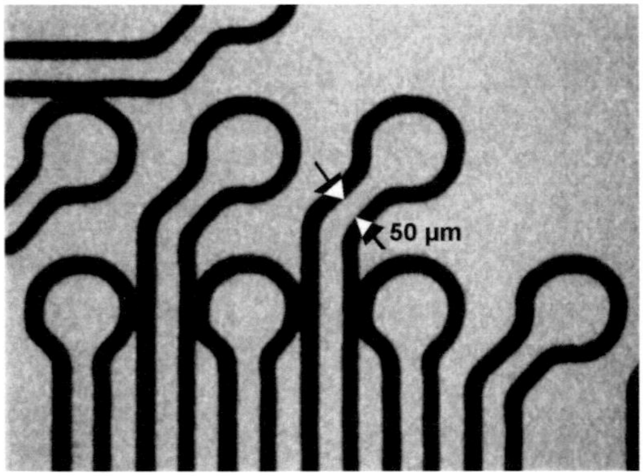

Abb. 3.15: laserstrukturierte LP➔
Leiterbreite = Leiterabstand = 50 µm
(Foto: Inboard)

3.3.4.2. Sequentiell aufgebaute Multilayer (SBU), ultradünne Multilayer (UTM) und LASER-Strukturierung

Bohren (I3, I4), Kontaktieren, Leiterbild (I3, I4),
Ätzen, Multilayer-Montage, Verpressen

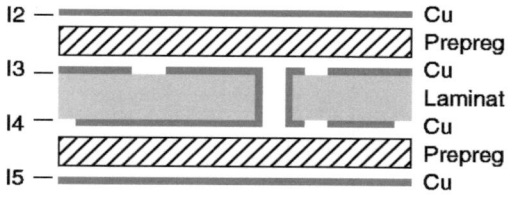

Bohren (I2, I3, und I5, I4), Kontaktieren,
Leiterbild (I2, I5), Ätzen, Montage, Verpressen

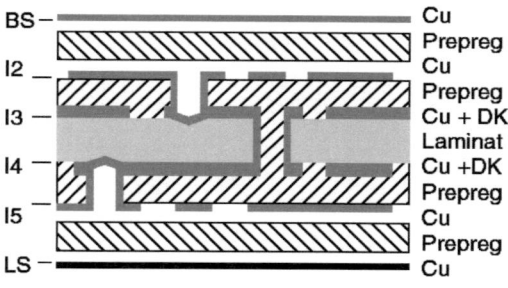

Bohren, Kontaktieren, Leiterbild (BS, LS)

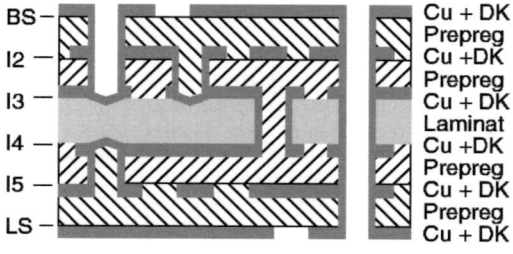

Man kann manche der zuvor beschriebenen Probleme umgehen, wenn man einen schichtweisen Aufbau mit abwechselnder Laminierung und Bohren / Galvanisierung benutzt:. Das ergibt einen sequentiell aufgebauten Multilayer oder SBU. Besonders interessant wird die Kombination aus einem stabilen FR4-Laminat als Kern und Prepregs, die in flüssiger Form aufgebracht und dann ausgehärtet werden. Dieses Material kann man auch mit dem LASER bohren und nicht nur sehr kleine Löcher realisieren (siehe dazu auch 3.4). Werden beim Bau (solcher) Leiterplatten Prepregs mit Dicken bis maximal 50 µm eingesetzt bzw. entsprechend dünne Isolationsschichten erzeugt, so spricht man auch von ultradünnen Multilayern (UTM).

← Abb. 3.16:
Standardablauf für die Produktion eines 6-Lagen-(SBU)-Multilayers mit „Blind Vias" und „Buried Vias"
(Grafik: ILFA)

Abb. 3.17 →
UTM Schliffbild
(Foto: DDI)

3.3.4.3. Multilayer mit integrierten Wärmeableitschichten

Schnellere Prozessoren, optoelektronische Sender usw. produzieren immer mehr Wärme auf den Leiterplattenbaugruppen. Aus fertigungstechnischen und daher auch Kostengründen kann und will man diskrete Kühlkörper nicht einbauen. Als Alternative wurden massivere Metallschichten in die Mitte der Leiterplatte (siehe Symmetrieforderung in 3.3.3.) hineinkonstruiert, die als Wärmeleiter zu Kühlelementen an den Rändern dienen („Metal-Core"). Alternativ gibt es ähnliche Konstruktionen, bei denen in diese massiveren Innenlagen Kanäle eingearbeitet sind, in denen eine Kühlflüssigkeit zirkulieren kann (siehe Skizze)

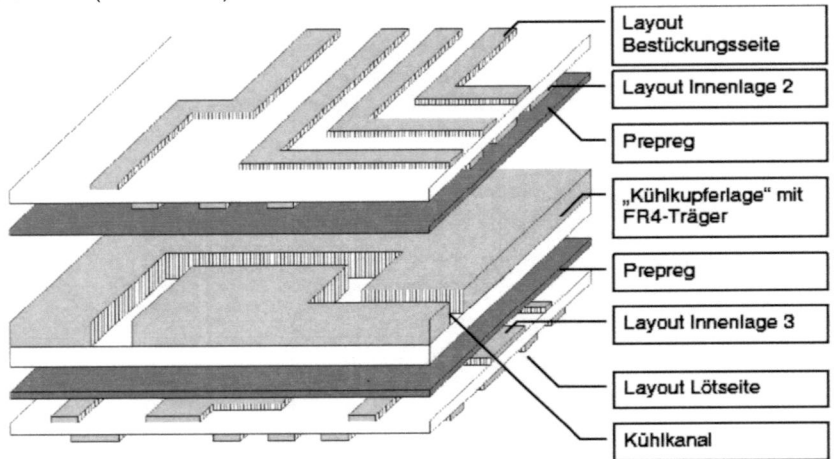

Abb. 3.18: Multilayer mit Wärmeleitschichten (Grafik: ILFA)

3.3.5. sonstige Leiterplatten(-Sonder)bauformen

Hier sollen der Vollständigkeit halber noch ein paar Bauformen erwähnt werden ohne aber besonders darauf einzugehen.

Die so genannten **Backpanel** oder **Rückwandverdrahtungen** sind eigentlich weitgehend normale Multilayer aber in besonders stabiler weil dicker Ausführung (Gesamtdicke z.B. 3 mm oder mehr). Je nach Anforderungen ist auch die Anzahl der Leiterebenen deutlich höher als 10. Derartige Platten werden nur von wenigen spezialisierten Herstellern hergestellt. Aufgrund der großen thermischen Masse sind diese Leiterplatten auch für Lötverfahren schlecht geeignet und so ist dort eines der Haupteinsatzgebiete der Einpresstechnik (siehe Kap. 6.).

Flexe sind Leiterplatten bei denen keine starre Materialien sondern flexible Polyimid-Folien als Träger eingesetzt werden. Es gibt auch die Variante **Starr-Flex** (Abb. 3.19), wobei z.B. in den mittleren Lagen die schon erwähnten Polyimid-Folien zum Einsatz kommen und außen z.B. FR4. Diese decken aber nur einen Teil der Leiterplatte ab, so dass diese starren Teile beweglich gegeneinander aber dennoch verbunden sind. Ein teurer Leiterplattenaufbau ersetzt hier Kabelverbindungen.

Mit dem Begriff **Nutzen** werden zwei verschiedene Anwendungen verknüpft. Ein **Produktionsnutzen** entsteht, wenn der Hersteller mehrere einzelne Leiterplatten auf einem Materialzuschnitt – diese haben standardisierte Größen bzw. sind an die Größe der vorhandenen Presse angepasst – unterbringt um so seinen Produktionsprozess günstiger zu gestalten. Vor der

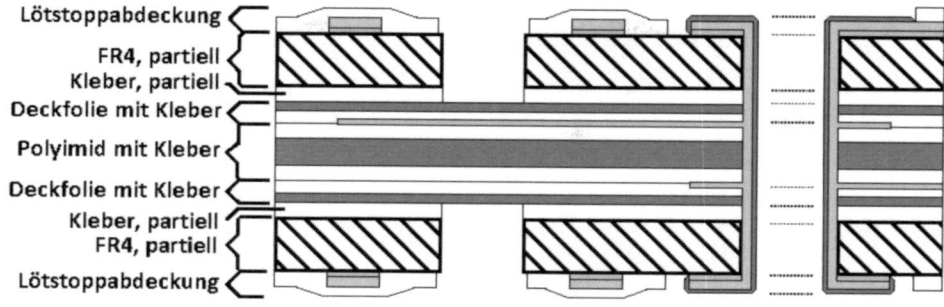

Abb. 3.19: vierlagige starr-flexible Leiterplatte mit zwei flexiblen Lagen
(Grafik nach Andus-Unterlagen)

Auslieferung an den Kunden erfolgt die Separation der Leiterplatten, so dass dieser den Nutzen gar nicht wahrnimmt. Der **Liefernutzen** entsteht im Auftrag und meist auch nach Vorgabe des Kunden, wenn dieser z.B. bei sehr kleinen Leiterplatten mehrere zusammenhängend braucht um diese maschinell bestücken und löten zu können. Nutzen sind für (fast) alle Leiterplattenaufbauten möglich.

Eine ganz neue Technik stellen die elektrooptischen Backpanel dar. Auf Leiterplattenmaterial bzw. einer in einem der schon beschriebenen Verfahren hergestellten Leiterplatte wird eine lichtleitfähige Schicht aufgebracht und fototechnisch belichtet, entwickelt und so polymere Lichtleiter erzeugt (Patent Fa. Daimler Chrysler). Eine weitere Schicht deckt den optischen Bereich ab. Die Leiterplatte wird mit Miniaturspiegeln zum Ein- und Auskoppeln sowie normalen elektrischen Komponenten bestückt.

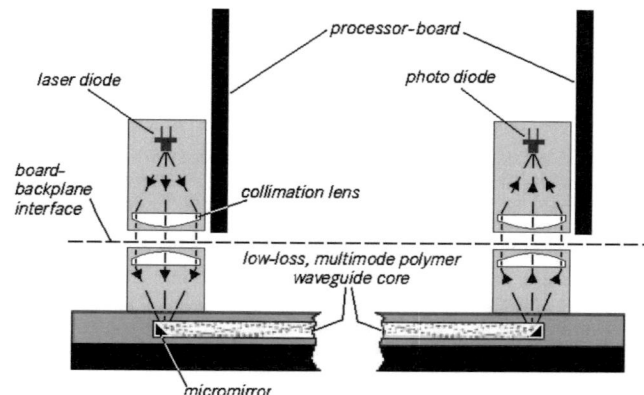

Abb. 3.20: elektrooptisches Backpanel
(nach Unterlagen von DaimlerChrysler)

Prototypen von Steckverbinder für die simultane Übertragung der optischen und elektrischen Signale wurden entwickelt (z.B. Fa. ERNI). Auf Grund der aufwendigen Produktionstechnik konnte sich das System bisher nicht am Markt durchsetzen.

MIDs (**M**olded **I**nterconnect **D**evices) stellen im Grunde eine Sonderform der Leiterplatte dar. Das sind mit leitendem Material beschichtete Gehäuseteile u.ä., die dann dreidimensionale Leiterbahnstrukturen aufweisen und die mit normalen Bauteilen bestückt werden. Das größte Problem ist die notwendige Temperaturfestigkeit der Gehäusematerialien um den Prozesstemperaturen der Verbindungstechnik standzuhalten. Ein Handicap sind auch die hohen Kosten für die Spritzgussformen zur Herstellung der Gehäuse. Diese Technik findet bisher nur begrenzte Anwendungen.

3.4. mechanische Bearbeitung: Stanzen, Bohren, Fräsen und Ritzen

Unter den Oberbegriff der mechanischen Bearbeitung der Leiterplatte fallen sowohl das Erstellen der Ausbrüche (von der Bohrung bis zum beliebig geformten größeren Loch) als auch der endgültige Zuschnitt der Platte. Hier gibt es zwei hauptsächlich beschrittene Wege:

> - stanzen der Löcher, Ausbrüche und Kontur
> - bohren der Löcher, fräsen größerer Ausbrüche und der Kontur

Das Stanzen kommt fast ausschließlich für einseitige Leiterplatten mit relativ groben Strukturen in Frage. Hierbei werden je nach Randbedingungen die nötigen Stanzungen in einem oder aufgeteilt in zwei Arbeitsschritte durchgeführt. Gestanzt wird ‚in das Kupfer hinein'. Als Leiterplatten-Material kommen hauptsächlich FR2/3 und CEM1 zur Anwendung, da die höherwertigen Materialien mit ihren Verstärkungen auf Glas-Basis das Stanzwerkzeug zu schnell verschleißen lassen würden. Der Vorteil des Stanzens liegt darin, dass innerhalb kürzester Zeit alle Bohrungen, Ausbrüche sowie der Zuschnitt erfolgen können. Der Nachteil ist, dass ein aufwändiges und teures Stanzwerkzeug benötigt wird was eine hohe Stückzahl voraussetzt.

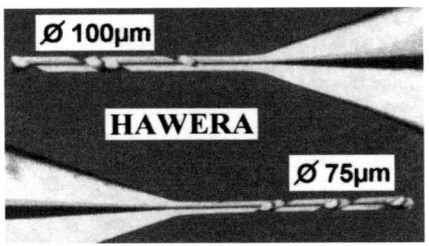

Abb. 3.21:
Bohrer für die Leiterplattenbearbeitung
(Foto: Hawera)

Bei aufwändigeren Leiterplatten aus höherwertigen Materialien, Multilayern usw. kommt dagegen nur die Kombination aus bohren und fräsen zur Anwendung.
Beim Bohren unterscheidet man zwei Bohrungstypen: durchmetallisierte (**DK**) und nicht durchmetallisierte Bohrungen (**NDK**). Der wohl größte Teil der Bohrungen wird heute noch in klassischer Art und Weise mittels mechanischem Bohren erzeugt. Ohne besonderen Aufwand werden Löcher mit Durchmessern ab 0,6 mm realisiert, bei 0,3..0,4 mm Durchmessern wird in der Regel nicht mehr im Paket sondern einzeln gebohrt: der Aufwand steigt. Wie Abb. 3.21 zeigt, sind mechanisch aber deutlich geringere Abmessungen möglich – aber sehr aufwändig, d.h. teuer.
Löcher werden größer gebohrt als es das Endmaß vorgibt um die nachfolgenden Prozesse und Materialeigenschaften auszugleichen:

    Nenndurchmesser + 0,05:   NDK

    Nenndurchmesser +0,1:   DK bei chemischen Oberflächen (siehe 3.6.) bis ca. 1 mm

    Nenndurchmesser +0,15:   DK bei chemischen Oberflächen bei > 1 mm und bei HAL als Oberfläche (siehe 3.6.)

Sehr große Löcher, je nach Hersteller ab einigen mm Durchmesser, werden nicht mehr gebohrt sondern gefräst. Probleme gibt es beim tiefenkontrollierten Bohren: für Sacklöcher wird eine Genauigkeit von +/- 0,02 mm verlangt. Das Bohren an sich ist nicht unproblematisch und die Freiheit in der Konstruktion ist eingeschränkt (Dicke der Isolierschichten): insgesamt verteuern Sacklöcher eine Leiterplatte.
Deutlich feinere Löcher können mittels LASER gebohrt werden: Laser haben den großen Vorteil, dass bedingt durch die verschiedenen Wellenlängen damit materialselektiv gebohrt werden kann. Mit einem LASER-Typ wird die Kupfer-Schicht durchlöchert, mit einem anderen das darunter liegende Isoliermaterial bis auf die nächste Kupferschicht – aber nur bis auf die Schicht, nicht aber hinein. Das Tiefenproblem ist genial einfach gelöst.

Abb. 3.22:
Laserbohrungen
(Bild: Inboard)

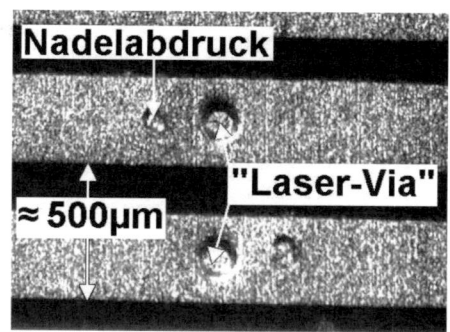

Das Trennen von Leiterplattennutzen erfolgt je nach Material durch sägen, fräsen oder auch bohren/brechen. Bei letzterem werden Nuten zwischen den Leiterplatten durchgefräst und nur schmale Stege als Stützen stehen gelassen. Diese können zusätzlich mit kleinen Bohrungen perforiert und damit für das Abbrechen vorbereitet werden (siehe Kap. 10).

Um Nutzen trennen zu können werden auch V-förmige Kerben eingefräst. An dieser Stelle können die Leiterplatten auseinander gebrochen werden. Das Auseinanderbrechen ist allerdings bei bestückten Leiterplatten je nach aufgebrachten Bauteilen und deren Position kritisch, da beim Brechen oder Trennen mittels rotierendem Messer Biegekräfte auftreten, die zu Schäden an Bauteilen aus sprödem Material (Keramik) führen können.

3.5. Lackschichten

Lötstopplacke sind in zwei verschiedenen Formen auf dem Markt: als Folie und als Lack. Bei letzterem gibt es verschiedene sich in der chemischen Zusammensetzung und in den physikalischen Eigenschaften des fertigen Schutzfilmes unterscheidende Produkte. Hier soll nur eine grobe Übersicht über die Anwendung erfolgen:

Folie
- auf Leiterplatte aufziehen
- fototechnisch strukturieren
- belichten
- entwickeln

Lack
- per **Siebdruck** Lack gezielt an definierten Stellen aufbringen
- aushärten

- in **Lackgieß**anlage vollflächig beschichten (heute das Standard-Verfahren)
- trocknen
- fototechnisch strukturieren
- belichten
- entwickeln
- freizulegende Flächen abwaschen

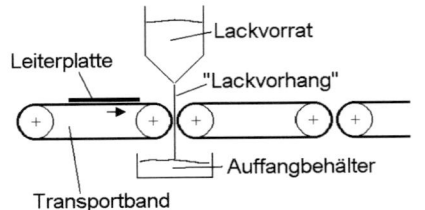

Abb. 3.23 :
Prinzipdarstellung: Lackgießanlage
Die Transportgeschwindigkeit bestimmt die Dicke der Lackschicht.

Die Lackschicht soll verschiedene Aufgaben erfüllen:
- Isolation der Bauteile gegen die Leiterbahnen
- gezielte Belotung
- Erhöhung der Spannungsfestigkeit von Leiterzügen gegeneinander
- mechanischer Schutz der Leiterzüge gegen Beschädigungen

Probleme mit Lötstopplack:
- Nicht jeder Lack verträgt sich mit jeder metallischen Oberfläche (insbesondere chem. Ni / chem. Au, siehe 3.6.)
- Folien schließen an den Stellen, wo eine Leiterbahn die Lackschichtabdeckung verlässt, nicht dicht ab, d.h. hier können bei chemischen Oberflächenbeschichtungen Galvanik-Flüssigkeiten in die Kapillaren eintreten.
- Manche Lacke erleichtern die Haftung von Lotkugeln.
- Beim Auftrag flüssigen Lacks ist die Schichtdicke an den oberen Kanten von abgedeckten Leiterzügen durch das Verlaufen des Lackes deutlich geringer als auf der freien Fläche, d.h. für erhöhte Anforderungen (z.B. Spannungen oberhalb von 50 V) muss zweimal lackiert werden.

3.6. metallische Oberflächen bzw. Oberflächenschutz

Nach dem Strukturieren und (bei den meisten Leiterplatten) Lackieren der äußeren Leiterschichten sind große Teile der Kupfer-Leiter innerhalb der Leiterplattenschichten oder unter einer Lackschicht geschützt. Da Kupfer zwar ein relativ edles Metall ist, aber an der freien Luft dennoch recht schnell oxidiert, müssen die für die weitere Bearbeitung verfügbaren Teile mittels einer Oberflächenschutzschicht hinreichend lange geschützt werden. Am weitesten verbreitet sind metallische Schutzschichten, insbesondere für Konsumer-Produkte kommen zunehmend auch organische Schutzschichten in Betracht. Tab. 3.5 zeigt eine Übersicht über verbreitete Verfahren und die Eckdaten der Eigenschaften (die Angaben schwanken je nach Anbieter z.T. erheblich) und Anwendungsgebiete.

HAL dürfte (immer noch) den größten Marktanteil haben, wobei zunehmend die chemischen Metall-Oberflächen insbesondere bei hochwertigen Leiterplatten verwendet werden. Bei den Kosten liegen OSP und HAL etwas günstiger als chem. Sn bzw. chem. Ni/chem. Au. Hier zeigt sich aber exemplarisch, dass das Thema Leiterplatte recht komplex ist. Bei Leiterplatten mit Fine-Pitch-Bauteilen (0,5 oder gar 0,4 mm) ist bei HAL mit einer höheren Fehlerrate zu rechnen, d.h. wenn man die Fehlerkorrektur gegen die etwas höheren Leiterplattenkosten aufrechnet, dann kann die teurere Oberfläche dennoch die insgesamt günstigere Lösung sein. Um die Kosten gering zu halten und dennoch auf einer glatten Oberfläche arbeiten zu können, werden viele Baugruppen z.B. für PC-Anwendungen auf Leiterplatten mit OSP aufgebaut, zumal der größte Teil nur einseitig bestückt ist und somit der Zerfall der Schicht beim Löten kein Problem darstellt.

Tab. 3.5: Oberflächensysteme zum Schutz der Lötpads

	Cu-Oberfläche ohne Schutz-Schicht	HAL HASL 1.)	chem. Ni / chem. Au 2.)	chem. Sn 2.)	chem. Ag 2.), 3.)	OSP 4.)
Schichtdicke	0	3 … 40 µm	Ni: ≈ 3-5 µm Au: ≤ 0,1 µm	≈ 0,8 µm (… 1,2 µm)	0,1 – 0,2 µm	2 – 6 µm
Schwankung der Schichtdicke	0	bis 35 µm	<< 1 µm	<< 1 µm	<< 1 µm	<< 1 µm
Prozess-Temperatur 5.)	kein Prozess	≈ 250..270 °C	um 100 °C	um 100 °C	um 100 °C	um 100 °C
Lagerfähigkeit	wenige Tage	≥ 6 Monate	≥ 6 Monate	≥ 6 Monate 6.)	≥ 6 Monate	≥ 6 Monate
wiederholte Erwärmung auf Löttemperatur	Oxidation d. Kupfers, Oberfläche unbrauchb.	möglich	möglich	möglich	möglich	OSP wird bei ≈ 150°C zerstört
Löttechnik	ja	ja	ja	ja	ja	ja 7.)
SMD-Technik „Fine Pitch"	ja	sehr eingeschränkt 8.)	ja	ja	ja	ja
Leitklebetechnik	sehr bedingt 9.)	nein	ja	nein	nein	nein

Anmerkungen:

1.) HAL = „Hot Air Leveling" auch HASL = „Hot Air System Leveling"
Die LP wird mit stark aktiviertem Flux benetzt, in geschmolzenes Lot (siehe Kapitel 6.) getaucht und das überflüssige noch flüssige Lot mit „scharfem Luftstrahl" abgeblasen.

2.) Behandlung in mehreren chemischen Bädern

3.) In den USA häufig angeboten, in Europa relativ selten

4.) nicht leitfähige Schicht einer organischen Chemikalie die sich beim Lötprozess zersetzt („ENTEK+")

5.) beim Aufbringen der Oberfläche

6.) Wert wird in der Literatur z.T. bestritten, wobei die statt der 6 Monate genannte geringere Lagerzeit auf unzureichende Schichtdicken (deutlich < 1 µm) der Zinn-Schicht zurückgeführt werden. Einige Anbieter haben Spezialverfahren für Schichtdicken > 1 µm entwickelt die längere Lagerzeiten gewährleisten.

7.) Sind zwei Lötvorgänge notwendig, dann müssen diese unmittelbar nacheinander ausgeführt werden, da die gesamte OSP beim ersten Vorgang zerstört wird.

8.) Wegen der partiell unebenen Oberfläche kommt es stellenweise zu unsauberem Pastendruck und damit erhöhtem Fehlerrisiko.

9.) Es gibt Erkenntnisse, dass je nach Randbedingungen zwischen Kleberschicht und Kupfer Korrosion auftreten kann und dann die Verbindung zerstört wird.

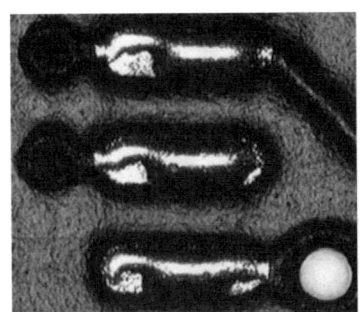

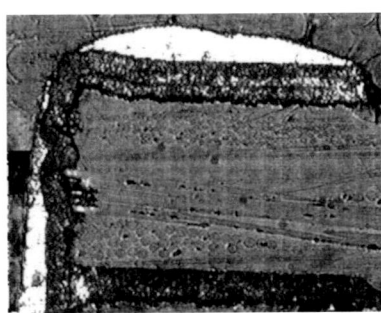

Abb. 3.24:
ungleichmäßiger Lotauftrag beim HAL in der Aufsicht

Abb. 3.25:
ungleichmäßiger Lotauftrag bei HAL im Schnitt (helle Flächen auf dem Pad & in der Bohrung)

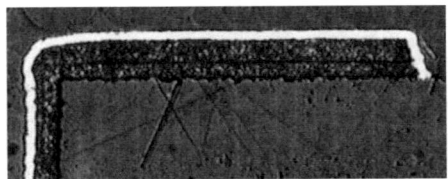

Abb. 3.26:
gleichmäßiger Auftrag bei chem. Ni/chem. Au: die helle Fläche ist das Nickel, die dünne Gold-Schicht ist nicht erkennbar

(Fotos Abb. 3.24 – 3.26: ILFA)

3.7. Qualitätsaspekte und Leiterplatten-Fehler

Bei der Herstellung von Leiterplatten bzw. bei den fertigen Produkten treten immer wieder Fehler auf. Hier sollen einige der häufigeren Typen, die vornehmlich auf produktionstechnische Ursachen zurückzuführen sind, dargestellt werden.

3.7.1. Lagenversatz

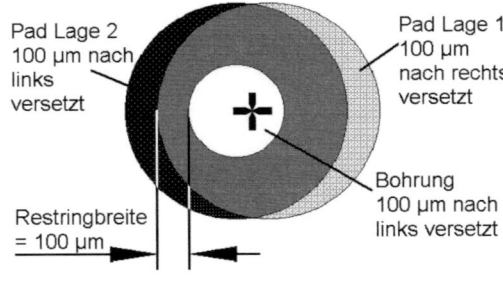

Pad-$\varnothing$= 0,7 mm, Bohrungs-$\varnothing$= 0,3 mm

Abb. 3.27: Versatz

Bei der Konstruktion von Leiterplatten entstehen mehrere Ebenen (Cu-Lagen, Lackschichten, Bohrlochfelder), die in den Fertigungsprozessen möglichst genau zur Deckung gebracht werden müssen, während die Oberflächen (vgl. 3.6.) selbstjustierend sind. Das bei den früheren in Klebetechnik erzeugten Layouts bisweilen auftretende (partielle) Verziehen der Ebenen ist heute bei der Verwendung von numerischen Daten kein Thema mehr. Bei der Herstellung von Leiterplatten kann man heute von einem **Versatz einer der Ebenen gegenüber der Referenzebene von maximal 50µm** ausgehen, ohne dass allerdings die Richtung der Ablage be-

stimmt ist. Abb. 3.27 verdeutlicht die Konsequenz daraus.
Durch den Versatz der beiden Pads gegenüber dem Referenzpunkt jeweils in entgegengesetzte Richtung um 50 µm sowie Versatz der Bohrung ebenfalls um 50 µm reduziert sich die Restringbreite an der schmalsten Stelle auf 100 µm (statt nominal 200 µm), ohne dass zusätzliche Fehler wie Unterätzung oder Verlaufen des Bohrers (s. unten) schon berücksichtigt sind. Kritisch kann so etwas werden, wenn die Bohrung in Richtung der Leitungsanbindung versetzt ist und dabei im Extremfall die Verbindung Leiterbahn-Bohrung nur noch auf die Breite der Leiterbahn beschränkt ist (Abb. 3.29). Starker Versatz der Lackmaske kann dazu führen, dass eine Bohrung z.B. für ein bedrahtetes Bauteil unbrauchbar wird.

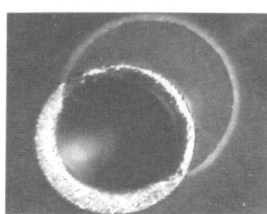

Abb. 3.28: Versatz Lack gegen Pad
(Foto: IPC)

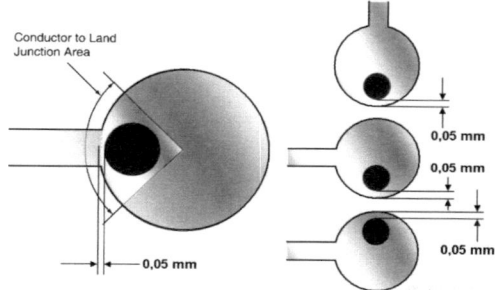

Abb. 3.29: Auswirkung von Bohrversatz
(Grafik: IPC)

3.7.2. Bohrprobleme

Abb. 3.30: Verlaufen des Bohrers beim Auftreffen auf die harte Glasfaser

Beim Bohren insbesondere mit sehr dünnen Bohrern kommt es im geringen Maß zum Verlaufen der Bohrung (in der Grafik 3.30 übertrieben dargestellt). Die Ursache dafür ist, dass der Bohrer im relativ weichen Harzbereich seitlich auf die harte Glasfaser trifft und dadurch abgelenkt wird. Die Folge davon ist ein zusätzlicher Versatz der Bohrung im unteren Pad – wie prinzipiell dargestellt.

3.7.3. Kontaktabriss

Fehler im Produktionsprozess können zu Abrissen der Ankontaktierung insbesondere bei inneren Lagen führen. Partielle Abrisse nur auf Teilen des Umfangs sind wohl häufiger – überlagert sich aber ein Bohrversatzproblem wie in 3.7.1 dargestellt, so kann das zum Ausfall der Leiterplatte führen. Derartige Fehler in latenter Form können durch Wärmeeinwirkung „zum Ausbruch gebracht" werden.

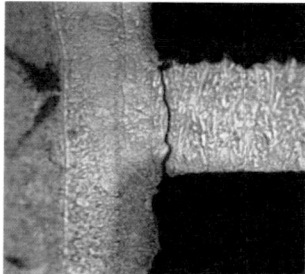

Abb. 3.31: Abriss der Ankontaktierung an der Hülse einer Durchkontaktierung
(Foto: IPC)

3.7.4. Orangenhaut

Die „Orangenhaut" ist ebenfalls ein Fehler im Produktionsprozess:
Der Auftrag der Lackschicht erfolgt erst nach dem HAL-Prozess. Wird eine solche Leiterplatte gelötet, dann schmilzt die Lotschicht unter dem Lack auf und „schlägt Wellen". Das sieht nicht nur hässlich aus, sondern auf dieser Schicht haftet der Lack nicht oder sehr schlecht und es kann zum Abblättern kommen.

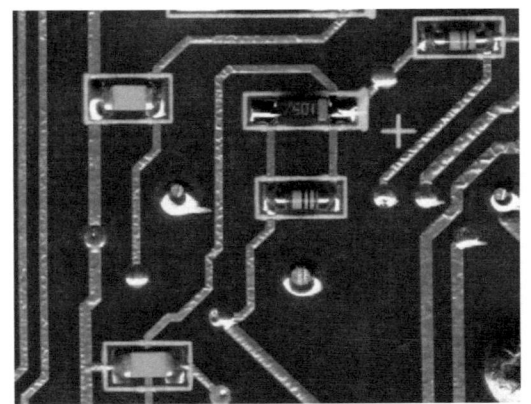

Abb.3.32: ➔ Orangenhaut

3.7.5. Delaminierung

Abb. 3.33 und 3.34 zeigen einen gravierenden Leiterplattenfehler: einen delaminierten 4-Lagen-Multilayer. Bei der Delamination lösen sich die miteinander beim Verpressen verbundenen Schichten von einander. Dieses kann verschiedenste Ursachen im Bereich der Leiterplattenfertigung haben. Möglich ist auch eine unzulässig hohe Feuchtigkeitsaufnahme und Löten einer solchen Leiterplatte ohne vorherige Trocknung oder eine insgesamt unzulässig hohe thermische Belastung.
Delaminierte Leiterplatten sind irreparabel. Den Grund liefern eindrücklich die beiden Bilder:

Abb. 3.33

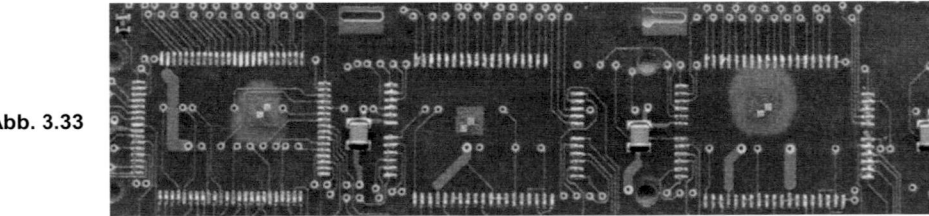

Abb. 3.34

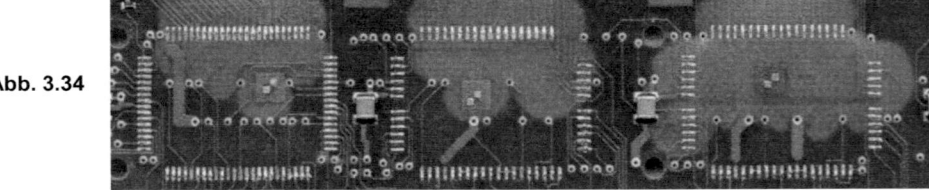

Das erste Foto zeigt eine Leiterplatte nach einem Durchlauf durch den Reflow-Ofen (Standard-Profil). Nach dem Fotografieren wurde die gleiche Platte dem Prozess ein zweites Mal unterworfen. Wie leicht erkennbar ist (unteres Foto) haben sich beide Schadstellen stark ausgeweitet und eine dritte ist entstanden.

3.7.6. Entnetzung

Entnetzung tritt in Verbindung mit HAL als metallischer Oberfläche auf. Die Pads der LP sind zwar verzinnt, erscheinen aber meist sehr matt. Auffällig ist auch, dass in aller Regel die Beschichtung extrem glatt erscheint. Dieses rührt daher, dass sich nur noch eine sehr dünne (typ. < 1µm) intermetallische Schicht aus Kupfer und Zinn (vgl. Kap. 6.) auf dem Pad befindet, welche aber nicht mehr von Lot bedeckt ist. Diese intermetallische Schicht hat einen Schmelzpunkt > 400°C und nimmt kein Lot mehr an. Neu zugeführtes Lot benetzt nicht sondern zieht sich zusammen oder perlt bisweilen regelrecht ab. Entnetzung kann sowohl auf der gesamten Leiterplatte verbreitet sein wie auch partiell auf einzelnen Pads auftreten – dann sind meist die Randbezirke betroffen. Eine mögliche Ursache dieses Fehlers liegt bei Problemen in der Prozessführung (meist zu große Wärmeeinwirkung) aber auch Verunreinigungen im Lot werden als Ursachen genannt.
Verunreinigung der Oberflächen erzeugt ähnliche Fehlerbilder. Im letzteren Fall ist Reparatur durch Behandlung mit aggressiven Chemikalien (Flux) vielleicht möglich. Ansonsten hilft nur mechanisches Abtragen der intermetallischen Schicht und freilegen des Kupfers.

Abb. 3.35: →
Lotanfluss am Bauteil gut, am Pad schlecht

←Abb. 3.36:
aufgeschmolzenes Lot hat sich zum „Berg" zusammengezogen

Abb. 3.37: →
Lotanfluss am Bauteil gut, am vorderen freien Pad sehr mäßiger Verlauf und am hinteren Pad regelrecht „abgeperlt".

3.8. Kostenaspekte

Die Kosten für eine Leiterplatte teilen sich zunächst grob in zwei Kategorien auf wie auch schon im 2. Kapitel dargestellt: die stückzahlunabhängigen Kosten für die Arbeitsvorbereitung und die stückzahlabhängigen Kosten für Material und Arbeitslohn im Fertigungsbereich.
Je mehr Lagen „spendiert werden" umso stärker steigt der Kostenanteil Arbeitsvorbereitung. Zusätzliche Kostensteigerungen an dieser Stelle bringen Features wie Sacklöcher, SBU usw. Die Beispiele (einfacher Vergleich zwischen doppelseitiger LP und 6-Lagen-Standard-Multilayer) haben auch gezeigt, dass zusätzliche Lagen auch zusätzliche Arbeitsschritte in der Fertigung ausmachen. Nicht alle Schritte sind aber gleich aufwändig: es gibt parallele Prozesse bei denen

eine ganze Platte gleichzeitig bearbeitet wird (z.B. belichten, entwickeln, ätzen, galvanisieren) und serielle Prozesse (bohren, fräsen) – letztere sind vom Ansatz her teurer weil sie länger die entsprechende Fertigungseinrichtung blockieren.

Da die Vielzahl möglicher Aufgabenstellungen und Realisationen kein Patentrezept zulässt, kann man aus dieser Zwickmühle heraus nur zwei allgemeine Forderung formulieren:

> **So viele Lagen / so viel komplexe Technik wie von der Anforderung her unverzichtbar ist einbauen.**

> **Mehr Aufwand bei der Herstellung einer Leiterplatte muss durch Einsparungen an vorlaufender Stelle (Konstruktion) oder folgender Stelle (Bestückung, Prüfung) mindestens ausgeglichen werden.**

Da die Leiterplattentechnik inzwischen viele verschiedene Möglichkeiten bietet, die zum einen nicht von jedem Hersteller angeboten werden kann und zum anderen auch in ihren Alternativen und Konsequenzen vom Fachmann nur noch schwer zu überblicken sind, lohnt es sich bei auch nur etwas komplexeren Platten den Hersteller bei der Definitionsphase mit zu Rate zu ziehen, um die insgesamt kostengünstigste Lösung im Sinne des gesamten Systems zu ermitteln. Nur wenn die Auflistung in 2.2. den geringsten Betrag aufweist (natürlich bei Erfüllung aller geforderten Systemeigenschaften), ist das Ziel eines kostenbewussten Engineerings erfüllt.

4. elektronische Bauteile

4.1. Begriffsbestimmung

Anders als bei Themen wie „Schaltungsentwurf" oder „ASIC-Design" o.ä. interessieren mit Hinblick auf das Generalthema zwei Aspekte der Bauteile:

> ➤ das Aussehen (Material, Abmessungen) des Gehäuses an sich
> ➤ das Bauteil-Leiterplatte-Interface, kurz Art und Aussehen der Anschlüsse

Aber zunächst einmal soll die Frage erörtert werden:

„Was ist ein Bauteil im Sinne des Themas ?"

Zu den Bauteilen zählen sicherlich die altbekannten passiven (Widerstand, Spule, Kondensator) sowie die Halbleiterbausteine jeglicher Art. Dazu kommen mit gleicher Bedeutung die bekannten elektromechanischen Bauteile (Schalter, Stecker usw.), aber auch solche Nebensächlichkeiten wie Drahtbrücken, Anschlussdrähte, Lötösen usw. gehören dazu. Letztere werden beim Entwerfen einer Schaltung normalerweise „übersehen". Darüber hinaus dürfen aber auch Komponenten wie Kühlkörper, Befestigungsmittel (Schrauben, Clipse, Nieten,...) usw. nicht vergessen werden. Warum aber sind selbst Drähte und Lötösen oder gar reine Mechanik-Teile Bauteile im Sinne des Layouts ?

Die Begründung dafür ergibt sich ganz logisch daraus, dass jedes der oben aufgeführten Bauteile einen gewissen Platz auf der Leiterplatte einnimmt, den es mit keiner anderen Komponente teilen kann. In den folgenden beiden Abschnitten sollen die elektrischen Bauteile genauer definiert werden, da auf dieser Basis später Bibliothekselemente für das Layout erstellt werden müssen.

4.2. bedrahtete Bauteile

Bedrahtete Bauteile („leaded components", als Technik „THT" = „through hole technique" bezeichnet) gibt es schon seit Jahrzehnten. In der Bestücktechnik wird zwischen axial bedrahteten, radial bedrahteten Bauteilen sowie nicht weiter definierbaren anderen Bauformen unterschieden.

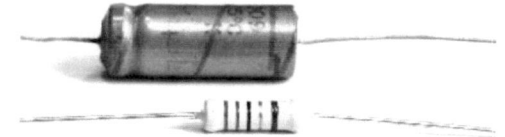

Abb. 4.1: axial bedrahtete Bauteile
(meist müssen die Anschluss-Drähte abgebogen werden)

Abb. 4.2: radial bedrahtete Bauteile

Wesentliche Merkmale für das Layout sind die Abmessungen des Gehäuses, die Positionen der Anschlussdrähte (Pins) und deren Durchmesser. Obwohl die Anzahl der verwendeten bedrahteten Bauteile inzwischen stark rückläufig ist, sind noch auf längere Sicht größere Kondensatoren und Induktivitäten/Transformatoren sowie Leistungsbauteile in bedrahteter Technik unverzichtbar. Dazu kommen auch noch eine Reihe elektromechanischer Komponenten.

Insbesondere in Fernost gibt es immer noch einen großen Markt für bedrahtete Bauteile jeder Art, da in den Billiglohnländern die Handarbeit gegenüber der maschinellen Verarbeitung von SMDs im Vorteil ist.

Abb. 4.3: **PGA (pin grid array):** eine spezielle und sehr teure Gehäusebauform (Kosten des leeren Gehäuses je nach Größe etwa 30...70 Euro) für große und kühlungsbedürftige Prozessoren

4.3. SMDs ("Surface Mounted Devices") bzw. OMBs („oberflächenmontierte Bauteile")

SMDs werden in einer Reihe verschiedener Gehäuse angeboten, wobei die Zahl der Anschlüsse von 2 bis zu vielen hundert reicht. Da nicht jedes Gehäuse für jede Verbindungstechnik geeignet ist und die Verschiedenheiten der Geometrien erheblichen Einfluss auf das Layout haben, werden die einzelnen Bauformen nun etwas genauer betrachtet:

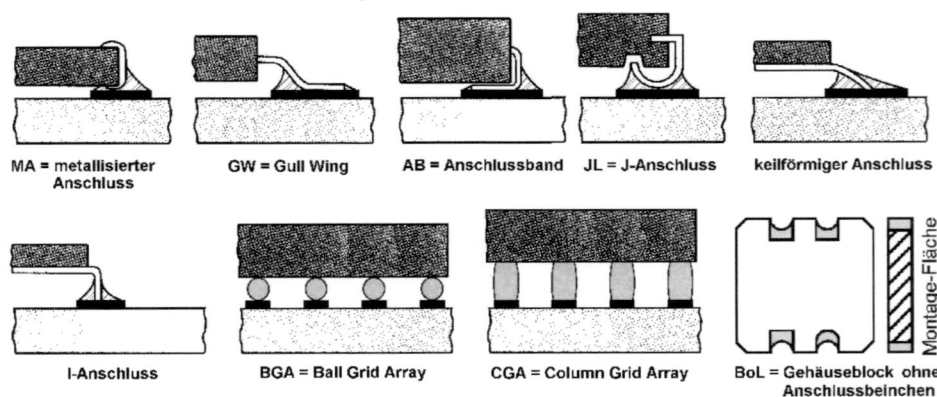

Abb. 4.4: Anschlussformen von SMDs (Grafik nach Alcatel-Unterlagen)

Während der keilförmige und I-Anschluss nahezu keine Bedeutung haben, finden die anderen Bauformen z.T. weit verbreitete Anwendungen:

Tab. 4.1: Anschlussformen und ihre Anwendungen

Kürzel	Bezeichnung	Anwendungsbereiche
MA	metallisierter Anschluss	Chip-Kondensatoren, Chip-Widerstände, in Näherung: zylindrische Glasdioden und Widerstände
GW	Gull Wing	diskrete Halbleiter mit 2...4 Anschlüssen, SO-Ics, QFP-Gehäuse
AB	Anschlussband	Tantal-Chip-Kondensatoren, kleine Spulen, Dioden in Plastik-Gehäusen
JL	J-Anschluss (J-lead)	Dioden in Plastik-Gehäusen, Ics in SOJ- und PLCC-Gehäusen, Module in SOJ-ähnlichen Gehäusen
BGA	Ball Grid Array	hochpolige Ics
CGA	Column Grid Array	hochpolige Ics (seltener als BGA)
BoL	Gehäuseblock, Anschlüsse in Form (teil-)metallisierter Gehäusewände und/oder Böden	Spezial-Bausteine wie Oszillatoren, keramische Filter usw., meist in Keramik-Gehäusen

4.3.1. Chips in Bauform „MA"

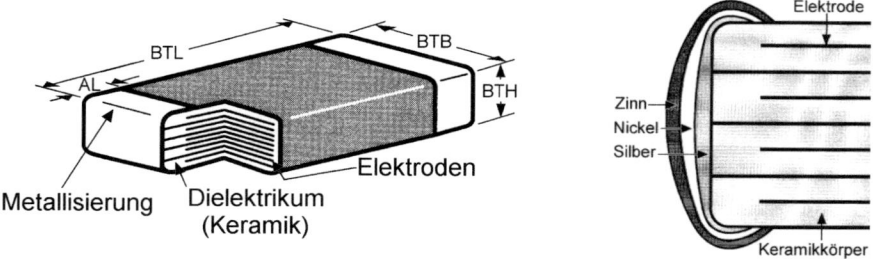

Abb. 4.5: Aufbau eines Keramik-Chipkondensators („KeKo") (Grafiken: Vitramon/Vishay)

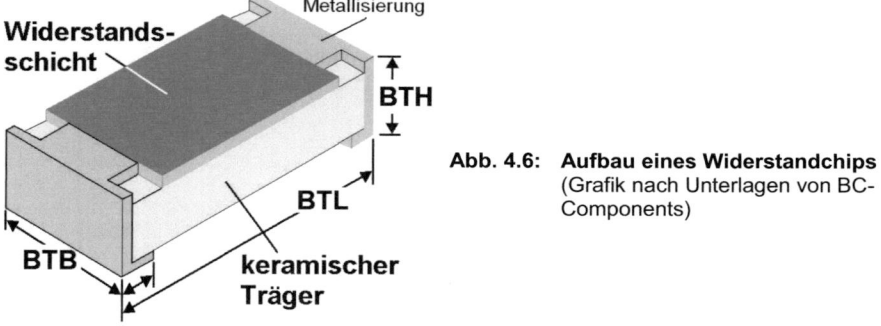

Abb. 4.6: Aufbau eines Widerstandchips (Grafik nach Unterlagen von BC-Components)

Typische Vertreter sind Widerstands- und Keramik-Kondensator-Chips. Die Abmessungen und die Bezeichnungen nach EIA-Norm (basierend auf Abmessungen in Inch) sind in der Tabelle aufgeführt. Widerstands-Chips fehlt meist die Anschlussmetallisierung an den Längsseiten und die Metallisierung an der Oberseite ist oft nicht über die volle Breite ausgebildet. Das ist aber für Layout- und Fertigungsbelange von untergeordneter Bedeutung.

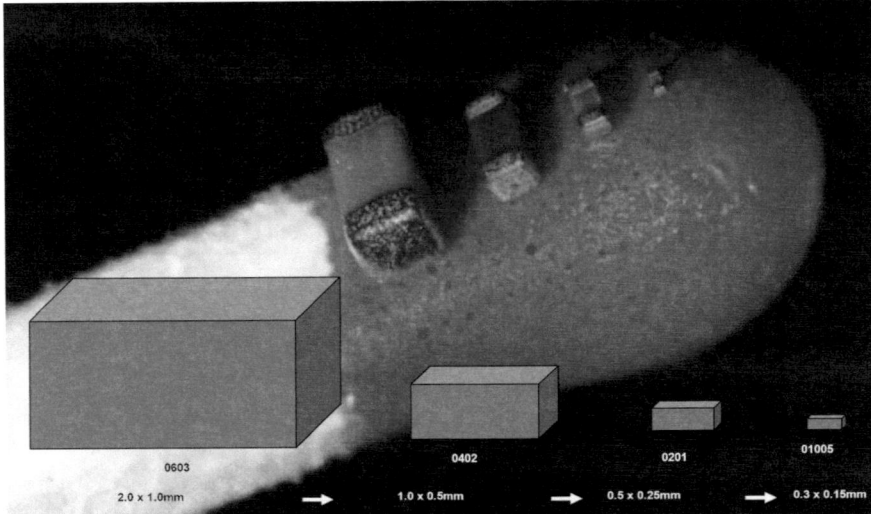

Abb. 4.7: Chip-Baugrößen 01005 bis 0603 (Bild: Siemens)

Tab. 4.2: Chip-Abmessungen (Orientierungswerte, kleinere Abweichungen je nach Hersteller):

Bauform nach EIA	BTL (mm)	BTB (mm)	AL (mm)	BTH max (mm)		L	B
				KeKos:	Widerstände:	(* 0,01 Inch)	
03015 #)	0,25	0,125					
01005	0,40±0,02	0,20±0,02	0,10±0,03	0,22	0,15	1,6	0,8
0201	0,60±0,03	0,30±0,03	0,15±0,05	0,33	0,33	2,3	1,2
0402 (1005)	1,00±0,10	0,51±0,10	0,25±0,15	0,61	0,40	3,9	2,0
0603 (1608)	1,60±0,15	0,80±0,15	0,30±0,20	0,95	0,55	6,3	3,1
0805 (2012)	2,00±0,20	1,25±0,20	0,50±0,25	1,10	0,65	7,9	4,9
1206 (3216)	3,20±0,20	1,60±0,20	0,50±0,25	1,20	0,65	12,6	6,3
1210 (3225)	3,20±0,20	2,50±0,20	0,50±0,25	1,20	Bauform bei Widerständen unüblich	12,6	9,8
1812 (4532)	4,50±0,20	3,20±0,20	0,50±0,25	1,20		17,7	12,6
2220 (5750)	5,70±0,20	5,00±0,20	0,50±0,25	1,30		22,4	19,7

#) keine EIA-Bauform

4.3.2. Chips in Bauform „AB"

Ein erheblicher Teil der Bauteile in Bauform „AB" sind Tantal-Chip-Kondensatoren, deren prinzipieller Aufbau Abb. 4.8 zeigt. Die Gehäuse dieser Art sind ebenfalls nach EIA-Norm benannt (allerdings auf metrischen Maßen basierend). Die mit #) gekennzeichneten Abmessungen sind nach MIL-C-55365/8 spezifiziert.

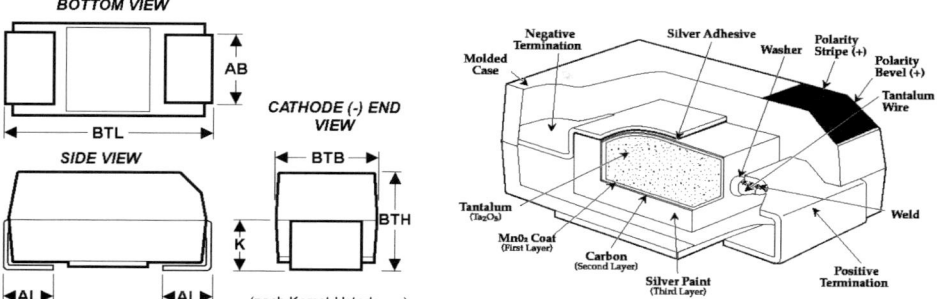

Abb. 4.8: Maßzeichnung Tantal-Chip-C
(Grafiken: Kemet)

Abb. 4.9: Aufbau eines Tantal-Elkos

Tab. 4.3: genormte Baugrößen für Tantal-Chip-Elektrolytkondensatoren
(nach Kemet-Unterlagen)

Bauform nach EIA		BTL (mm)	BTB (mm)	BTH (mm)	K (mm)	AB (mm) [±0,1]	AL (mm) [±0,3]
2012-12		2,0 ± 0,2	1,30 ± 0,2	≤ 1,2	≥ 0,3	0,9	0,5
3216-12		3,2 ± 0,2	1,6 ± 0,2	≤ 1,2	≥ 0,3	1,2	0,8
3216-18	#)	3,2 ± 0,2	1,6 ± 0,2	1,6 ± 0,2	0,9 ± 0,2	1,2	0,8
3528-12		3,5 ± 0,2	2,8 ± 0,2	≤ 1,2	≥ 0,3	2,2	0,8
3528-21	#)	3,5 ± 0,2	2,8 ± 0,2	1,9 ± 0,2	1,1 ± 0,2	2,2	0,8
6032-15		6,0 ± 0,3	3,2 ± 0,2	≤ 1,5	≥ 0,5	2,2	1,3
6032-28	#)	6,0 ± 0,3	3,2 ± 0,3	2,5 ± 0,3	1,4 ± 0,2	2,2	1,3
7260-38	#)	7,3 ± 0,3	6,0 ± 0,3	3,6 ± 0,2	2,3 ± 0,2	4,1	1,3
7343-20		7,3 ± 0,3	4,3 ± 0,3	≤ 2,0	≥ 1,1	2,4	1,3
7343-31	#)	7,3 ± 0,3	4,3 ± 0,3	2,8 ± 0,3	1,5 ± 0,2	2,4	1,3
7343-43	#)	7,3 ± 0,3	4,3 ± 0,3	4,0 ± 0,3	2,3 ± 0,2	2,4	1,3

4.3.3. kleine Halbleitergehäuse

Die folgenden Abbildungen zeigen einige der marktüblichen Gehäuse für diskrete Halbleiter und kleine integrierte Schaltungen – bei einigen sind der eingebaute Halbleiterchip und die Bonddrähte erkennbar. Viele der Gehäuse werden je nach Bauteilhersteller abweichend bezeichnet – hier wurden die weit verbreiteten Bezeichnungen angegeben. Es dominieren eindeutig die Kunststoff-Gehäuse – bei den dargestellten Typen sind lediglich SOD-80 und SOD-87 aus Glas:

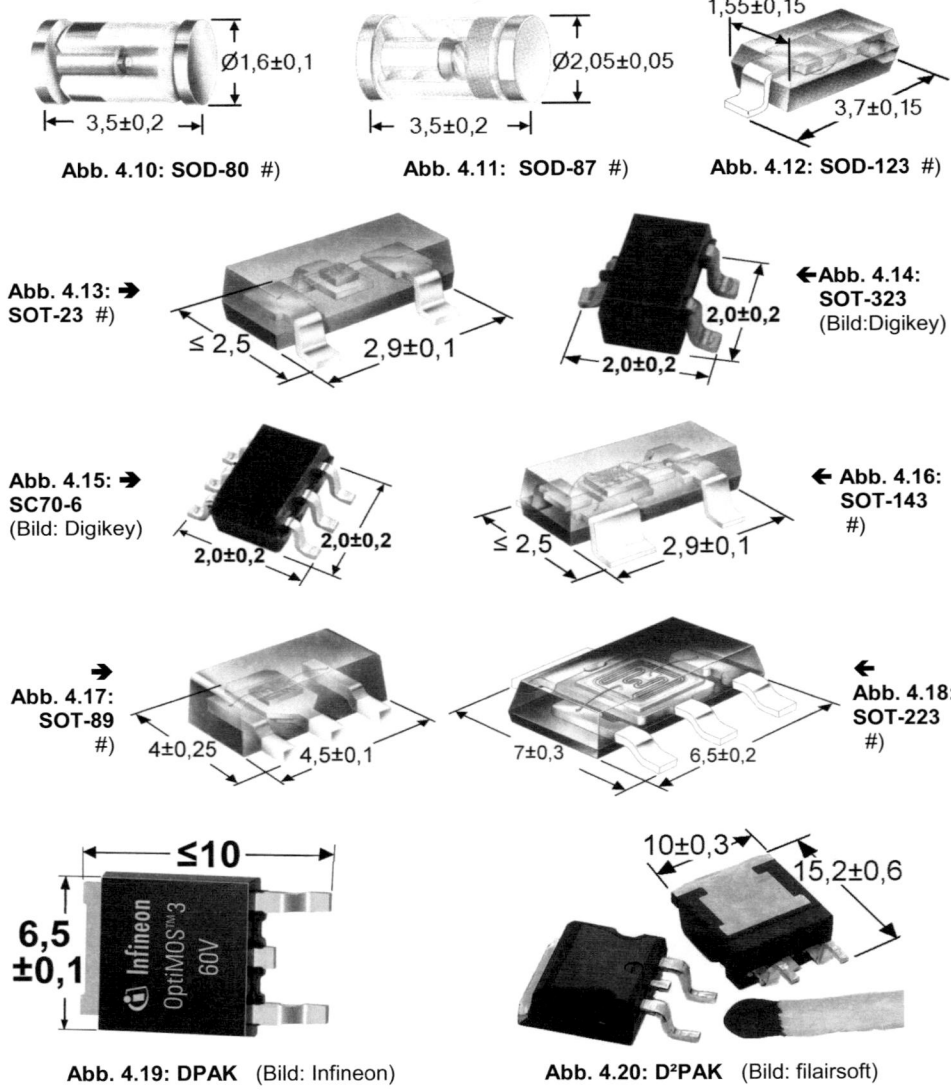

Abb. 4.10: SOD-80 #)   Abb. 4.11: SOD-87 #)   Abb. 4.12: SOD-123 #)

Abb. 4.13: ➔ SOT-23 #)   ←Abb. 4.14: SOT-323 (Bild:Digikey)

Abb. 4.15: ➔ SC70-6 (Bild: Digikey)   ← Abb. 4.16: SOT-143 #)

➔ Abb. 4.17: SOT-89 #)   ← Abb. 4.18: SOT-223 #)

Abb. 4.19: DPAK   (Bild: Infineon)   Abb. 4.20: D²PAK   (Bild: filairsoft)

#): Bilder Philips

4.3.4. große Halbleitergehäuse für integrierte Schaltungen (ICs)

Auch hier gibt es eine Vielzahl verschiedener Bauformen, von denen einige exemplarisch dargestellt werden sollen. Bei hochpoligen Gehäusen ist der sogenannte „Lead Pitch" oder kurz nur „Pitch" (Kürzel „LP") genannt eine wichtige Beschreibungsgröße: es ist der regelmäßige (Raster-)Abstand zwischen den Beinchen einer Reihe. Dadurch, dass man im Laufe der Entwicklung den Pitch immer weiter reduzieren konnte, war es möglich immer mehr Anschlüsse bei gleicher Gehäuseabmessung zu realisieren.

Abb. 4.21:

PLCC (Plastic Leaded Chip Carrier)-Gehäuse von 20 bis 84 Pins (LP = 1,27 mm)
(Bild: Philips)

Die PLCC-Gehäuse sind die ältesten Typen für hochpolige ICs und neben SOJ-Gehäusen (Small Outline-J-leaded) die einzigen SMDs, in welche Fenster eingebaut und damit UV-löschbare Speicher realisiert werden konnten. Für sehr spezielle Anforderungen gibt es auch die seltene und teure Keramik-Variante als CLCC. PLCC fanden und finden immer noch für Prozessoren, speicherprogrammierbare Logik und ASICs Verwendung, während SOJ-Gehäuse, die inzwischen von TSSOP und BGA-Bauformen weitestgehend verdrängt wurden, vor allem für Speicherbausteine Verwendung fanden.

Abb. 4.22: SOJ-Gehäuse

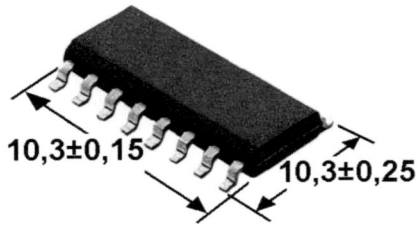

Abb. 4.23: SO8-Gehäuse (Conrad)   Abb. 4.24: SO16L-Gehäuse (Voelkner)

SO-Gehäuse (SO = Small Outline) gibt es je nach Platzbedarf des Chips in zwei Breiten und mit verschiedenen Anzahlen der Anschlüsse. Das Rastermaß ist einheitlich: LP = 1,27 mm. Bei der schmaleren Version (Beispiel Abb. 4.23) haben die Bauteile zwischen 8 und 24 Anschlüsse, bei der breiteren Version (Beispiel Abb. 4.24) sind es zwischen 16 und 32 Anschlüsse.

Abb. 4.25: SSOP48 bzw. TSSOP48   Abb. 4.26: TSOP48

Die Gehäusetypen SSOP und TSSOP stellen eine Weiterentwicklung der SO-Gehäuse dar. Die etwas dickeren SSOP und dünneren TSSOP sehen sich sehr ähnlich (Beispiel Abb. 4.25) und unterscheiden sich im Wesentlichen in der Dicke der Gehäuse und den verwendeten Rastermaßen. Die Abmessungen der einzelnen Bauteile sind von der jeweiligen Anzahl der Anschlüsse und dem Rastermaß abhängig.
Bei den TSOP-Gehäusen (Beispiel Abb. 4.48) befinden sich die Anschlüsse nicht an der längeren sondern an der kürzeren Gehäusekante. So lassen sich die eingebauten Chips besser an die Anschlüsse anbonden.

Tab. 4.4: **Abmessungen von SSOP, TSSOP und TSOP-Gehäusen**
(Daten von NXP und ON-Semiconductor, kein Anspruch auf Vollständigkeit)

	Gehäuse-Dicke	Anzahl der Anschlüsse	Rastermaß (LP)
SSOP	1,4 – 1,8 mm	5 - 56	0,635 – 1,0 mm
TSSOP	0,8 – 1,2 mm	5 - 64	0,4 – 0,65 mm
TSOP	0,8 – 1,2 mm	20 - 66	0,5 – 1,27 mm

Die Gehäuse mit 5 Anschlüssen sehen abweichend von Abb. 4.25 eher dem in Abb. 4.15 gezeigten ähnlich.

Die PQFP-Gehäuse (Plastic Quad Flat Pack, Abb. 4.27 waren bis zum Erscheinen der BGAs (Ball Grid Arrays) die Gehäuse für komplexe ICs schlechthin. Bei Rastermaßen (LP) von 1,0mm, 0,8mm, 0,65mm, 0,635mm und 0,5mm werden bis ca. 300 Beinchen bei Kantenlängen von bis zu 40 mm realisiert.
Noch kleinere Rastermaße sind sehr selten (0,4 mm) bzw. unter 0,4 mm über das Versuchsstadium nicht hinausgekommen. Lediglich in Verbindung mit einer besonderen Kontaktierungstechnik gibt es wenige ähnlich aussehende Bauteile, deren Kontaktierungsbereich dann aber auch anders aufgebaut ist.

Abb. 4.27: diverse Bauformen von PQFP-Gehäusen (Bild: Philips)

Abb. 4.28: BGA-Gehäuse
(Foto Infineon)

Das BGA unterscheidet sich insofern von allen bisher gezeigten Gehäusebauformen, als dass es weder Anschlussdrähte bzw. –beinchen hat noch metallisierte Gehäuseflächen aufweist. Die Anschlüsse bestehen aus Lotkugeln, die beim Auflöten der BGA selber schmelzen und leicht verformt an Ort und Stelle bleiben und über eine reine Lotbrücke die Verbindung zur Leiterplatte darstellen. BGAs gibt es in einer Reihe von Aufbauformen:

➢ auf einer Leiterplatte mit aufgeklebten und gebondeten Chips (einem oder auch mehreren) die mit Harz vergossen sind (Abb. 4.28)

➢ als Kunststoffgehäuse ähnlich denen der PQFPs (Abb. 4.29).

Übliche Pitches bei BGAs liegen derzeit im Bereich von 1,5 bis 0,5 mm.

 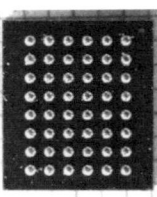 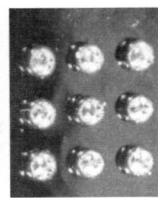

Abb. 4.29: BGA
(Rastermaß 0,8 mm, von oben und unten auf mm-Papier), rechts: Balls vergrößert

Da das Gehäuse nahezu gleich groß ist wie der Chip, werden derartige Gehäuse auch oft als CSP (= Chip Size Package) bezeichnet.

Abb. 4.30: QFNL (Rastermaß = 0,5 mm)

Eine andere Entwicklung in Hinsicht hoher Packungsdichte sind QFNL (Quad Flatpack No Leads, Abb. 4.30).
Ein Grund für die Entwicklung der BGAs war der Bedarf an höherer Anzahl von Anschlüssen ohne den Pitch verkleinern zu müssen. Der Vergleich zeigt das:

Tab. 4.5: Vergleich der geometrischen Daten verschiedener hochpoliger IC-Gehäuse

Gehäuse	Anz. Pins	Pitch	Abmessungen	Pins / mm²
PLCC 84	84	1,27	30,2 * 30,2	0,09
PGA340	340	2,54	56,4 * 56,4	0,11
QFP244	244	0,5	32 * 32	0,24
BGA352	352	1,27	35 * 35	0,29
QFNL44	44	0,5	8 * 8	0,69
BGA48 (CSP)	48	0,8	6 * 8	1,14

4.4. Materialaspekte: Gehäuse und Anschlüsse

4.4.1. Gehäuse

Für die Bleifrei-Technik sind teilweise andere weil wärmebeständigere Gehäusematerialien zu verwenden als das für die herkömmliche Löttechnik notwendig war. Keramikmaterialien und Glas sind sehr temperaturbeständig, während die Schmelzpunkte der Kunststoffe recht nahe bei den Prozesstemperaturen liegen. Allein die Änderung der Metallisierungen der Anschlüsse (siehe unten) ist leider keine Gewähr für die Eignung der Gehäuse für die Lötung bei höheren Temperaturen [6.18], [6.20]. Nur einige Hersteller sagen explizit aus, dass sie mit der Kennzeichnung der lötbaren Oberflächen als „bleifrei-geeignet" auch die notwendige Änderung der Gehäusematerialien dokumentieren.

4.4.2. Anschlüsse

Bei den elektrischen Anschlüssen spielt nicht die Temperaturbeständigkeit eine Rolle sondern die Kombination der verwendeten Materialien. Die „Innereien" der Bauteile werden auf verschiedene Weise an die Gehäuse-Oberfläche geführt, um sie mit der Umgebung (z.B. Leiterplatte) verbinden zu können:

> - aufgedampfte Silber-Schichten: z.B. bei Keramik-Chip-Kondensatoren
> - Bleche aus Kupfer-Legierungen: sog. „Leadframes" bei Halbleiterbauteilen
> - metallisierte Buchten/Flächen an Leiterplatten die als Träger von Modulen dienen
> - Lotkugeln an Leiterplatten
> - Drähte aus Kupfer oder Kupfer-Legierungen bei vielen bedrahteten Bauteilen

Um die Bauteile auch längerfristig lötbar zu machen, bedürfen diese Anschlüsse oder Kontaktstellen einer Oberflächenbeschichtung. Vor der Umstellung auf bleifreie Fertigungstechnik wurde das relativ einheitlich durch eine Verzinnung mit Blei-Zinn-Lot erreicht, bei den Bauteilen mit den Silberbeschichtungen auf einer zuvor aufgebrachten Nickel-Sperrschicht. Nickel dient dabei zum Schutz gegen das Auflösen des Silbers im Lot und ist auch bei bleifreier Verzinnung Standard.

Tab. 4.6: Oberflächenbeschichtung von Bauteilanschlüssen bzw. Zusammensetzung von Balls bei BGAs

Kennungen		Metalle	Bemerkungen
e	G	bleifrei ohne genaue Angabe	
e1	G1	SnAgCu	mit SnPb-, SnAg-, SnAgCu- und SnCu-Loten kompatibel, Einschränkungen siehe Kap. 6.2.9
e2	G2	SnCu, SnAg, kein Bi oder Zn	
e3	G3	Sn	
e4	G4	Edelmetalle: Ag, Au, Ni-Pd, Ni-Pd-Au, kein Sn	
e5	G5	SnZn und eventuell weitere, kein Bi	nicht kompatibel mit SnPb-Loten
e6	G6	enthält Bi	
e7		Niedertemperaturlot mit In ohne Bi	nur mit Speziallot verarbeitbar

Andere Eigenschaften der bleifreien Lote und auch Anforderungen bezüglich der Lagerfähigkeiten führten letztlich dazu, dass heute eine Reihe verschiedener Metallisierungen als Oberflächen zum Einsatz kommen (Tab. 4.7). Die „e"-Kennungen beziehen sich nur auf die Zusammensetzungen der metallischen Oberflächenbeschichtungen, während die „G"-Kennungen zusätzlich ausweisen, dass das gesamte Bauteil „grün ist", d.h. auch alle anderen Details der Stoffeinschränkungen eingehalten sind.

Garantierten die Hersteller bei Verwendung von SnPb-Loten meist nur eine Verarbeitbarkeit von 6 Monaten, so finden sich bei den Materialien mit den Kennungen e1...e4 Angaben bis zu 24 Monaten.

Nicht alle verwendeten Materialien sind mit allen in Frage kommenden Loten kompatibel. Um die Art der Oberflächenbeschichtung dem Verarbeiter anzuzeigen, sind die Kennungen auf den Verpackungen und bei größeren ICs sogar auf deren Gehäuse aufgedruckt [4.11].

Abb. 4.31: „e4"- und „G4"- Kennzeichnung auf Bauteilen (Abb. Texas Instruments)
(es werden sowohl Klein- wie Großschreibung benutzt)

4.4.3. Materialprobleme

Auf (fast) reinen Zinnflächen können sich Whisker, das sind dünne Nadeln (vgl. Abb. 4.32 und Abb. 4.33), bilden und dann zu Problemen führen (z.B. vagabundierende Schlüsse). Die Hintergründe zur Entstehung dieser Whisker sind bis heute nicht eindeutig geklärt, bekannt sind aber die Abhängigkeiten vom Material unter der Zinnschicht, von der Anwesenheit anderer Metalle in der Zinnschicht, mechanischem Stress bei der Bearbeitung (z.B. biegen) des verzinnten Metalls usw. Im Rahmen der Suche nach bleifreien Lotlegierungen wird auch diesem Aspekt viel Aufmerksamkeit gewidmet. [4.10]
Vergleichbare Erscheinungen, wenn auch mit anderem Hintergrund der Entstehung, wurden auch schon auf Silber-Oberflächen beobachtet.

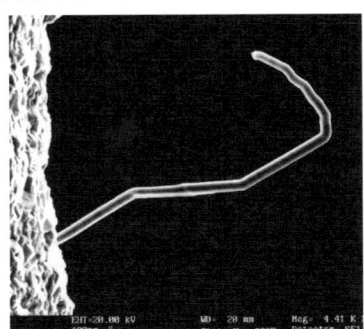

Abb. 4.32: einzelner Whisker   **Abb. 4.33: „Whisker-Wald"** (Maßstab !!)
(Fotos: Enayati GmbH)

4.5. Bauteil-Empfindlichkeiten

4.5.1. Mechanik

Hier gibt es drei wesentliche Aspekte bezüglich ‚mechanischer Empfindlichkeit':

- Bruchempfindlichkeit harter aber spröder Materialien (Glas, Keramik, Ferrit)
- Abbrechen einzelner Teile bei schweren bzw. bizarr geformten Bauteilen
- Empfindlichkeit aufgrund geringer Materialstärken (Bauteile mit „Fine-Pitch"-Anschlüssen, z.B. QFPs usw.)

In allen Fällen muss die Anlieferverpackung eine ausreichende Sicherheit gegen Beschädigung bieten. Risse in Gehäusen und Abbrechen von Gehäuseteilen sind nicht akzeptable Fehler. Aber auch nur verbogene Anschlüsse können Bauteile unbrauchbar machen. Die Verpackung muss gegen Einwirkungen von außen ebenso schützen wie gegen das Hin- und Herrutschen des Inhaltes. So können z.B. die Beinchen von QFPs dadurch verbogen werden, dass sie an andere Bauteile oder Verpackungsteile anstoßen. Ferritkerne können durch Aneinanderschlagen zerbrechen.

Weiterhin können auch Schäden an Bauteilen auf Leiterplatten entstehen, wenn Chip-Bauteile tragende Leiterplatten bei der Bearbeitung gebogen werden oder beim Trennen von Mehrfach-Leiterplatten („Nutzen") starken Vibrationen ausgesetzt sind (Abb. 4.34).

Abb. 4.34:
Bruch eines Keramik-Filters (Anschluss-Raster = 0,5 mm) durch Biegebeanspruchung der Leiterplatte

4.5.2. ESD – Electro Static Discharge

Die heute üblichen Halbleiterbausteine mit ihren hoch isolierenden MOS-Eingängen und extrem geringen Kapazitäten insbesondere im Eingangsbereich sind empfindlich gegen die durch Ladungsverschiebung an Kunststoffoberflächen entstehenden hohen Spannungen. Da man nicht immer auf Anhieb erkennen kann, ob nun das eine oder andere Bauteil tatsächlich diese Empfindlichkeit aufweist, werden sicherheitshalber alle Halbleiterbauelemente als empfindlich betrachtet und behandelt (vgl. 4.12]). Dazu gehört u.a. auch eine Verpackung, die durch eine Oberflächenbeschichtung verhindert, dass sich gefährliche Spannungen ausbilden können.

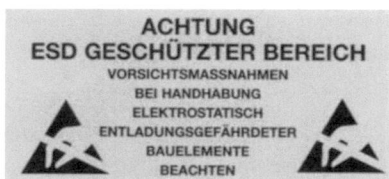 

Abb. 4.35: Hinweis auf ESD-geschützten Arbeitsbereich
(EPA = Electrostatic Protected Aerea)

Abb. 4.36: Hinweis auf Bauteilverpackungen

(Schilder nach Angaben in DIN EN 61340-5-1)

4.5.3. Feuchte

Die Kunststoffe (z.B. Polyamide) der Bauteilgehäuse sind mehr oder weniger stark hygroskopisch, d.h. nehmen Wasser aus dem Wasserdampf in der Luft auf. Kritisch wird das bei größeren Gehäusen oder solchen mit extrem geringen Materialdicken. Werden Bauteile dieser Art in einem Summenlötverfahren (Wellen- oder Reflow-Löten) schnell und stark erwärmt, dann kann eingeschlossenes Wasser nicht entweichen und der hohe sich bildende Dampfdruck kann das Gehäuse sprengen (siehe Abb. 4.37 – 4.39). Man nennt diesen Effekt auch Popcorn-Effekt. Detail-Informationen dazu sind im Internet zu finden ([4.6], [4.7]).

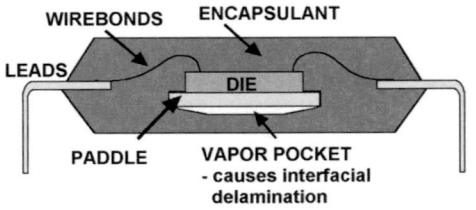

Abb. 4.37:
In unvermeidlichen Hohlräumen im IC-Gehäuse befindet sich Wasserdampf

Abb. 4.38:
Bei Erwärmung steigt der Dampfdruck erheblich an und deformiert das Gehäuse

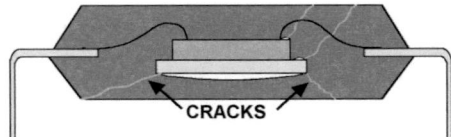

Abb. 4.39:
Durch den zu hohen Druck reißt das Gehäuse. Dabei können auch Abrisse am Chip-Aufbau und an den Bondanschlüssen entstehen.

Abb. 4.40 – 4.42: Bonddrahtrisse durch Gehäuse-Crack

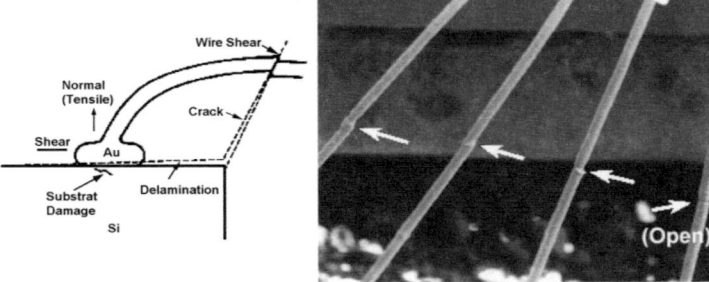

(Grafiken und Bilder 4.37 – 4.42: Freescale)

5. Bestücktechnik

Bei der folgenden Betrachtung wird außer im Abschnitt 5.4. immer von Löten als Verbindungstechnologie (vgl. Kap. 6.) ausgegangen, ohne aber in diesem Zusammenhang näher auf die technischen Feinheiten einzugehen.

5.1. Bauteilbereitstellung

Was ist der Hintergrund für dieses Unterkapitel ?
Zunächst einmal der Unterschied zwischen bedrahteten Bauteilen und SMDs. Die Vielfalt der Formen und die sich daraus ergebende Komplexität bei rückläufiger Verwendung (vgl. 4.2.) bedrahteter Bauteile lassen heute keinen rentablen Maschineneinsatz (von extremen Ausnahmen abgesehen) mehr zu. Wie die Bilder bei 4.2 zeigen, sind mitunter ein Abbiegen sowie oft ein Kürzen der Anschlüsse notwendig. Danach ist es für die Bestückung von Hand fast immer ausreichend, die vorbereiteten Teile in Sortimentsschalen o.ä. abzufüllen und dem Arbeitsplatz zuzuführen.
Bei SMDs ist die Unterscheidung zwischen Hand- und Maschinenverarbeitung wichtig. Der Mensch als Ausführender kann ein Bauteil aus einer Schale oder von einer Tischplatte nehmen, gleich an welcher Stelle und in welcher Position sich das Teil befindet. Eine Maschine kann das zwar (inzwischen) theoretisch auch, stellt aber in diesem Fall ein äußerst komplexes System mit hohem mechanischem und Programmieraufwand dar und hat daher in einer normalen Elektronik-Produktion keinen Platz. Demzufolge ist es notwendig, der Maschine die zu verarbeitenden Bauteile an einer definierten Position und in definierter Lage darzubieten. Die Anlieferung maschinell zu bestückende Teile erfolgt aus diesem Grunde vornehmlich in Gurten auf Rollen, z.T. auch noch in Stangen oder bei einigen IC-Bauformen auf Tabletts mit ausgeformten „Taschen". Diese Transport-Verpackung („Shipping Package") stellt zwei sehr wichtige Funktionen zur Verfügung:

- ➢ das Interface zwischen Bauteil und Maschine
- ➢ den Schutz empfindlicher Bauteile/Anschlüsse vor mechanischer Deformation und Schädigung aufgrund elektrostatischer Entladungen.

Die Abmessungen der Transportverpackungen sind genormt (z.B. Gurte incl. Positionierung im Gurt bei gepolten Teilen in DIN EN 60286-3 [früher DIN IEC 286-3]).

5.2. Handbestückung

Handbestückung ist bei vielen Bauteilen möglich, stößt aber bei den kleinsten SMDs inzwischen an die Grenzen des Machbaren.
Bei den bedrahteten Bauteilen gestaltet sich das recht einfach: Anschlüsse in die Bohrlöcher der LP stecken – fertig.
Bei SMDs kann bei genügend großen Elementen und nicht all zu hohen Ansprüchen an die Positioniergenauigkeit durchaus „freihand" gearbeitet werden. Für höhere Ansprüche, z.B. das Setzen von Bauteilen im PQFP-Gehäuse, empfehlen sich die von verschiedenen Firmen angebotenen Manipulatoren und auch der Einsatz von Lupen oder Montagemikroskopen. Während robuste Chips in Schalen bereitgestellt werden können, muss aus Schutzgründen auch bei Handarbeit empfindliches Material in der Transportverpackung bereitgestellt werden. Für die Handbestückung gelten sinngemäß die im Kapitel 5.3. dargestellten Überlegungen zur Abfolge der Einzelschritte.

5.3. Maschinenbestückung

5.3.1. bedrahtete Bauteile

Wie schon zu Anfang des Kapitels dargestellt, kommt der Maschinenbestückung bedrahteter Bauteile heute keine allgemeine Bedeutung mehr zu, wenn man von der im Abschnitt 5.4. behandelten Einpresstechnik absieht

5.3.2. SMDs

Bei der Verarbeitung von SMDs, gleich ob allein oder in Verbindung mit bedrahteten Bauteilen, darf insbesondere bei beidseitiger Bestückung der Leiterplatte nicht mehr allein die Bestückung betrachtet werden. Vielmehr gilt es, ein ganzes System bestehend aus Bestückung, Fixierung und Verbindungstechnik zu berücksichtigen. Diese ist so wichtig, dass die Grundlage dafür bereits im Layout gelegt werden muss, weil andernfalls der Arbeitsaufwand wegen Ausweichen auf viel Handarbeit erheblich steigt.

5.3.2.1. Bestückvorbereitung

Bedrahtete Bauteile werden in Löcher der LP gesteckt und damit ausreichend für den Folgeprozess „Löten" fixiert. Bei den SMDs fehlt diese einfache mechanische Möglichkeit und die Fixierung muss mit anderen Mitteln realisiert werden – in Abhängigkeit von der Löttechnik:

Reflow-Löten:
- Auftrag von Lotpaste auf die zu bestückende Leiterplatte
  mögliche Verfahren:
  - dispensen aus Kartusche
  - Siebdruck
  - Schablonendruck mit Kunststoff- oder Stahlschablone (bevorzugt)
- Bestückung in die leicht klebrige Lotpaste
  Löten in Reflow-Verfahren

Wellen-Löten:
- Auftrag von Klebstoff (ein oder mehrere Punkte in Bauteil-Mitte bzw. auf Symmetrielinien)
  mögliche Verfahren:
  - dispensen aus Kartusche
  - Schablonendruck mit Stahlschablone
- Bestückung in den Klebstoff
- Aushärten des Klebers bei ca. 120° in Reflow-Ofen
  später Löten „kopfüber" in der Welle

Betrachtet man die verschiedenen zu verarbeitenden Bauteile sowie die Alternativen Leiterplatten ein- oder beidseitig zu bestücken, so ergeben sich die nachfolgend skizzierten Prozessabläufe. Zur Kennzeichnung der Leiterplattenseiten wird folgende Bezeichnungsweise benutzt:

BS: Bauteilseite, hier sind die bedrahteten Bauteile platziert, bei einseitigen Leiterplatten ohne Cu-Kaschierung, Lötung in Reflow-Technik

LS: Lötseite, hier können SMDs platziert sein, Lötung meist in Wellenlöttechnik, gegebenenfalls auch in Reflow-Technik

5.3.2.2. bedrahtete Bauteile und SMDs / einseitig Wellen-Löttechnik

Abb. 5.1: Fertigungsschrittfolge

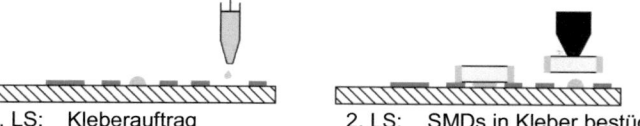

1. LS: Kleberauftrag
2. LS: SMDs in Kleber bestücken (Bauteilbeschränkungen beachten)

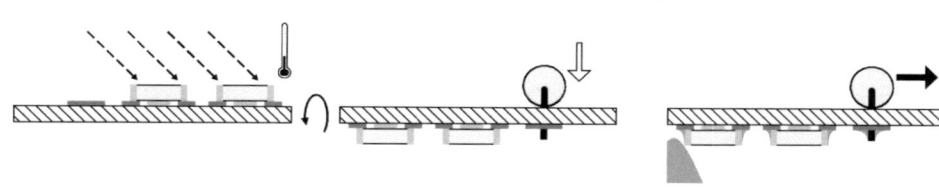

3. LS: Kleber aushärten im Reflow-Ofen
4. BS: Baugruppe umgedreht bedrahtete Bauteile bestücken
5. LS: mit Welle löten

Bauteilbeschränkung für ‚SMDs in der Welle':

1.) Das Bauteil muss aufgrund der verwendeten Materialien bzw. internen Aufbauten für das Wellenlöten geeignet sein
(z.B. Einschränkungen bei KeKo-Chips mit hoher Kapazitätsdichte)
2.) Bauteilhöhe max. 3,5 mm
(wg. Kollisionsgefahr mit Düsen der Lötanlage und Gefahr der Abscherung aufgrund des Lotdrucks gegen eine zu große Fläche)
3.) Gehäusebauform muss geeignet sein (mehr dazu in Kap. 9.)

5.3.2.3. bedrahtete Bauteile und SMDs / Reflow- und Wellenlöt-Technik

Abb. 5.2: Fertigungsschrittfolge

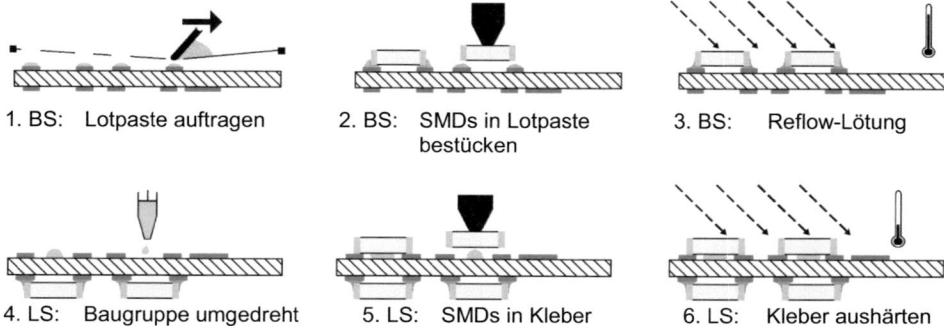

1. BS: Lotpaste auftragen
2. BS: SMDs in Lotpaste bestücken
3. BS: Reflow-Lötung

4. LS: Baugruppe umgedreht Kleberauftrag
5. LS: SMDs in Kleber bestücken #)
6. LS: Kleber aushärten im Reflow-Ofen

#) Bauteilbeschränkungen beachten - Erläuterungen siehe 5.3.2.2

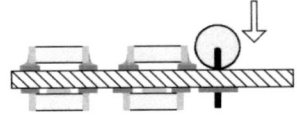 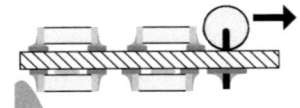

7. BS: bedrahtete Bauteile bestücken

8. LS: mit Welle löten

5.3.2.4. SMDs auf beiden Seiten / beidseitig Reflow-Technik

Abb. 5.3: Fertigungsschrittfolge

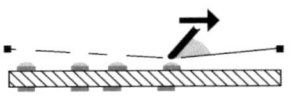  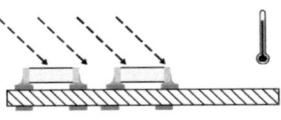

1. BS: Lotpaste auftragen

2. BS: SMDs in Lotpaste bestücken $)

3. BS: Reflow-Lötung

 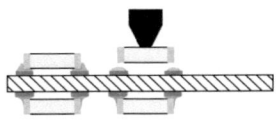 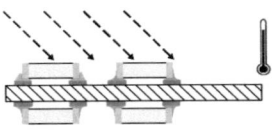

4. LS: Lotpaste auftragen

5. LS: SMDs in Lotpaste bestücken

6. LS: Reflow-Lötung

$) keine „heavy components", siehe Erläuterung

Bei dieser Technik ist es nach heutigem Stand nur sehr bedingt möglich, bedrahtete Bauteile maschinell zu verarbeiten. Zum einen halten viele Kunststoffgehäuse die auftretenden Temperaturen nicht aus, zum anderen lassen sich die für anspruchsvolle Elektronik geforderten Eigenschaften der Lötstellen (noch) nicht erzielen. D.h. dass für solche Komponenten ein anschließender Handarbeitsschritt vorzusehen ist.
An dieser Stelle taucht der Begriff „heavy component" auf (Details dazu siehe Kap. 9.). Da beim zweiten Lötvorgang das Lot der dann unten befindlichen Seite zumindest teigig wenn nicht gar flüssig wird, dürfen auf dieser Seite (d.h. der zuerst reflowgelöteten Seite) nur leichte Bauteile sein, die trotz Aufweichen der Lötstellen durch die Oberflächenspannung des flüssigen Lotes haften bleiben. Es ist also ein ganz wichtiger Aspekt des Layouts, diese Randbedingungen zu berücksichtigen.

5.3.3. Pick-and-Place-Prinzip
5.3.3.1 Detail-Unterschiede

Die meisten heute eingesetzten Bestückautomaten arbeiten nach dem Pick-and-Place-Prinzip. Die LP wird auf einem Tablett eingespannt oder über ein Transportsystem zugeführt. Während in der Anfangszeit der automatischen Bestückung die Bauteile mittels Greifern aufgenommen wurden, wird heute (fast) ausschließlich das Bauteil durch Unterdruck an eine Pipette gesaugt und dadurch auf dem Transportweg in der Maschine gehalten.

Je nach dem, wie der Bestückvorgang abläuft, gibt es im Grunde drei verschiedene Maschinenprinzipien:

1.) Die Leiterplatte ist währen des Bestückvorgangs ortsfest, die Bauteil-Transporteinrichtungen werden in x- und y-Achse bewegt
2.) Die Leiterplatte wird nur entlang einer Achse bewegt (z.B. y-Achse), während die Bauteil-Transporteinrichtungen, meist Form einer Art Schlitten, sich nur in der x-Achse bewegen.
3.) Die Leiterplatte wird in x- und y-Achse bewegt. Die Bauteil-Transporteinrichtung besteht aus einem großen Karussell mit ortsfester Achse, ausgerüstet mit vielen Pipetten.

Bei allen drei Varianten führt die Pipette beim Aufnehmen und Absetzen der Bauteile eine Bewegung in z-Richtung aus. Auch bei 1.) und 2.) trägt die Bauteil-Transporteinrichtung meist nicht nur eine Pipette sondern viele, z.B. an einem Revolver oder Karussell. Moderne Maschinen erreichen je nach Bauteilspektrum und Leiterplattenlayout (theoretische) Bestückleistungen von mehreren 10.000 Bauteilen pro Stunde. Diese Bestückleistungen sind theoretisch, da Leiterplattenbaugruppen kaum so extrem viele Bauteile aufweisen und die Vielfalt der Bauteile größere Transportwege in der Maschine erfordern. Zudem können große Bauteile auch nur langsamer als kleine Chips bestückt werden. Die jeweilige Software der Maschine optimiert die Reihenfolge der zu bestückenden Bauteile so, dass die die Produktion bremsenden Verfahrwege minimiert werden.

5.3.3.2 ortsfeste Leiterplatte

Nach der Zuführung durch das Transportsystem der Gesamtanlage bleibt die Leiterplatte während des Bestückvorganges stehen, während die die Bauteile tragenden Pipetten an Portalen an Einzel- oder Mehrfachbestückköpfen entlang der x- und y- Achse bewegt wird. Dabei werden sowohl die Feeder zur Abholung der Bauteile als auch die Bestückpositionen auf der Leiterplatte angefahren.

Abb. 5.4:
Bestücksystem nach dem Prinzip der ‚ortsfesten Leiterplatte' mit jeweils einem Revolver- und einem Einzelbestück-Kopf an Portal.

(Grafik: Siemens)

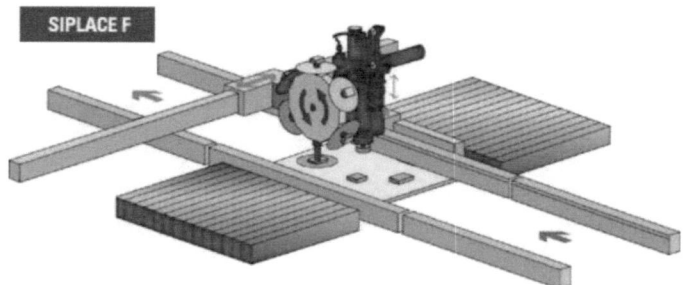

Diese Mehrfachbestückköpfe wurden früher als Revolver mit horizontal gelagerter Achse ausgebildet, während zunehmend Karussells mit schräg angeordneter Achse Verwendung finden. Durch diese konstruktive Änderung konnte die Bestückleistung deutlich gesteigert werden.

Abb. 5.5: Revolver mit Pipetten (waagerechte Achse)
(Foto: Siemens)

Abb. 5.6: Karussell mit Pipetten
(Foto: Fuji)

5.3.3.3 Leiterplatte entlang einer Achse bewegt

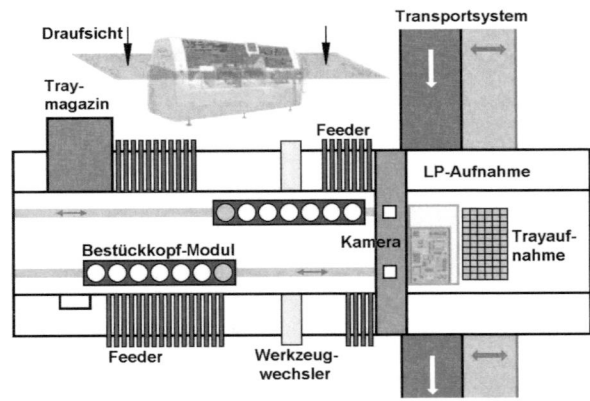

Abb. 5.7:
Prinzipaufbau einer Anlage mit zwei parallel arbeitenden Mehrfachbestückköpfen

(Grafik nach Mimot-Unterlagen)

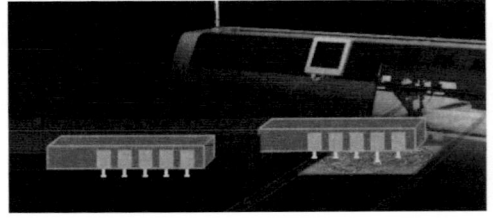

Abb. 5.8:
Parallel arbeitende, sich auf zwei Schlitten befindliche Mehrfachbestückköpfe

(Grafik nach Mimot-Unterlagen)

Bei Anlagen dieser Art wird der (Mehrfach-)Bestückkopf nur auf einer Achse verfahren. Dieser ist als eine Art Schlitten aufgebaut. Die Leiterplatte wird entlang der zweiten Achse bewegt. Während dieser Bewegung müssen die bestückten Bauteile durch die Klebrigkeit der Lotpaste in ihrer Bestückposition gehalten werden. Zur Erhöhung der Bestückleistung werden auch Maschinen mit einem zweiten parallelen Bestückkopf gebaut. Dabei holt jeweils einer der Bestückköpfe seine Bauteile an den Feedern ab, während der andere bestückt. Beim Vorhandensein zweier solcher Bestückköpfe muss automatisch der Verfahrweg für die Leiterplatte vergrößert werden.

5.3.3.4 Leiterplatte entlang beider Achsen bewegt

Bei Maschinen, die nach diesem Prinzip arbeiten, befindet sich in der Maschine ein großes Karussell mit vielen Pipetten. Die Achse dieses Karussells steht senkrecht und ist ortsfest im Rahmen gelagert. Daher müssen sowohl die Feederbänke zum Aufnehmen der Bauteile als auch die Leiterplatte zum Bestücken verfahren werden.

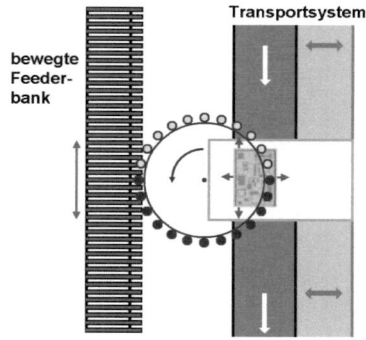 

Abb. 5.9:
Prinzip einer Bestückmaschine mit großem ortsfestem Karussell

Abb. 5.10:
FUJI-Bestückmaschine mit Karussell
(Foto: FUJI)

5.4. Sondertechniken

An dieser Stelle soll nur eine spezielle Technik („Einpresstechnik" oder „press-fit") erwähnt werden, die bei den so genannten Backpanels oder Verdrahtungsplatten zum Einsatz kommt. Backpanels befinden sich in Racksystem an der Rückseite, tragen hauptsächlich Steckverbinder und dienen der Verdrahtung der Einschubplatinen untereinander. Aufgrund der Anforderungen an diese Platten sind sie oft besonders dick (mehrere Millimeter) und eignen sich daher nicht für Löttechniken aller Art.
Die in diese Leiterplatten einzubauenden Steckverbinder weisen besondere Anschlussstifte auf, welche durch ihre Konstruktion eine geringe Elastizität bezüglich Umkreis in dem Bereich aufweisen, der sich in der Leiterplatte befindet. Die eng zu tolerierende Bohrung in der Platte ist kleiner als der Umkreis des Stiftes und dieser sitzt nach dem Einschieben in die Leiterplatte entsprechend fest. Die Kontaktstelle wird beim Einschieben „freigekratzt" und ist anschließend luftdicht verschlossen, so dass eine langfristig sichere Verbindung garantiert ist. Sind darüber hinaus weitere Komponenten erforderlich, so werden diese meist in bedrahteter Form verwendet und über ebenfalls einzupressende Hülsen mit Federklammern fixiert und kontaktiert.

6. Verbindungstechnologie

6.1. Begriffsbestimmung

Warum wird an dieser Stelle von Verbindungstechnologie und nicht nur einfach vom Löten gesprochen?
Unter diesem Oberbegriff sind alle Technologien zusammengefasst, mit deren Hilfe elektrische bzw. elektronische Komponenten leitfähig miteinander verbunden werden. Grob betrachtet beginnt es bei der Verschraubung von Stromschienen bei Energieverteilungsanlagen und endet beim Bonden feinster Drähte auf Halbleiterchips. Hier soll sich auf die Technologien beschränkt werden, die bei der Herstellung von elektronischen Baugruppen zur Anwendung kommen.

6.2. Löttechnik

Wie allgemein bekannt ist, bildet das Löten schon lange die Grundlage der Verbindungstechnik in der Elektronik. Nach bisherigen Erkenntnissen ist keine grundsätzliche Ablösung in Sicht, nur in speziellen Fällen mit relativ begrenzter Bedeutung werden z.B. Klebe- oder Bondtechniken angewandt.
Jahrzehntelang war Zinn-Blei-Lot mit ca. 60% Zinn- und etwa 40% Bleianteil das Standard-Material zum Weichlöten in der Elektronik. Inzwischen ist das Löten von Elektronik-Baugruppen in weiten Bereichen auf bleifreies Lot umgestellt worden. Dafür gibt es zwei wesentliche Gründe:

    1.) gesetzliche Regelungen

    2.) technische Anforderung

Die gesetzliche Regelung hat ihren Ursprung in den USA genommen (,Lead Exposure Reduction Act' 1991/1994/1995) und sich in einer EU-Richtlinie [6.10]

    RoHS =   **"Restriction of the Use of Certain Hazardous Substances in Electrical and Electronic Equipment"**

niedergeschlagen, die u.a. die Verwendung von

    Blei in Elektronik-Loten seit dem **1. Juli 2006 verbietet.**

Hinzu kommt eine weitere Richtlinie [6.11]

    WEEE =   **"Waste Electrical and Electronic Equipment"**

die das Thema Elektroschrott behandelt. Die genannten Richtlinien wurden in nationales Recht [6.12] umgesetzt und verabschiedet:

    ElektroG =   „**Elektro- und Elektronikgerätegesetz**"

    ElektroStoffV =   „**Elektrostoffverordnung**"

Die technische Anforderung besteht überall da, wo dauerhaft Lötstellentemperaturen über ca. 115°C zu erwarten sind, was mit dem bleihaltigen Standard-Lot nicht zuverlässig zu beherrschen ist. Betroffen sind hier z.B. die Hersteller von Kfz-Elektronik im Motor- oder Bremsen-Bereich.
Außer Blei werden im Rahmen der RoHS noch andere Stoffe verboten, was aber primär den Bauteile- und Leiterplattenhersteller betrifft. Bauteile, die den EU-Richtlinien bzw. dem ElektroG genügen, werden in der Regel als „RoHS-konform" oder als „green product" ausgewiesen.
Nur wenige elektronische Systeme für bestimmte Bereiche sind zumindest vorläufig davon ausgenommen: Militär-, Avionik-Elektronik und einige professionelle Datensysteme. Dazu kommen spezifische Anwendungen in einigen Bauteilen. Ob die Hersteller der vom Verbot ausgenommenen Elektronik sich später dem Marktdruck beugen müssen bleibt abzuwarten.

6.2.1. allgemeine Grundlagen

6.2.1.1. Abgrenzung Löten – Schweißen

Was versteht man unter Löten und wie ist Löten vom Schweißen abzugrenzen ?
Bei beiden Techniken werden die zu verbindenden Teile erhitzt und beim Löten immer, beim Schweißen je nach Verfahren zusätzliches Material zugeführt. Beim Löten werden das so genannte Lötgut (d.h. die zu verbindenden Teile) und das zugeführte Fremdmaterial (das Lot) nur soweit erwärmt, dass das Lot schmilzt, nicht aber das Lötgut. Beim Schweißen dagegen schmelzen die zu verbindenden Teile zumindest oberflächlich an und verbinden sich so mit einander.
Beim Löten unterscheidet man zwischen Weich- und Hartlöten, definiert durch die Schmelztemperatur des Lotes. Typischerweise wird eine Temperaturschwelle von 450°C als Entscheidungswert angegeben. In der Elektronik kommt (fast) ausschließlich Weichlot zur Anwendung (siehe 6.2.1.2)

6.2.1.2. wichtige Lotlegierungen

Die im Bereich der Elektronik eingesetzten Lote liegen mit ihren Schmelztemperaturen deutlich unter dem oben zitierten Schwellwert von 450°C, was schon aufgrund der begrenzten Wärmefestigkeit der anderen beteiligten Materialien notwendig ist.

Tab. 6.1: Lotlegierungen

Bezeichnung 1.)	Zusammensetzung (Nominalwerte)	Schmelzpunkt 2.), 3.)	Bemerkungen
Sn60PbCd18	Sn: 60%, Pb: 32 %, Cd: 18%	145	für Spezialanwendungen
Sn63PbAg (L-Sn63PbAg)	Sn: 63%, Pb: 35,6 %, Ag: 1,4%	178	Elektronik-Lot mit geringer Neigung zum Ablegieren von Kupfer, teurer als reine SnPb-Lote
Sn62PbAg2	Sn: 62%, Pb: 36 %, Ag: 2%	179	
L-Sn63PbP (S-Sn63Pb)	Sn: 63%, Pb: 37%	183	in der „Vor-Bleifrei-Zeit" das Standard-Lot
Sn60PbCu2	Sn: 60%, Pb: 38%, Cu: 2%	183/190	Universal-Lot
Sn60Pb	Sn: 60%, Pb: 40%	183/191	Universal-Lot
SnZn9	Sn: 91%, Zn: 9%	198,5	7.), 8.)
SnAg4Cu1	Sn: 95%, Ag: 4%, Cu: 1%	216/219	relativ teures bleifreies Lot, für anspruchsvolle Anwendungen 4.), 5.), 8.)
SnAg4Cu0,5 „SAC405"	Sn: 95,5%, Ag: 4%, Cu: 0,5%	217	
SN96Cl	Sn: 95,2%, Ag: 3,8%, Cu: 1%, Ni	217	5.), 6.), 8.)
SnAg3,8Cu0,7 „SAC387"	Sn: 95,5%, Ag: 3,8%, Cu: 0,7%	217/219	8.), 9.)
SnAg3Cu0,5 „SAC305"	Sn: 96,5%, Ag: 3,0%, Cu: 0,5%	218/219	8.), 9.)

Tab. 6.1: Lotlegierungen (Fortsetzung)

Bezeichnung 1.)	Zusammensetzung	Schmelz-punkt 2.), 3.)	Bemerkungen
SnAg3,5	Sn: 96,5%, Ag: 3,5%,	221	8.)
SnCu0,7	Sn: 99,3%, Cu: 0,7%	227	4.), 7.), 8.)
SnAg0,3Cu0,7	Sn: 99%, Cu: 0,7%, Ag: 0,3%	<227 / 227	8.)
SN100C	Sn: ≥99%, Cu: 0,7%, Ni: 0,05%	227	5.), 6.), 8.)

Anmerkungen:
1.) Im angelsächsischen Raum wird die Zahl des Prozentsatzes des Metallanteils meist vor dem chemischen Kurzzeichen geschrieben, z.B. Sn60PbCd18 → Sn32Pb18Cd
2.) Angegeben sind Solidus-/Liquidus-Temperatur in °C.
   Solidus → Erstarrungs-Temperatur,   Liquidus→ Schmelz-Temperatur
3.) eutektisches Lot: Solidus- und Liquidus-Temperatur sind gleich
4.) Das Zinn bzw. seine Oxyde zerstören selbst Edelstahlbehälter und –armaturen in den Maschinen sehr schnell. Diesen Effekt reduziert schon ein recht geringer Cu-Anteil deutlich.
5.) Markenname von Nihon Superior [11.12], [11.13]
6.) Nickelzusatz nur als Dotierung in sehr geringer Menge
7.) preisgünstig, vor allem für Konsumeranwendungen
8.) bleifreies Lot entsprechend RoHS-Anforderung
9.) Lote mit 3 – 4 % Ag und < 1 % Cu werden meist mit SAC"xxy" bezeichnet, wobei „xx" den Ag- und „y" den Cu-Anteil in 1/10-Prozent angibt.

6.2.1.3. Aufbau der Lötstelle

Der Aufbau der Lötstelle erfolgt durch Bildung von intermetallischen Schichten zwischen z.B. Kupfer und Zinn unter Wärmeeinwirkung, während die anderen sich im Lot befindenden Metalle im Wesentlichen nur ein „Statistendasein" führen. Das erklärt auch, warum der Einsatz bleifreier Lote aus metallurgischer Sicht keine grundsätzliche Änderung ist. In groben Zügen ist der Vorgang in Abb. 6.1 und 6.2 dargestellt.

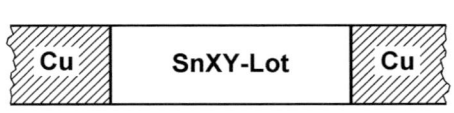

Abb. 6.1: Lot befindet sich zwischen zwei Kupfer-Blöcken, Zustand vor dem Schmelzen des Lotes

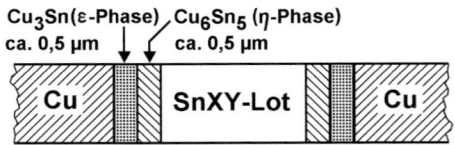

Abb. 6.2: die Lötstelle hat sich gebildet
(nach Siemens-Unterlagen)

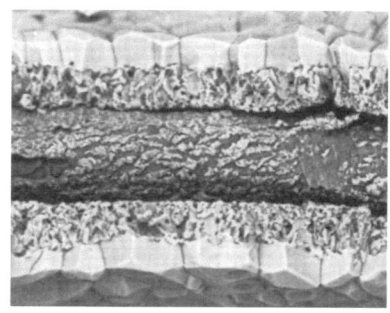
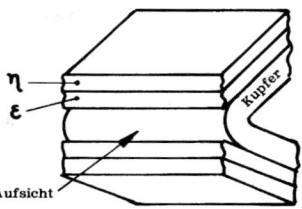

Abb. 6.3: Intermetallische Schicht

Foto, Grafik und Legende aus: Klein Wassink „Weichlöten in der Elektronik [6.1]

Electroscan-Aufnahme einer gebrochenen IMV-Schicht zwischen Kupfer und Lot LPbSn30. Die Lotschicht ist noch nicht aufgebraucht und noch auf der η-Phase und wurde selektiv chemisch abgeätzt, um die η-Oberfläche freizulegen. Die Probe wurde gebrochen. Zu beachten sind die η-Zähne auf beiden Seiten und ihre perfekte Ausbildung (Vergr. 2500fach)

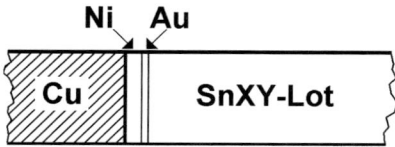
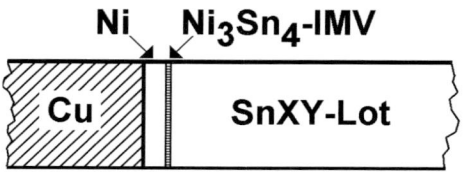

Abb. 6.4: Lot befindet sich an der Oberfläche, Zustand vor dem Schmelzen des Lotes

Abb. 6.5: die Lötstelle hat sich gebildet, das Gold ist im Lot in Lösung gegangen

(nach Unterlagen von Enayati GmbH)

Bei einer chem. Ni/chem. Au-Oberfläche sieht die Bildung der intermetallischen Verbindung (IMV) ähnlich aus. Das Gold wird abgeschwemmt.

Um die Ausbildung der intermetallischen Sn-Cu-Schichten im Lötvorgang sicher zu bewirken und keine „Pseudo-Lötstellen" zu erzeugen, muss man Lot und den Teil des Lötgutes, auf welchem sich die Lötstelle ausbilden soll (in der Grafik oben die Cu-Blöcke), auf eine Temperatur oberhalb des Liquidus-Punktes erwärmen. Diese Prozesstemperatur hat starken Einfluss auf die zum Ausbilden der Lötstelle notwendige Zeit sowie auch auf die Qualität der Lötstelle (siehe 6.2.1.4).

Lot für die Elektronik-Anwendungen setzt sich wie dargestellt aus mindestens zwei Metallen zusammen. Aus Blei (Schmelztemperatur 327°C) und Zinn (Schmelztemperatur 232°C) entstehen Lot-Legierungen, die bei ca. 180 °C schmelzen. Bei den Zinn-Silber-Kupfer-Loten ergeben sich trotz der hohen Schmelztemperaturen von Silber (960,8°C) und Kupfer (1083°C) Schmelztemperaturen der Lotlegierungen knapp über 200°C (vgl. Tab. 6.1).

Die gleichmäßige Mischung der Metalle wird bei der Herstellung sichergestellt und bleibt auch nach dem Aufschmelzen erhalten (siehe Darstellung im Phasendiagramm, Abb. 6.6 und Abb. 6.7). Um eine gute und stabile Lötstelle zu erhalten sollte für ein schnelles Abkühlen der Lötstelle gesorgt werden (siehe Text zu Abb. 6.6, gilt auch für SnAgCu-Lote). Das ist der Grund für die Installation von Kühleinrichtungen (Luftstrom) in Lötanlagen, wo ganze Leiterplatten und nicht nur einzelne Lötstellen zu kühlen sind. Diese Zwangskühlung reduziert zudem die thermische Belastung für die Leiterplatten und die aufgebrachten Bauteile.

Lötstellen werden durch dauerhafte thermische Belastung – hohe (lokale) Umgebungstemperaturen – geschädigt, z.B. auch durch im Betrieb sehr heiß werdende SMDs. In solchen Fällen ändert sich die Kristall-Struktur hin zu einer deutlich bruchgefährdeteren Form. Für Zinn-Blei-Lote geht man von einer zulässigen Temperatur an der Lötstelle von 110...115°C (dauerhaft) bzw. etwa

125°C bei kurzzeitiger Last aus, bei den bleifreien Loten werden für SnAg-Lote in der Literatur Werte um 150...160°C angegeben.
Gegenüber den bleihaltigen Loten weisen Zinn-Silber-Kupfer-Lote eine höhere Festigkeit auf (Scherfestigkeit + 15...20%, Zugfestigkeit + 15%). Dieses kann sich aber in der Verbindung Leiterplatte ⇔ keramisches Chip-Bauteil oder BGA auch negativ bemerkbar machen: die bleifreien Lote gleichen mechanische Spannungen durch ‚ungünstigeres' Verhalten (erhöhte Festigkeit) nicht so gut aus wie bleihaltige Lote.

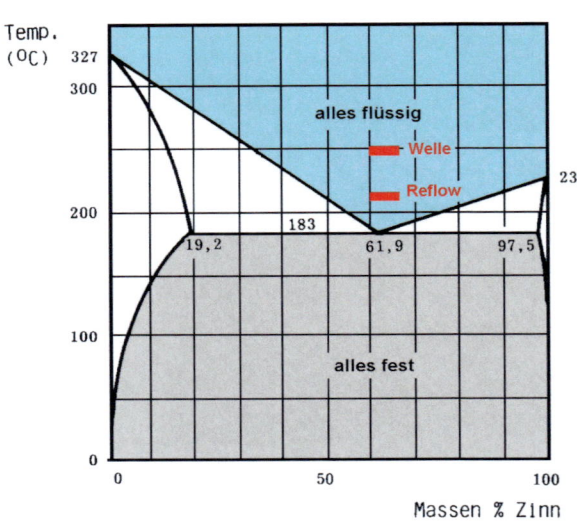

(Grafik nach: Klein Wassink „Weichlöten in der Elektronik [6.1]")

Abb. 6.6:
Phasendiagramm von Blei-Zinn-Legierungen
Der obere blau markierte Teil des Diagramms zeigt die Legierungs- / Temperaturkombinationen, bei denen alle Legierungsbestandteile flüssig sind, während im unteren grauen Bereich alle Bestandteile fest sind. Dazwischen gibt es Zonen, wo sich bereits feste Kristallstrukturen im flüssigen Lot ausgebildet haben. Dieser Zustand sollte möglichst schnell durchquert werden, da die Grenzen zwischen verschieden ausgebildeten Kristallstrukturen später zu Bruchgrenzen der Lötstelle werden können.
Die typischen Legierungs- und Löttemperaturbereiche sind eingetragen.

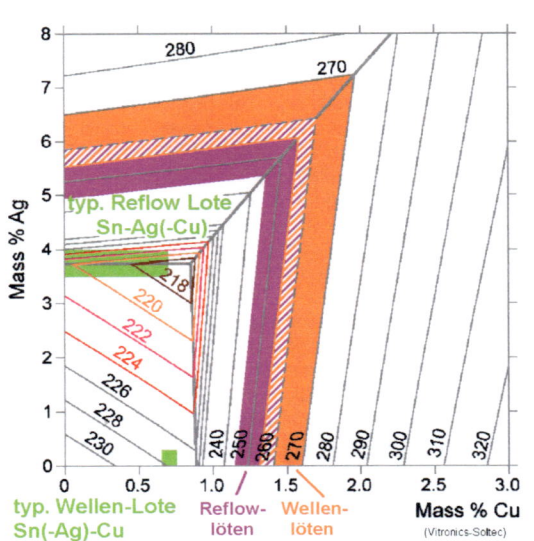

Abb. 6.7:
Phasendiagramm von Zinn-Silber-Kupfer-Loten (nach Unterlagen von Vitronics-Soltec)

In dieses komplexe Diagramm sind die Bereiche typischer Legierungen eingetragen. Die ebenfalls eingezeichneten Isothermen zeigen in Abhängigkeit von deren Legierungszusammensetzung die jeweiligen Mindesttemperaturen zum Schmelzen der Legierung.
Ebenfalls eingetragen sind die Temperaturbereiche für den Lötvorgang.

6.2.1.4. Fähigkeit zum Ausbilden einer Lötstelle – Benetzungseigenschaften

Nicht jedes Metall lässt sich mit Zinn-Blei- oder Zinn-Silber-Loten löten. Von Bedeutung ist nur die äußere, mit dem Lot in Kontakt kommende, Oberfläche, solange diese nicht durch den Lötvorgang abgelöst wird.

Tab. 6.2: lötbare Metalle mit Bedeutung für die Elektronik

Leitermaterial	Oberflächenbeschichtungen
Kupfer (Cu)	Nickel (Ni)
Kupfer-Zinn-Legierungen (Bronze)	Silber (Ag)
Kupfer-Nickel-Legierungen (Neusilber)	Gold (Au)
Kupfer-Zink-Legierungen (Messing)	Palladium (Pd)

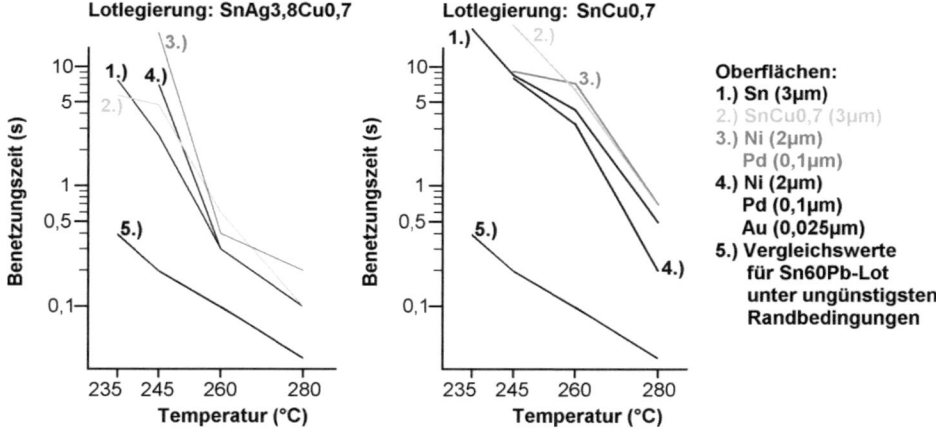

Abb. 6.8: Benetzungszeiten verschiedener Lote in Abhängigkeit von der zu benetzenden Schicht und der Prozesstemperatur (Daten aus [6.13])

Es ist zu beachten, dass einige Metalle (Ag, Au. Pd) sehr schnell im Lot in Lösung gehen (Größenordnung um 1µm pro Sekunde), was sich bei den geringen Schichtdicken bei Oberflächenbeschichtungen (im µm-Bereich) stark auswirkt. Ein Silberzusatz in der Lot-Legierung reduziert dieses Verhalten. Weiterhin muss bei der Verwendung bleifreier Lote beachtet werden, dass diese je nach Legierung auch dünne Kupferschichten bzw. –drähte teilweise oder ganz auflösen können.

Das Ausbilden der zuvor beschriebenen intermetallischen Schichten wird i.d.R. als Benetzung beschrieben. Die Zeit, die benötigt wird, um eine lötbare Oberfläche zu benetzen, hängt von der Oberfläche selbst, der Lotlegierung, der Temperatur des Lotes sowie der Atmosphäre im Prozessraum (Luft oder Stickstoff), ab. Abb. 6.8 zeigt die starke Temperaturabhängigkeit der Benetzungszeit und dass für die bleifreien Lote eine vergleichsweise längere Zeit oder deutlich höhere Prozesstemperaturen benötigt werden. Hinzu kommen noch schlechtere Fließeigenschaften der bleifreien Lote, d.h. diese breiten sich auf einer zu lötenden Oberfläche nicht zu gut aus wie die bleihaltigen Lote (vgl. auch Tab.6.3 nach [6.13]).

Tab. 6.3: relative Benetzung (Ausbreitung des Lotes, Scala 1...5) beim Reflowlöten mit „Convect." = Forced-Convection-Reflow bzw. „Vapour"-Phase, keine eindeutige Aussage ob Forced-Convection unter Schutzgas ausgeführt wurde.

LP-Oberfläche	Lote					
	SnPb36Ag2		SnAg3,8Cu0,7		SnAg3,3Bi3,0Cu1,1 1.)	
	Convect.	Vapour	Convect.	Vapour	Convect.	Vapour
OSP	4,5	5,0	4,2	4,3	4,0	4,5
chem. Ag	4,7	4,7	4,5	4,8	4,6	5,0
chem. Pd	4,4	4,7	3,9	3,9	4,4	4,7
chem. Ni / chem. Au	5,0	5,0	4,4	5,0	4,7	5,0

1.) problematisches Lot, siehe Kap. 6.2.1.5

Betrachtet man beim Löten den Zeitabschnitt im Bereich, in dem sich Lot und Lötgut oberhalb des Schmelzpunktes des Lotes befinden, so ergibt sich dafür eine Mindest-Zeit, die sich wie folgt zusammensetzt (stark vereinfachte Darstellung !):

    Durchwärmung des Lötgutes bis alle Kontaktflächen die notwendige Temperatur erreicht haben

+ Benetzungszeit

= min. Zeit oberhalb des Schmelzpunktes

Diese sehr grundsätzliche Überlegung muss bei der Betrachtung der einzelnen Lötverfahren mit berücksichtigt werden. Von großer Wichtigkeit ist zum einen die notwendige Prozesstemperatur an allen Lötstellen zu erreichen, andererseits die Bauteile (siehe unter Kap. 4) nicht zu überlasten: man bezeichnet diesen „erlaubten Bereich" auch als Prozessfenster. In vielen Fällen stellt sich die höchste Temperatur auf den Bauteilgehäusen (z.B. mitten auf einem großen IC, [6.20]) ein. Insgesamt ist das Prozessfenster bei bleifreien Lötungen deutlich kleiner als bei der herkömmlichen Technik mit Zinn-Blei-Loten.

6.2.1.5. Kompatibilität von bleihaltigen und bleifreien Loten und Oberflächen von Bauteilanschlüssen

Einige Lote können bei dieser allgemeinen Betrachtung nicht berücksichtigt werden, da sie nur unter ganz bestimmten Randbedingungen und bei sehr genauer Kontrolle aller Prozesse eingesetzt werden können.

Legierungen auf der Basis Zinn-Zink:
Diese Lote oxidieren sehr schnell und bedürfen sehr genauer Prozesskontrolle. Die Wechselwirkung mit Blei ist nicht so genau untersucht.

Lote mit Wismutanteil:
Beim Zusammentreffen von Wismut und Blei gibt es Phasen mit einem Schmelzpunkt unter 100°C. Daher sollte diese Kombination wegen Zuverlässigkeitsbedenken nicht verwendet werden.

Die Kompatibilitätsbetrachtungen in Tab. 6.4 beziehen sich auf Lote der Legierungen Sn60...63Pb, SnAg, SnAgCu sowie SnCu incl. denen mit geringem Nickel-Anteil. Die Erläuterungen zu den verschiedenen Lötverfahren finden sich in den folgenden Abschnitten.

Tab. 6.4 Bauteile und Lötverfahren

Löten mit...		alte BE (SnPb-verzinnt)				neue BE (Pb-frei)	
		SMD-KeKos / R-Chips	Kunststoff-Gehäuse, SO....	BGA CSP	bedraht. Bauteile	Chips, SO, SSOP, u.ä.	BGA CSP
Hand	SnPb	ok	ok	✗	ok	kompatibel	✗
	SnAg(Cu)	kompatibel	kompatibel	✗	kompatibel	ok	✗
Welle	SnPb	ok	ok	✗	ok	kompatibel	✗
	SnAg(Cu)	sehr bedingt kompatib. 1.), 2.), 3.)	sehr bedingt kompatib. 1.), 2.), 3.)	✗	sehr bedingt kompatib. 1.), 2.), 3.)	ok	✗
Forced-Conv.-Reflow	SnPb	ok	ok	ok	✗	kompatibel	**kritisch**
	SnAg(Cu)	bedingt kompatib. 2.), 3.)	bedingt kompatib. 2.), 3.)	**kritisch**	✗	ok	ok
Vapourphase	SnPb	ok	ok	ok	✗	kompatibel	**kritisch**
	SnAg(Cu)	bedingt kompatib. 2.), 4.)	bedingt kompatib. 2., 4.)	bedingt kompatib. 2., 4.)	✗	ok	ok

Anmerkungen:

1.) Problem der Verunreinigung von bleifreien Lötwellen mit vom Bauteil ablegiertem bleihaltigem Lot

2.) Der geringe Bleianteil in der kompletten Lötstelle macht sich nicht besonders negativ bemerkbar.

3.) Probleme wegen mangelnder Temperaturbeständigkeit der verwendeten Gehäusematerialien gegen den erhöhten Prozesstemperaturen möglich.

4.) Bei Vapourphase-Lötung besteht ein geringeres Risiko bezüglich der Temperaturbeständigkeit der Gehäuse, da bei diesem Verfahren mit den relativ geringsten Prozess-Temperaturen gearbeitet werden kann und die Maximaltemperatur systembedingt eindeutig festgelegt ist (‚Gratwanderung' möglich).

6.2.1.6. Funktion des Flussmittels

Lot, sei es in fester oder nach der Schmelze im flüssigen Zustand, hat einige für das Löten unangenehme Eigenschaften:
- Schon nach kurzer Lagerzeit weisen der Lötdraht oder die Lotpartikel in der Paste eine Oxydschicht auf. Diese kann je nach Dicke bei den herrschenden Prozesstemperaturen und der Anwesenheit von Luftsauerstoff noch wachsen.
- Lot im geschmolzenen Zustand ist deutlich zähflüssiger als z.B. Schmieröl.
- Geschmolzenes Lot hat eine sehr hohe Oberflächenspannung, d.h. es kann z.B. Bohrungen ohne Metallhülse mit 2 mm Durchmesser in Leiterplatten ‚überspringen' ohne durchzufließen, läuft aber andererseits auch nicht in jeden Winkel.

Diese Effekte werden durch den Einsatz von Flussmitteln, oft auch nur als „Flux" bezeichnet, in ihrer Wirkung vermindert bzw. aufgehoben. Flussmittel wird auf verschiedene Weise der Lötstelle zugeführt:
- in fester Form als Seele im Lötdraht (ohne Lösungsmittel)
- als Flüssigkeit aufgespritzt oder aufgeschäumt in der Wellenlötmaschine
- als Flüssigkeit aufgesprüht bei speziellen Leiterplattentechniken vor dem Reflow-Prozess
- als Bestandteil der Lotpaste (etwa 20%)

Flussmittel werden je nach Anwendungsbereich und Randbedingungen sehr verschieden formuliert. Dabei werden natürliche (Kolophonium) und auch synthetische Harze, organische Säuren (z.B. Ameisensäure) sowie allerlei nicht bekannt gegebene Zusätze verwendet, weiterhin Wasser oder Alkohole als Lösungsmittel. Der größte Teil der Bestandteile ist flüchtig bzw. wird bei zunehmender Erwärmung verdampft bzw. erst zersetzt und die Zersetzungsprodukte entweichen als Gas. Nur ein geringer Anteil (etwa 1...5 %) sind verbleibende Feststoffe (Festkörperanteil).

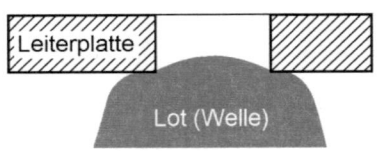 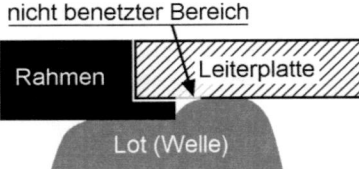

Abb. 6.9: Lot „überspringt" Bohrung / Spalt (links) bzw. Lötschatten an Abrisskante (rechts)

Entsprechend der chemischen Zusammensetzung, hauptsächlich hinsichtlich der Wirkung auf Oxyde, werden Flussmittel in verschiedene Kategorien eingeteilt (siehe [6.2], [6.3]). Bestandteile im Flussmittel sind [6.1]:

- Oxydlöser
  z.B. organische Säuren, halogenhaltige saure Komponenten, wandelt das Oxyd um und löst die verbleibenden Stoffe, so dass sie abgeschwemmt werden können
- Mittel zur Oberflächenentspannung
  verhindert vor allem die Bildung von Lotspitzen usw. beim Austritt aus der Welle bzw. beim Wegnehmen des Lötkolbens
- Festkörper
  Legen sich als Film auf das flüssige Lot und verhindern das sofortige ‚Wiederoxydieren' des Lotes während des Lötvorgangs. Wird unter Sauerstoffausschluss gelötet (Schutzgas bzw. Vapourphase-Verfahren), so kann der Festkörperanteil stark reduziert werden oder sogar ganz entfallen.
- Lösungsmittel
  je nach Darstellung und Notwendigkeit Wasser oder Alkohole o.ä.

Vor bzw. während des Lötvorgangs spielt sich weitgehend unabhängig vom Lötverfahren grob betrachtet das Folgende ab:
Während der Vorheizperiode trocknet das Flussmittel, d.h. die Lösungsmittel verdampfen. Die das Oxyd umwandelnden Bestandteile entfalten etwa im Bereich von 90...130°C ihre größte Aktivität. Danach zerfallen die Überreste dieser Chemikalien in Gase und entweichen. Übrig bleiben der Festkörperanteil sowie Zusätze, welche der Oberflächenentspannung dienen. Die Rückstände des Flussmittels dürfen auf der Leiterplatte verbleiben, wenn sie keine Korrosion verursachen und keinen Einfluss auf die elektrische Funktion haben. Ansonsten müssen sie abgewaschen werden.

Tab. 6.5: Flussmittelbezeichnungen und Einteilungen

DIN 8511-2	DIN EN 29454-1	US- typ. 1.)	J-STD 004 2.)	Zusammensetzung	Wirkung
F-SW 26	1.1.2	RA	REM1 ROM1	Harz (Kolophonium) mit Halogenen aktiviert	Rückstände wirken bedingt korrosiv auf Schwermetalle → in der Regel abwaschen
F-SW 27	1.1.3	RA	REL0 ROL0	Harz (Kolophonium) mit Aktivatoren ohne Halogene	
F-SW 28	1.2.2	RA	REM1 ROM1	Harz mit Halogenen aktiviert	
F-SW 31	1.1.1	R	REL1 ROL1	Harz (Kolophonium) ohne Aktivatoren	keine korrosive Wirkung auf Schwermetalle → Rückstände können belassen werden
F-SW 32	1.1.3	RMA	REL0 ROL0	Harz (Kolophonium) mit Aktivatoren ohne Halogene	
F-SW 33	1.2.3	RMA		Harz mit Aktivatoren ohne Halogene	
F-SW 34	2.2.3	SA	ORL0	nicht wasserlösliches organisches Flussmittel ohne Halogene aktiviert	

1.) RA = rosin activated,
RMA = rosin mildly activated,
SA = synthetic activated

2.) RE = resin,   RO = rosin (schwer definierbare Unterscheidung verschiedener natürlicher und synthetischer Harze)
L = geringe... / M = mittlere Aktivität der Flux-Rückstände,
0 = ohne Halogene,   1 = mit Halogenen

6.2.2. Handlötung

Handlötungen werden heute überwiegend mit temperaturgeregelten elektrisch beheizten Lötkolben ausgeführt. Die Lot- und Flussmittelzufuhr richtet sich nach den jeweiligen Randbedingungen. Als wichtige Hinweise zum Einsatz von Lötkolben sollte man folgende Punkte beachten:

➢ ESD-Schutz
Lötkolben zum Einsatz an mit Halbleiterbausteinen bestückten Leiterplatten müssen gegen elektrostatische Aufladung geschützt sein.

> Temperatureinstellung
> Um die unter 6.2.1.3 aufgeführten Mindesttemperaturen zu erreichen, muss die am Gerät eingestellte Temperatur in Abhängigkeit von der Größe des Lötkolbens und des Lötgutes deutlich höher liegen: ca. 300...400 °C (siehe Erläuterungen zu Abb. 6.10).

> Größe der Lötspitze
> Die Lötspitze sollte so groß sein wie es die Lötstelle erlaubt. Je größer die Lötspitze ist, umso besser ist die Wärmeübertragung, d.h. umso kürzer wird die zur Temperaturübertragung notwendige Zeit und so kann zusätzlich die Temperatur des Lötkolbens auf niedrigere Werte eingestellt werden.

> Heizleistung
> So groß wie sinnvoll möglich – es gelten die gleichen Grundüberlegungen wie bei der Größe der Lötspitze angeführt.

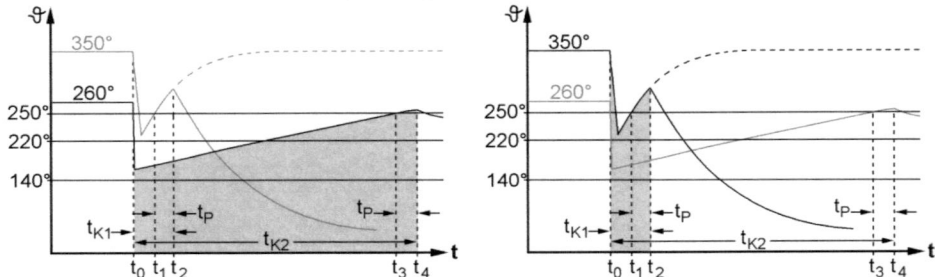

Abb. 6.10: Temperatur-Zeit-Diagramme beim Handlöten

Die Abb. 6.10 zeigt Temperaturverläufe an einer Lötstelle mit verschiedenen Lötkolben und Temperatureinstellungen. Bei der 260°C-Kurve (Abb. 6.10 links) ist die Temperatur-Einstellung wie bei einer Wellenlötanlage mit SnAgCu-Lot und es kommt nur eine relativ zur Lötstelle schmale Lötspitze zum Einsatz. Die Folge ist, dass die Temperatur an der Lötstelle beim Ansetzen erheblich einbricht und schnell unter die Erstarrungstemperatur (Solidus) fällt. Kupfer und Zinn sind aber so heiß, dass die Stabilität des Harzsystems der Leiterplatte stark reduziert ist (siehe Kap. 3). Bis die Schmelztemperatur des Lotes wieder erreicht ist (t_3) vergeht viel Zeit im Vergleich zur notwendigen Prozesszeit t_P. Die Folge ist, dass durch das unvermeidliche Zittern der Hand ein erhebliches Risiko besteht, dass die Leiterplatte geschädigt wird. Bei höherer Temperatur-Voreinstellung 350°-Kurve (Abb. 6.10 rechts) und Verwendung einer im Verhältnis zur Lötstelle angemessen großen Lötspitze ist die gesamte Zeit, während der die Lötstelle die Temperaturbelastung ertragen muss, deutlich kürzer als bei der zuvor betrachteten Variante. Zudem besteht hier weniger das Risiko, dass man mit der Lötspitze „stochert" – die Lötspitze muss weder das Cu-Pad der Leiterplatte noch den Bauteilanschluss berühren. Die „Wärmebrücke" über das flüssige Lot ist ausreichend. Da unmittelbar nach erfolgter Lötung der Lötkolben von der Lötstelle entfernt wird, kann diese sofort abkühlen. Die gesamte Temperaturbelastung der Leiterplatte ist trotz oder besser wegen der höheren Temperatureinstellung bei der 350°C- geringer als bei der 260°-Kurve.

6.2.3. Wellenlöten

6.2.3.1. Grundlageninformationen Welle

Beim Wellenlöten wird die zu lötende Baugruppe mit einem Transportsystem (seitliche Umlaufketten mit Greifern oder eingesetzte Transportwagen) über einen Tiegel mit flüssigem Lot transportiert. Wie zuvor dargestellt, neigt das erhitzte Lot dazu schnell wieder zu oxydieren. Um das zu verhindern und um die Fließeigenschaften zu verbessern, werden Lötanlagen nicht nur als sogenannte offene Systeme, d.h. mit normaler Umgebungsluft, sondern auch als Schutzgasanlagen gebaut. Dabei findet der gesamte „heiße Vorgang" in einem geschlossenen und mit Stickstoff gefluteten Raum (Kanal) statt. Am Ein- bzw. Ausgang befinden sich Schleusen. Abb. 6.11 zeigt den Prinzipaufbau einer Schutzgasanlage – beim offenen System entfallen die Schleusen.

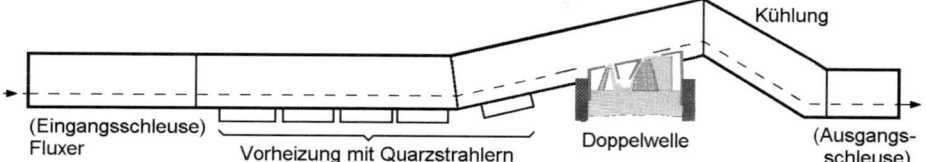

Abb. 6.11: Prinzipaufbau einer (Schutzgas-)Wellenlötanlage (nach SEHO-Unterlagen)

Der Ablauf in der Anlage ist recht einfach zu erklären:
Das links eintretende zu lötende Material kommt durch eine Schleuse (bei Schutzgas) und wird gleich zu Beginn von unten mit Flussmittel besprüht – nur in selteneren Fällen sind Schaumfluxer im Einsatz. Danach schwebt (durch Klauen gehalten oder in Rahmen) das Material über im Boden eingebaute Infrarot-Strahler und wird allmählich auf eine Temperatur von 100...130°C gebracht. Unmittelbar vor bzw. mit dem Eintritt in die Welle steigt die Temperatur dann sehr schnell auf die Temperatur des flüssigen Lotes (Sn60...63Pb-Lote: knapp 250°C, bleifreie Lote bis 270°C) an.

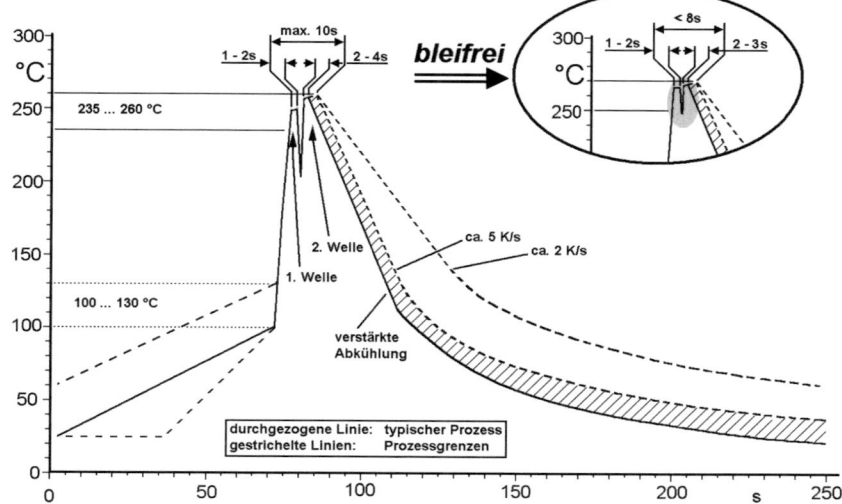

Abb. 6.12: **typisches Wellenlötprofil** (nach Unterlagen von Alcatel und SEHO)

großes Diagramm: für Sn60..63Pb-Lot (1s Lötzeit ≈ 15 mm Kontaktlänge)

Diagrammausschnitt: für bleifreie Lote. Der grau hinterlegte Bereich zeigt den geringeren Temperatureinbruch zwischen den beiden Wellen. Dieses erreicht man durch einen kompakteren Aufbau oder eine Kombinationsdüse. Ziel ist es, das Erstarren des Lotes in dieser Zeit zu verhindern, um eine gleichmäßige Kristallstruktur in der Lötstelle zu erreichen.

Dieser rapide Anstieg der Temperatur führt bei manchen Bauteilen zu Schäden, so dass es auch aus dieser Sicht Prozesseinschränkungen gibt (weitere Gründe siehe 6.2.8).
Die eigentliche Lötwelle (Doppelwelle oder spezielle Einzel-Welle mit ähnlichen Eigenschaften), ist in Abb. 6.13 dargestellt. Bei der Doppelwelle berührt die turbulente Vor- oder Chip-Welle die Leiterplatte nur kurz und schwemmt möglichst alle Ecken und Winkel voll Lötzinn. Die sehr ruhig fließende Hauptwelle sorgt für die Gleichmäßigkeit der Belotung und zieht daher auch überschüssiges Lot, welches die Chip-Welle hinterlassen hat, wieder ab. Ohne Vorwelle bleiben kritische Bereiche ohne Belotung und ohne Hauptwelle wäre mit vielen unerwünschten Lotbrücken zu rechnen. Die erwähnte Einzelwelle erreicht das Gleiche durch spezielle Düsen. Im Temperatur-Zeit-Diagramm sind die einzelnen Phasen gut zu erkennen. Hier sieht man auch, dass die kurze Kontaktzeit der Vorwelle noch nicht zur vollständigen Durchwärmung der Leiterplatte ausreicht.
Da die Leiterplatte aber auf voller Breite mit der Lötwelle und dadurch einigen hundert Kilogramm flüssigem Lot in Berührung kommt, ist sichergestellt, dass über die volle Breite zumindest im Kontaktbereich die gleiche Temperatur erreicht wird. Einige Werte im Diagramm sind als Ungefähr-Werte ausgewiesen. Das rührt daher, dass Leiterplatten mit unterschiedlicher Dicke, unterschiedlicher Ausprägung und Anzahl der Kupferschichten und unterschiedlichen Bauteilen eine Anpassung der Parameter verlangen. Insbesondere die Randbedingungen eines kontinuierlichen Betriebes (schnelle Anpassung trotz extrem langsam reagierender Heizquellen) lassen fast nur die Variation der Transportgeschwindigkeit und dadurch der Prozesszeit als anzupassender Größe zu. Bei großen Maschinen können zur Feinanpassung verschiedene Geschwindigkeiten im Bereich der Vorheizung und Lötung eingestellt werden.
Wie in Abb. 6.12 dargestellt, liegt die Tiegel-Temperatur der Lötmaschine etwa 40 ... 70 ° über der Schmelztemperatur der Lote (vgl. Tab. 3.3). Dafür gibt es zwei Gründe:

> Die Viskosität des Lotes sinkt mit steigender Temperatur, d.h. heißeres Lot fließt besser.
> Beim Löten in der Welle sind fast immer nicht nur Oberflächenlötungen an Chips auszuführen sondern auch Lötungen an bedrahteten Bauteilen. Dabei gilt die Forderung, dass die Lötung nicht nur an der Unterseite sondern auch noch im (nahezu) gesamten Bereich der Durchkontaktierung stattfinden muss. Da die Temperatur zur Leiterplattenoberfläche hin abnimmt, muss also auf der unteren Seite, d.h. im Lotbad eine deutlich über dem Schmelzpunkt liegende Temperatur herrschen (vgl. auch 6.2.3.2).

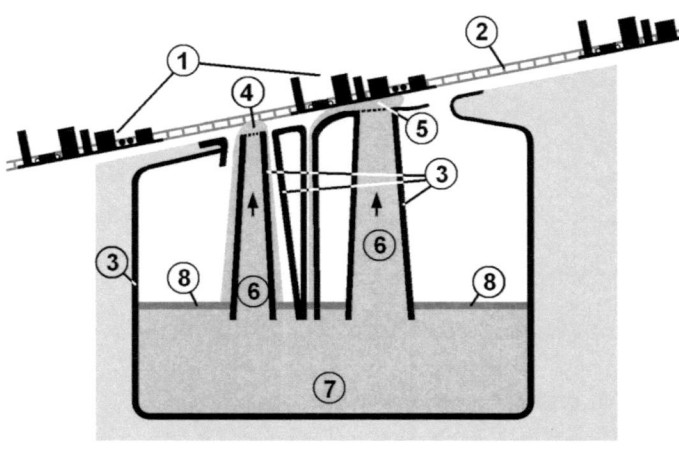

Abb. 6.13: Prinzip Doppelwellen-Lötanlage
1 zu lötende Baugruppe
2 Transportsystem
3 Edelstahlwanne und –leitbleche
4 Vor- oder Chipwelle #)
5 Hauptwelle
6 Zuleitungskanäle mit Lotpumpen
7 Tiegel mit flüssigem Lot
8 Krätze (u.a. oxidiertes Lot)

#) Ohne darüber hinweggeführte Baugruppe steigt das Lot über das Niveau der Leiterplattenunterseite, um beim Lötvorgang einen gewissen Druck auf die Baugruppe auszuüben und so das Aufsteigen von Lot in den Durchkontaktierungen sicherstellen zu können.

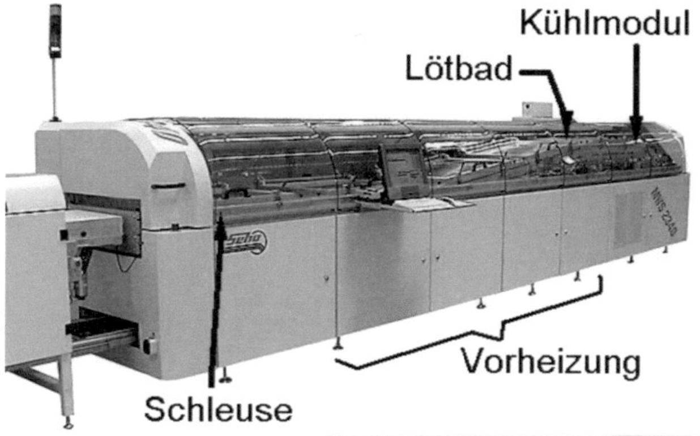

Abb. 6.14:
moderne Schutzgas-Wellen-Lötanlage
(links außen die externe Fluxer-Station)

Damit können auch schwierige Leiterplatten bis etwa 400 mm Breite gelötet werden.

(Foto: SEHO)

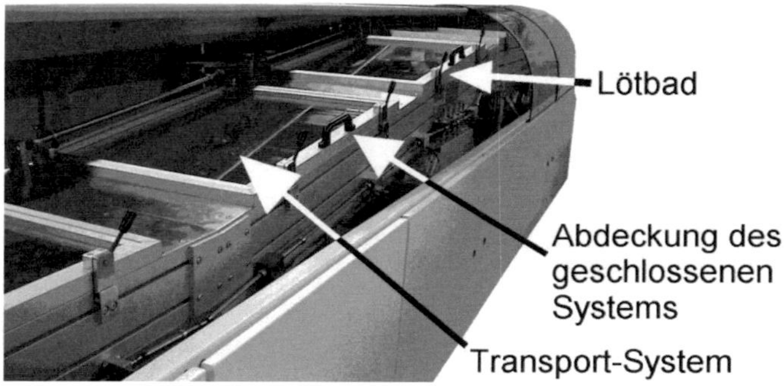

Abb. 6.15:
Details aus der Maschine

(Foto: SEHO)

6.2.3.2. Lötbilder und Lötfehler Welle

Im Folgenden sind zwei sehr spezifische Wellenlöt-Fehler dargestellt ($T_L \approx 227°C$).

➢ **Durchlöten von bedrahteten Bauteilen**

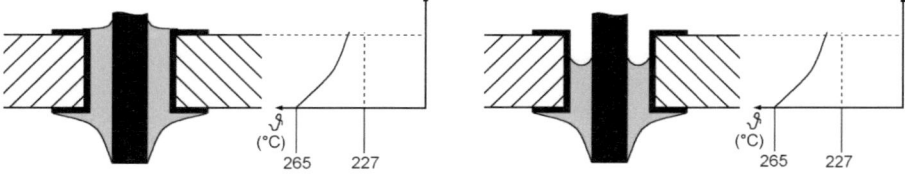

Abb. 6.16: ideale Lötstellenausformung   Abb. 6.17: gut gelötet, Lot durchgesackt

Bei beiden Bildern (Abb. 6.16 und 6.17) ist die Durchwärmung von Leiterplatte und Lötstift so intensiv, dass auch oberhalb der Leiterplattenoberfläche die Temperatur des Lötgutes oberhalb des Solidus-Punktes ist: und dass vollständig Lot aufsteigt. Es bildet oben einen guten Anfluss am Stift (Abb. 6.16). Bei zu geringem Lotdruck und / oder zu großer Bohrung sinkt das Lot mehr oder weniger stark zurück (Abb. 6.17).

In Abb. 6.18 ist die Durchwärmung von Leiterplatte und Lötstift unzureichend: schon unterhalb der Leiterplattenoberfläche unterschreitet die Temperatur des Lötgutes den Solidus-Punkt. Dort erstarrt das Lot, während es zwischen Stift und Hülse noch geringfügig heißer ist und noch etwas höher steigt. Mögliche Ursachen: zu starker Wärmeabfluss auf der Oberseite und / oder zu wenig Wärmezufuhr durch die Welle.

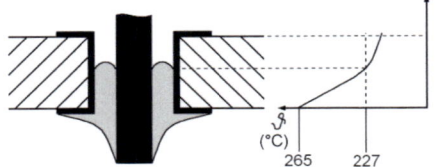

Abb. 6.18: Löten bei zu geringer Durchwärmung

b.) Lötproblem durch zu kurze Pads (Layoutproblem)

← **Abb. 6.19: Lötfehler an Tantal-Chip-Elko**

Abb. 6.20: → Fehlerbehebung

Die rechte Seite des Tantal-Kondensators (Anschlusstyp „AB") wurde nicht benetzt (goldig schimmerndes Pad) während die linke gelötet ist. Ursache des Fehlers mit einer Quote von ca. 50% ist ein zu kleines Pad.
Auf der linken Seite wurde der Fehler durch die lokale Turbulenz des davor platzierten KeKos vermieden (links neben unterem Pfeil). Ein Klecks Abdeckmasse (Abb. 6.20, links neben dem roten Pfeil) erzeugt jetzt auf der rechten Seite auch etwas Turbulenz und die Lötstelle wird benetzt. Der Fehler tritt nicht mehr auf.

6.2.4. Reflow-Löten

6.2.4.1. Grundlageninformationen Reflow

Beim Wellenlöten wird, wie dargestellt, das Lot aus dem Tiegel der Maschine zugeführt, d.h. eine ausreichende Versorgung ist grundsätzlich sichergestellt. Beim Reflow-Verfahren jedoch muss das Lot zuvor an der Lötstelle deponiert werden. Das erfolgt, wie schon gezeigt, mittels Schablonendruck (typ. Dicke 150 µm, bei sehr feinen Strukturen auch 120 µm) – das zumindest ist das bei weitem am meisten praktizierte Verfahren. Aufgetragen wird eine Lotpaste. Davon sind nur zu ca. 50% (Volumen) Lotkugeln (vgl. Tab. 6.6) – der restliche Teil besteht aus flüchtigen Bestandteilen (Flussmittel, Lösemittel → Wasser). Die Konsistenz der Lotpaste entspricht etwa der einer festen Zahnpaste. Diese wird mittels Rakel durch die Öffnungen der erwähnten Schablone auf die Lötflächen der Leiterplatte gedrückt.
In der Lötmaschine werden dann Leiterplatte, Bauteile und Lotpaste erhitzt. In einer ersten Phase müssen Temperaturen um 100-150 bzw. 150-200°C erreicht werden, so dass die Flussmittel ihre Wirkung entfalten und die Lösemittel verdampfen können. Dann wird so weit aufgeheizt, dass die Lotkügelchen in der Lotpaste schmelzen und eine Lötstelle entsteht.

Abb. 6.21: Lotpaste aufgedruckt
Deutlich ist die Schräge der Flanken sichtbar, d.h. das Lotdepot ist am Fußpunkt breiter als die Schablonenöffnung: die Paste hat sich nach dem Abheben der Schablone etwas ausgebreitet.

(Foto: ILFA)

Tab. 6.6: Pulvertypen / Partikelgrößen in Lotpasten (nach J-STD006 & Heraeus-Unterlagen)

Typ	min. 80% zwischen	<1% größer als	für Bauteile ab Größe... (Anhaltswerte)
1	75 – 125 µm	125 µm	
2	45 – 75 µm	75 µm	Chip 0603, Gullwing Fensteröffnung ≥ 400 µm
3	25 – 45 µm	45 µm	Chip 0402, Gullwing Fensteröffnung ≥ 220 µm
4	20 – 38 µm	38 µm	Chip 0201, Gullwing Fensteröffnung ≥ 180 µm
5	15 – 25 µm	25 µm	Chip 01005
6	5 – 15 µm	15 µm	
7	2 – 11 µm		

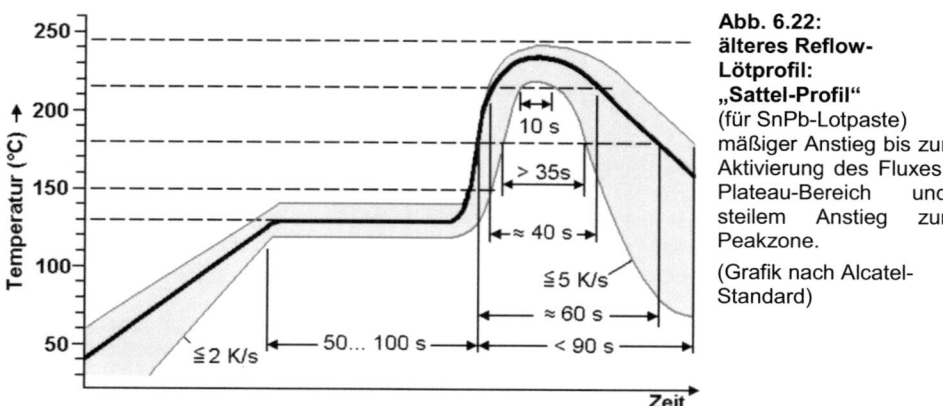

Abb. 6.22:
älteres Reflow-Lötprofil:
„Sattel-Profil"
(für SnPb-Lotpaste) mäßiger Anstieg bis zur Aktivierung des Fluxes, Plateau-Bereich und steilem Anstieg zur Peakzone.

(Grafik nach Alcatel-Standard)

In der Lötanlage wird durch Variation verschiedener Parameter ein definierter Temperatur-Zeit-Verlauf („Lötprofil") möglichst genau eingestellt. Das Problem dabei ist, dass die Parameter an der Lötanlage einzustellen sind, während die Temperaturen an der zu lötenden Leiterplattenbaugruppe gemessen werden müssen. Bei der Einführung der Reflow-Technik hat man vorzugsweise einen Temperaturverlauf wie in Abb. 6.22 gezeigt („Sattelprofil") an den Lötöfen eingestellt, welcher für die vergleichsweise einfache SMT ausreichend war. Für die heute verwendeten SMDs mit ihren großen Spektren von Bauteilgrößen und Rastermaßen hat sich das Rampenprofil (Abb. 6.23) als besser geeignet erwiesen.

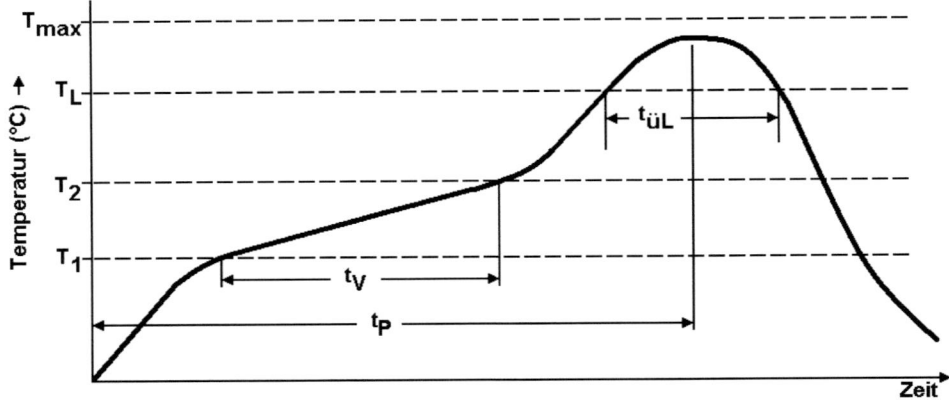

Abb. 6.23: Reflow-Lötprofil: ‚Rampen-Profil' (siehe auch [6.5], [6.31])

T_L = Liquidus-/Schmelztemperatur; T_{max} = maximal zulässige Temperatur,
t_V = Vorheizzeit, $t_{üL}$ = Zeit über Liquidus,
t_P = Zeit zum Erreichen der Spitzentemperatur ab Raumtemperatur

(Grafik nach SEHO- und IPC-Unterlagen).

Tab. 6.7: Eckwerte für das Rampenprofil nach Abb. 6.23

Lot	T_L	T_{max}	T_1	T_2	t_V	$t_{üL}$	t_P
SnPb	≈ 180°C	235°C	≈ 100°C	≈ 150°C	60 - 120s	60 - 150s	5 - 6 min
SAC	≈ 220°C	245-260°C 1.)	≈ 150°C	≈ 200°C	60 – 120s	60 - 150s 2.)	7 -8 min

Bem.: 1.) Da die maximal zulässige Temperatur, begrenzt meist durch große hochpolige ICs, relativ nahe an der Liquidus-Temperatur liegt, muss in der Regel $t_{üL}$ relativ lang sein.

2.) Die notwendige Länge muss je nach zu lötenden Bauteilen (überwiegend kleine oder große Bauteile, großer Bauteil-Mix usw.) gegebenenfalls experimentell ermittelt werden.

Das Rampenprofil ist gleichermaßen für die althergebrachten Zinn-Blei- als auch für die bleifreien Lote geeignet, wobei für die unterschiedlichen Lottypen die in Abb. 6.23 eingetragenen Eckwerte verschieden sind. Die Notwendigkeit, für die einzelnen Größen z.T. große Wertebereiche anzugeben, ist einfach durch das große Spektrum an möglichen Leiterplattenaufbauten (zweiseitig, Multilayer mit x Lagen) und das noch größere Spektrum an verwendbaren Bauteilen bedingt. Ist beim Löten mit Heißgas viel Material zu erwärmen (viel Kupfer in der LP, große Bauteile), ohne dass gleichzeitig weniger wärmebedürftige Bauteile auf der Leiterplattenbaugruppe überhitzt werden, so ist das nur über eine Verlängerung der Zeit über Liquidus zu erreichen. Dabei muss die Wärmeverteilung über die ganze Baugruppe genau betrachtet werden. Die zugeführte Wärmeenergie muss im Minimum noch für die kälteste Stelle auf der Leiterplatte ausreichen und gleichzeitig darf die heißeste Stelle die obere Temperaturgrenze nicht überschreiten. Daher muss ein Lötprofil zumindest bei den Heißgas-Anlagen nicht nur zwei- sondern dreidimensional betrachtet werden. Im Idealfall gibt es keine Temperaturdifferenzen quer zur Transportrichtung (Abb. 6.24) was in der Realität nicht immer erreicht werden kann (Abb. 6.25). Das liegt aber nur zum Teil an der Lötanlage es kann auch stark vom Layout der Baugruppe beeinflusst sein: ungleichmäßige Kupfer- und/oder Bauteilverteilung auf der Leiterplatte.

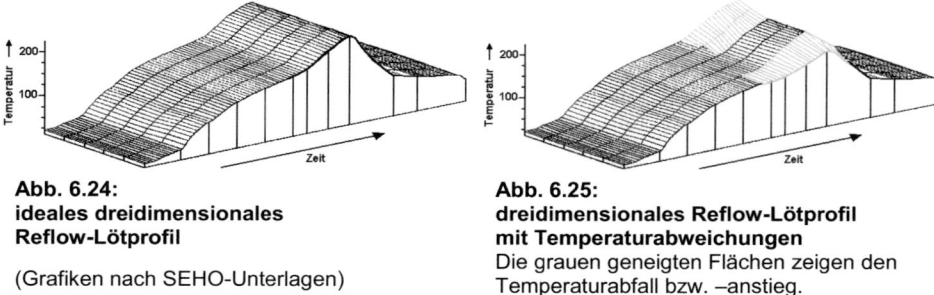

Abb. 6.24:
ideales dreidimensionales Reflow-Lötprofil

(Grafiken nach SEHO-Unterlagen)

Abb. 6.25:
dreidimensionales Reflow-Lötprofil mit Temperaturabweichungen
Die grauen geneigten Flächen zeigen den Temperaturabfall bzw. –anstieg.

Reflow-Löten gilt unabhängig von den Anforderungen der Geometrie der Bauteilanschlüsse als das thermisch schonendere Lötverfahren im Vergleich zum Wellenlöten.
Während beim Letzteren durch den Kontakt mit dem flüssigen Lot zwangsweise die notwendige Temperatur erreicht werden kann und das auch noch quasi garantiert über die gesamte Breite der Leiterplatte, ist das Erreichen der notwendigen Temperatur beim Reflow-Löten doch von mehreren Parametern mehr oder weniger stark abhängig:

- Heizsystem der Lötanlage (Wärmeübertragungskoeffizient)
- Fähigkeit der Oberflächen des Lötgutes Wärme aus heißem Gas oder gesättigtem Dampf aufzunehmen
- Kupfer-Verteilung in Transportrichtung (Veränderung der Wärmeaufnahmefähigkeit über der Bewegungsrichtung)
- Kupfer-Verteilung senkrecht zur Transportrichtung (Veränderung der Wärmeaufnahmefähigkeit quer über die Leiterplatte – maschinentechnisch extrem schwer zu beeinflussen)
- Ausbildung von Wärmesenken im Inneren der Leiterplatte: über Wärmebrücken angebundenen vollflächig ausgebildete Innenlagen.

Hier sind also, wie leicht zu erkennen ist, mehr Details mit Auswirkung auf das thermische Verhalten schon beim Layout der Leiterplatte zu berücksichtigen als das beim Wellenlöten der Fall ist.

6.2.4.2. Heißgas-Reflow-Anlagen

Abb. 6.26 zeigt das Prinzip einer Reflow-Lötanlage. Auch hier gibt es offene, d.h. mit normaler Atmosphäre betriebene und Schutzgas-Systeme. Thermisch betrachtet ähnelt der Ablauf dem schon für die Wellen-Lötung Beschriebenen. Über eine Schleuse (bei einer Schutzgasanlage) gelangen die zu lötenden Baugruppen in den geschlossenen Prozessraum. In mehreren Vorheizzonen (etwa 2...6 je nach Maschine) werden Leiterplatte und Bauteile so weit erwärmt, dass in der nachfolgenden Peakzone mit verstärkter Heizung die notwendige Schmelztemperatur an den Lötstellen erreicht wird. Dabei nimmt vor allem die Leiterplatte die von der Maschine zur Verfügung gestellte Wärmeenergie auf und nur ein geringerer Teil gelangt über das Bauteil zur Lötstelle.

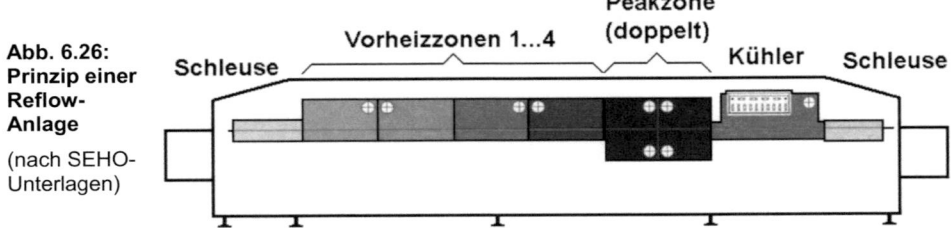

Abb. 6.26: Prinzip einer Reflow-Anlage
(nach SEHO-Unterlagen)

Im Laufe der technischen Entwicklung hat sich die Methode der Wärmezufuhr stark verändert, was erhebliche Auswirkungen auf die technischen Möglichkeiten zur Folge hatte. Zu Beginn der Reflow-Technik bestanden die Heizelemente einfach aus Infrarotstrahlern, ähnlich den aus vielen Bereichen bekannten Rotlichtlampen. Das Hauptproblem dieser Technik besteht darin, dass die Übertragung der Wärme nicht nur von den Wärmequellen sondern auch stark vom zu erwärmenden Material abhängig ist. Bei einem Problemfall erwärmten sich auf der Leiterplatte mit großen offenen verzinnten Flächen die dunklen Bauteile sehr stark. Die großen glänzenden Zinnschichten aber reflektierten die Wärmestrahlung und so konnte die Leiterplatte und daher die Lötstellen nicht genügend Wärme aufnehmen: das Lot wurde gar nicht oder kaum geschmolzen. Heute arbeiten professionell eingesetzte Anlagen nach dem „forced convection"-Prinzip. Aufgeheiztes Gas, je nach System Luft oder Schutzgas (Stickstoff), wird auf die Leiterplatte geleitet, wobei durch Düsensysteme usw. dafür gesorgt wird, dass alles zu erhitzende Material ‚umspült' wird und keine Bauteile ‚vom Winde verweht' werden (siehe auch [6.4]). Die Erfahrung hat gezeigt, dass mit diesen Anlagen das Reflow-Löten weit weniger von den Eigenschaften der Bauteile abhängig ist, als das bei denjenigen, die nach dem reinen IR-Strahler-Prinzip arbeiten, der Fall ist. Selbst Bauteile mit verdeckten Lötstellen (z.B. BGAs, QFPNL) können recht problemlos gelötet werden.

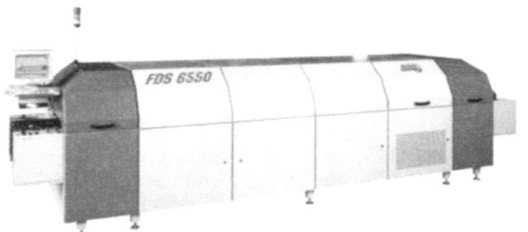

← **Abb. 6.27: moderne Schutzgas-Reflow-Lötanlage**
(‚forced-convection'-System)

(Foto: SEHO)

Abb. 6.28: geöffnete Reflow-Schutzgas-Anlage ➔
An der mittleren und rechten geöffneten Kassette sind die Lüfter (zylindrische Erhebung) zu erkennen. Im unteren Bereich sieht man die hintere Kette des Transportsystems.

(Foto: SEHO)

Abb. 6.29:
geöffnete Reflow-Schutzgas-Anlage
Lüfter und Heißgasführung

Abb. 6.30:
geöffnete Reflow-Schutzgas-Anlage
Transportsystem

(Fotos: SEHO)

In Abb. 6.30 ist das Transportsystem, bestehend aus umlaufenden Ketten vorn und hinten sowie einem umlaufenden Stahlseil in der Mitte als Unterstützung, zu sehen. Das Seil soll verhindern, dass sich die durch die Hitze etwas weich werdende Leiterplatte mehr als vertretbar verbiegt.

6.2.4.3 Vapourphase-Löten (Dampfphasen-Löten)

Dieses Verfahren ist eine Variante des Reflow-Lötens. Die Bestückung der Leiterplatte (SMD in Paste) ist bei beiden Verfahren gleich. Infrarotstrahler wärmen die zu lötende Leiterplattenbaugruppe vor. Das Aufheizen auf Löttemperatur erfolgt dann durch eintauchen der bestückten Leiterplatte in den gesättigten Dampf eines Perfluoropolyethers (PFPE). Dieser schlägt sich auf dem kälteren Lötgut nieder, kondensiert und gibt dadurch die gespeicherte Wärmeenergie ab. Der Dampf ist schwerer als Luft und bleibt daher über der siedenden Flüssigkeit liegen (Abb. 6.31). Es sind PFPE-Varianten mit Siedetemperaturen von z.B. 210, 215, 230 und 240 °C verfügbar [6.9].

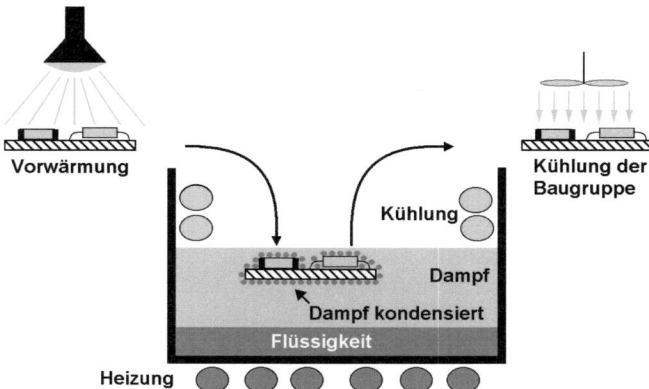

Abb. 6.31:
Prinzip Vapourphase-Lötanlage:
„klassische Bauform"

(Grafik nach Unterlagen von Rehm-Thermal Systems)

Abb. 6.32 zeigt die gemessenen Temperatur-Zeit-Verläufe einer Musterbaugruppe in einer Forced-Convection- und einem Vapourphase-Maschine. Systembedingt ergibt sich bei einfachen Systemen, die entsprechend Abb. 6.31 aufgebaut sind, eine Art Sattelprofil (vgl. Abb. 6.22) mit sehr steilem Temperaturanstieg zwischen Vorwärmung und Peak-Zone. Ursache dafür ist die wesentlich intensivere Wärmeübertragung des kondensierenden Dampfes im Vergleich zum

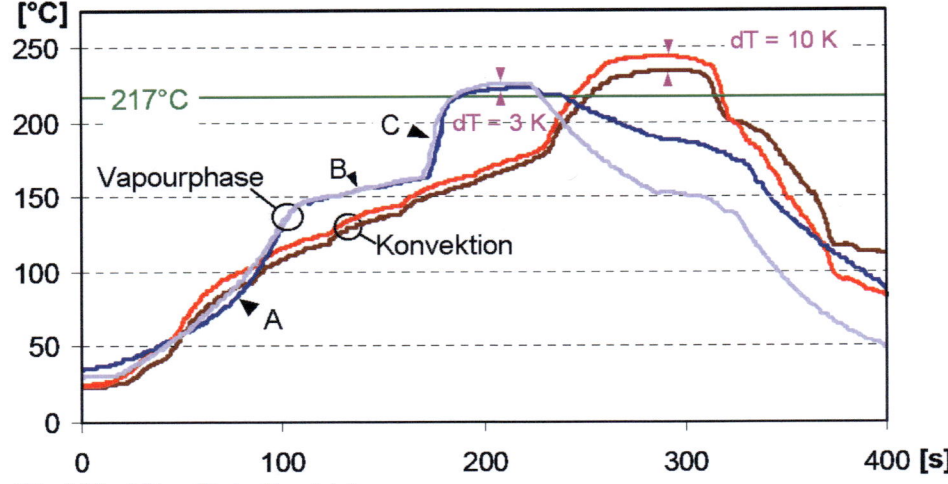

Abb. 6.32: Lötprofile im Vergleich:
Vapourphase nach Abb. 6.31 und **Forced-Convection-Reflow-Anlage**
A: Bereich Vorwärmung, B: Transport in die Kammer C: Eintauchen in den Dampf
(Grafik nach Unterlagen von Rehm-Thermal Systems)

strömenden heißen Gas. Da dieser große Temperaturgradient für manche Bauteile bzw. Material-Kombinationen problematisch werden kann (vgl. 6.2.7) wurde die Maschinentechnik weiterentwickelt und Methoden gefunden, die Lötprofile von Vapourphase-Anlagen ähnlich denen von Forced-Convection-Maschinen einstellen zu können:

- Sehr langsames Eintauchen bzw. abwechselnd eintauchen und wieder anheben bei Maschinen nach dem Prinzip von Abb. 6.32.

- Durchlauf-Systeme nach Abb. 6.33, bei denen Dampf langsam und dosiert in die Prozesskammer einströmt und so eine langsamere Erwärmung stattfindet.

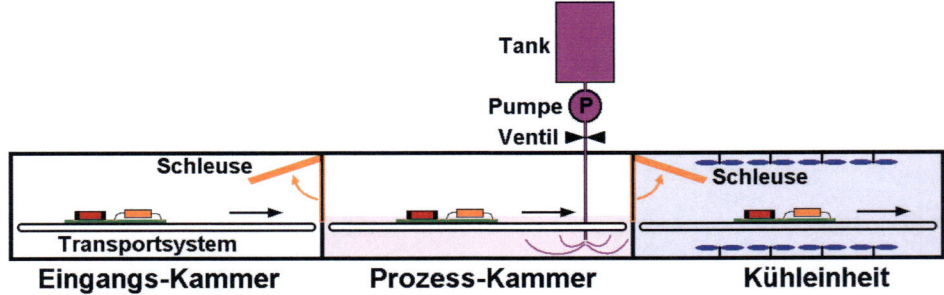

Abb. 6.33: **Vapourphase-Inline-System mit durch Schleusenklappen abgetrennter Prozess-Kammer** (Grafik nach Unterlagen von Rehm Thermal Systems)
Nach Einfahren des Lötgutes in die Prozess-Kammer und Schließen der Schleusen wird die Kammer je nach Bedarf langsam oder schnell mit dem PFPE-Dampf gefüllt. Nach erfolgter Lötung wird das Medium (Dampf und kondensierte Flüssigkeit) wieder abgesaugt bevor die Ausgangsschleuse geöffnet wird.

Vor- und Nachteile des Vapourphase-Lötens beim Vergleich mit Forced-Convenction-Systemen (vgl. Tab. 6.8) hängen stark von den speziellen Randbedingungen ab, d.h. eine generelle Bewertung ist schlecht möglich. Das Verfahren hat sich bisher nicht in besonders großem Maße durchsetzen können, erlebt aber im Rahmen der bleifreien Löttechnik eine Renaissance.

Tab. 6.8: Systemvergleich Forced-Convection-Reflow und Vapour-Phase

Detail	Forced-Convection-Reflow	Vapour-Phase
Inline-Aufbau der Anlage	übliche Methode	♦ nur bedingt möglich, da Lötgut aus der Linie ausgefädelt werden und für die Lötzeit die Linie stehen bleiben muss, oder ♦ aufwendiges Schleusen-System
Schutzgas	relativ einfach im gesamten heißen Bereich möglich	im Bereich des Dampfraumes durch Systemeigenschaft gegeben, bei Vorheizung nur bedingt und mit viel Aufwand möglich
Vorwärmung	stetiges Erwärmen in weitem Rahmen einstellbar und an die Leiterplatten-Eigenschaften anpassbar (Ausgleich konstruktiver Eigenheiten)	nur mit Zusatzaufwand realisierbar (vgl. auch ‚Schutzgas'), Regelbarkeit eingeschränkt
Löttemperatur	mäßige Überhöhung über Liquidus, meist Schwankungen im Bereich der Oberfläche einer Leiterplatte	♦ niedrigste realisierbare Löttemperaturen ♦ absolut gleichmäßige Temperaturverteilung bei genügend langer Verweilzeit (vgl. dT-Angaben in Abb. 6.31)
Überhitzung des Lötgutes	möglich, bei gewissenhafter Prozessführung eher unwahrscheinlich	durch die Systemeigenschaften (vgl. ‚Löttemperatur') unmöglich: die maximal mögliche Temperatur ist die Siedetemperatur des Mediums
Wärmeübertragung	im Vergleich zu reinen Strahlungsöfen wenig abhängig von den Materialoberflächen, mäßige Abhängigkeit vom Layout	♦ ca. 10...100 mal besser als beim Forced-Convection-System ♦ nahezu unabhängig vom Layout und Material
besondere Probleme	Temperaturverteilung über die Leiterplatte (Ungleichmäßigkeit)	♦ stärkere Neigung zum Thombstoning kleiner Bauteile durch die rapide Aufheizung ♦ teilw. schlechtere Benetzungseigenschaften bei Vorheizung ohne Schutzgasfunktion ♦ bei einfachen Maschinen starker Temperaturanstieg beim Eintauche in den gesättigten Dampf

6.2.4.4. Lötbilder und Lötfehler Reflow

Lötstellen an Chips:

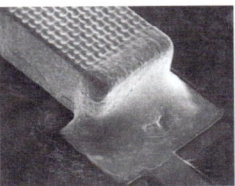 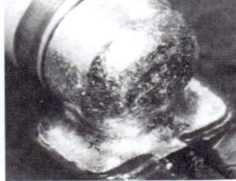

Abb. 6.34   **Abb. 6.35**

gute Lötstellen an Chip (Abb. 6.34) bzw. zylindrischem Bauteil (Abb. 6.35)
(Fotos: Siemens)

Abb. 6.36: gute Lötstelle an Chip (rechts) bzw. unzulässige Lot-Abdeckung auf Bauteilkörper (links, Pfeil)

(Foto: IPC)

Abb. 6.37:
Ein Chip hat sich gedreht, ein weiterer baugleicher nicht. Ursache: zu große Pads (vgl. Chip auf richtig dimensioniertem Pad links unten)
Der gleiche Effekt kann auch auftreten, wenn das Bauteil über die Pads hinausragt.

Abb. 6.38:
Ein kleiner Chip hat sich um seine Längsachse gedreht (Billboarding). Das ist nach Norm bei Ausbildung guter Lötstellen akzeptabel. Die Ursache ist (bisher) unbekannt.

Abb. 6.39: Thombstone-Effekt (Manhattan-Effekt):
Die Chips haben sich beim Löten aufgestellt. Mögliche Ursachen: zu rapider Temperaturanstieg, ungleichmäßige Cu-Verteilung und / oder Anbindung an größere Cu-Flächen. Je kleiner die Bauteile sind desto empfindlicher sind sie bezüglich dieses Effektes.

(Foto: Philips)

Lötstellen an Gullwings (Anschluss-Typ „GW"):

Abb. 6.40: Lötung an SOT-23-Gehäuse: ➔
Guter Lotanfluss an den Seiten und die Kontur der Beinchen ist in der Lötstelle noch zu erkennen. Aber: die Enden der Beinchen ragen über die Pads hinaus (Layoutfehler).
(Foto: Siemens)

Abb. 6.41 und 6.42: Anschlüsse an ICs:
Guter Lotanfluss an den Seiten und die Kontur der Beinchen ist in der Lötstelle noch zu erkennen, gute Ausbildung einer Lotkehle am linken Ende der Lötstelle. Die Spitzen der Beinchen müssen nicht benetzt sein. Dort wird der „lead-frame" zum Schluss des Herstellprozesses des ICs abgeschnitten. Daher ist diese Fläche meist nicht vorverzinnt und oft nicht (mehr) lötbar.
(Foto: IPC)

6.2.5. „Pin in Paste"

Abb. 6.43 und 6.44:
Beim Pastendruck wird so viel Paste in die Bohrlöcher gepresst, dass eine kleine Menge an der Unterseite der LP austritt.

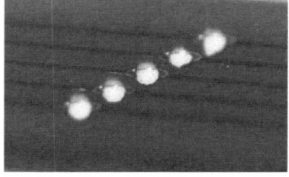

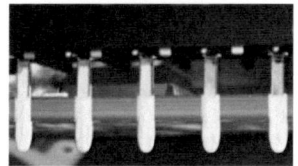

Abb. 6.45 und 6.46:
Beim Eindrücken der Stifte wird die meiste Paste aus dem Bohrloch nach unten heraus-gedrückt und hängt am Ende des Pins.

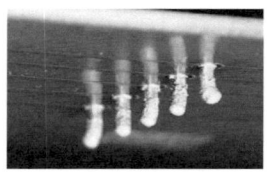

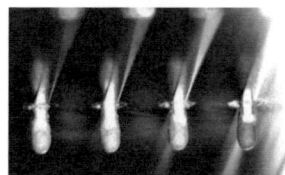

Abb. 6.47 und 6.48:
Beim Aufschmelzen der Paste zieht sich diese am Pin hoch und steigt bis in die Bohr-löcher auf.

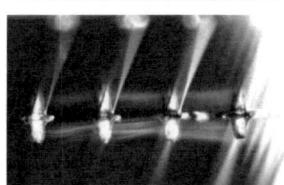

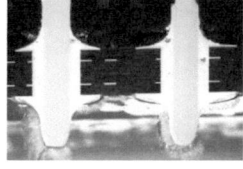

Abb. 6.49:
Das Schliffbild zeigt den vollständigen Aufstieg des Lotes in der Bohrung
Trotz dieser Darstellung ist die vollständige Füllung der durchkontaktierten Bohrung bisher kein sicherer Prozess, so dass diese Technik bisher für höchste Ansprüche nicht oder kaum eingesetzt wird.

Mit zunehmendem Einsatz der Reflow-Technik für elektronische Bauteile hat man nach Wegen gesucht, auch Bauteile mit relativ massiven Pins statt mit der Welle oder von Hand auch mittels Lotpaste und Reflow-Verfahren zu löten: es wurde die „pin-in-paste"-Technik entwickelt. Die Abb. 6.43 bis 6.49 (alle Bilder: Phoenix Contact) zeigen die einzelnen Schritte bei Anwendung dieser Technik, welche geeignet dimensioniert Pins und eng tolerierte Bohrungen benötigt.

Die ‚pin-in-paste'-Technik setzt die Einhaltung einiger im Vergleich zu ‚normalen' bedrahteten Bauteilen strengerer Konstruktionsregeln voraus:

- ➢ genaue Dimensionierung der Bohrungen in Abhängigkeit von den Pin-Abmessungen, so dass eine ausreichende Kapillarwirkung für das aufsteigende Lot erreicht wird
- ➢ Pins rund oder quadratisch
- ➢ präzise parallele und mechanisch stabile Anordnung der Pins
- ➢ (löt-)temperaturstabiler Werkstoff für die Gehäuse der eingesetzten Bauteile

Die bisher für diese Technik verfügbaren Bauteile stammen vor allem aus den Bereichen Stecker/Buchsen und Schalter.

6.2.6. sonstige Löttechniken

Es gibt darüber hinaus noch einige Sondertechniken wie das **Bügel-Löten**, auch **Thermoden-Lötung** genannt – welches eine gewisse Ähnlichkeit mit dem Löten mittels Lötkolben hat. Hierbei wird ein die Bauteil-Anschlüsse auf die LP drückender aber zu den Bauteilanschlüssen hin isolierter Bügel von einem hohen Strom durchflossen und dadurch auf die notwendige Temperatur erwärmt.

Weiterhin soll das **HF-Löten** erwähnt werden. Dabei wird durch Induktion ein hoher hochfrequenter Wechselstrom direkt in den zu verlötenden Materialien erzeugt und diese dadurch erwärmt. Dieses Prinzip schränkt die Anwendung erheblich ein und das Verfahren wird daher nur in relativ geringem Umfang eingesetzt.

Auch zum Löten werden inzwischen **LASER** eingesetzt. Aufgrund der hohen Kosten der Anlage und der sehr verschiedenen Resorptionsverhalten der Materialien für die einsetzbaren Wellenlängen ist diese Technik aber bisher nicht von größerer Bedeutung. Als „kleine Lösung" gibt es das sogenannte **Licht-Löten**, wobei statt des Laser-Lichtes das einer Halogen-Lampe eingesetzt wird. Mit diesem Verfahren lässt sich aber nur sehr geringe Leistung (entsprechend etwa 10...15 W eines Lötkolbens) auf die Lötstelle übertragen (siehe auch [6.6]).

Als weitere Spezialität soll das Löten mittels **Wasserstoff-Gas** genannt werden. Die angebotenen Anlagen spalten Wasser elektrolytisch in Sauerstoff und Wasserstoff und verbrennen beides in einem Miniaturbrenner an der Lötstelle. Hier lassen sich sehr hohe Energiedichten erzielen, die Einsatzmöglichkeiten werden aber durch viele Randbedingungen sehr eingeengt (vgl. [6.6]).

Allen in diesem Kapitel genannten sonstigen Techniken wie auch dem Handlöten haftet der Nachteil der seriellen Ausführung an: eine Lötstelle wird nach der anderen ausgeführt. Dem gegenüber sind Wellen- und Reflow-Löten parallel arbeitende Verfahren, d.h. alle Lötstellen werden zeitlich parallel ausgeführt.

6.2.7. Kompatibilität Bauteil – Lötprozess

Nicht jedes Bauteil kann mit jeder Löttechnik verarbeitet werden. Dabei müssen verschiedene Aspekte beachtet werden:
- bedrahtetes Bauteil oder SMD
- Gehäuse- bzw. Anschlusstyp (vgl. 4.3)
- Gehäusegröße
  (z.B. sollten KeKo-Chips wegen verschiedener thermischer Ausdehnungskoeffizienten auf FR4-Material nicht zu groß sein bzw. zu hohe Bauteile werden in der Lötwelle leicht weggerissen)
- Aufbau des Bauteils
  (z.B. KeKo-Chip oder gleich große Spule mit offenem Wickel)
- Anforderung aufgrund Gehäusematerial oder Bauteilaufbau
  (z.B. vertragen KeKos mit hoher Kapazitätsdichte wegen des Temperaturschocks beim Eintreten in die Welle meist kein Wellenlöten)

Tab. 6.9: Kompatibilität von Bauteilen mit Löt-Technologien:

Bauteiltyp	Gehäuse	Anschluss-Typ (vgl. 4.3)	Wellenlöten	Reflow-/ Vapourphase-Löten
diverse	bedrahtete Bauformen	n.a.	ja	nein 1.)
Widerstände, Keramik-Kondensatoren	Chips 0402 und kleiner	MA	nein 2.)	ja
	Chips 0603 bis 1210	MA	ja 3.)	ja
	Chips 1812	MA	nein	ja 4.)
Folien-Kondensatoren	Chips div. Baugrößen	MA o.ähnl., AB	bedingt ja 3.), 5.)	ja
Tantal-Kondensatoren, Halbleiter	Chips 2012 – 7343, DO214 u. ähnlich	AB	bedingt ja 3.), 5.)	ja
Spulen	Chips alle Größen	MA, AB	nein	ja
Halbleiter	SOT-23, -89, -123, -143, -223 usw., SOD-80 & -87	MA, GW	ja	ja
	SO-Bauformen	GW	ja 3.)	ja
	PLCC, SOJ	JL	nein	ja
	VSO, SSOP, TSOP, TSSOP, QFP u.ä.	GW	nein	ja
	diverse Plastik-Gehäuse	BGA, CGA	nein	ja
Module und exotische Bauteile	PLCC, Keramik- oder Plastik-Block mit metallisierten Flächen	JL, BoL, BGA, CGA	nein	ja

Anmerkungen:
1.) Es gibt bis heute kein Verfahren, welches für alle Bauteiltypen ein industriellen Ansprüchen genügendes Lotdepot garantiert. Zudem halten die meisten Bauteilgehäuse entsprechende Temperaturen nicht aus. Derzeit ist diese Technik-Kombination nur für einige Steckverbinder-Typen in der Erprobung bzw. verfügbar.
2.) Einschränkung vor allem weil diese Bauteile aufgrund der Abmessungen nicht mehr sicher geklebt werden können.
3.) Einschränkung aufgrund Materialeigenschaften möglich
4.) Grenzfall, Baugröße wegen temperaturabhängiger Ausdehnung vermeiden
5.) Einschränkung durch Bauhöhe: in der Welle sollten die Bauteile nicht höher als ca. 3 mm sein.

6.3. Leitklebetechnik

Die Leitklebetechnik wurde zu Anfang der 90er Jahre als Ersatz für die Löttechnik im Bereich der Daten- und Nachrichtentechnik betrachtet, was sich aber nicht bewahrheitet hat. Der Marktanteil ist sehr gering und konzentriert sich auf relativ wenige Spezialfälle:

> ➢ Montieren und Kontaktieren von ungehäusten Halbleiter-Chips
> ➢ Montieren und Kontaktieren von Miniatur-Bauteilen in der Höchstfrequenztechnik
> ➢ Kontaktieren von Glasplatten von diversen Display-Bauformen

Die Leitkleber basieren auf Epoxid-Harz-Systemen, denen Metall-Pulver beigemischt sind. Dafür aber kommen nur Edelmetalle, vor allem Silber in Betracht. Da in der Klebestelle kein Sauerstoff- und Wasserabschluss garantiert werden kann, besteht bei Kupfer usw. Korrosionsgefahr, was den Einsatz ausschließt. Aus dem gleichen Grund sind auch die Oberflächen, auf welche geklebt wird, mit Edelmetallen zu beschichten. Zinn eignet sich nur sehr bedingt als Klebepartner (weitere Infos siehe z.B. [6.7]).Die Leitfähigkeit der Klebstoffe liegt nur bei rund 10% oder weniger der von Lot.

6.4. Schweißen / Bonden

Bei Geräten, die bei so hohen Temperaturen betrieben werden, dass Lötverbindungen thermisch überfordert sind, kommt auch die Schweißtechnik zum Einsatz. Die Energiezufuhr erfolgt meist mittels Druck und Ultraschall. Der Anteil an der gesamten Verbindungstechnik ist aber relativ gering.
Das Bonden ist auch ein Schweißverfahren: verschiedene Anschlüsse werden mittels aufgebondeter Bändchen oder Drähte mit einander verbunden. Es wird in großem Umfang beim Kontaktieren von Halbleiterchips im Inneren von ICs eingesetzt. In Verbindung mit Leiterplatten hat es nur geringe Bedeutung bei speziellen Anwendungen.

6.5. Einpresstechnik

Die Einpresstechnik findet vor allem bei der Produktion von Backpanels (siehe 3.3.5) und Einschubkarten-Systemen Verwendung. Bauteile für diese Technik sind vor allem Steckverbinder und andere Anschlusselemente für Leitungen und Stromschienen. Die Anschlüsse der Bauteile sind so konstruiert, dass sie eine federnde Zone aufweisen und sich so in ein metallisiertes Bohrloch in der Leiterplatte einpressen lassen. Der Durchmesser der Bohrung ist kleiner als der Umkreis des Einpress-Stiftes im entspannten Zustand. Beim Einschieben des Stiftes wird in geringem Maß die metallische Oberfläche in der Bohrung abgetragen – dadurch werden etwaige Oxydschichten entfernt – und durch den Pressdruck die Kontaktstelle dauerhaft luftdicht verschlossen (weitere Infos siehe [6.8]).

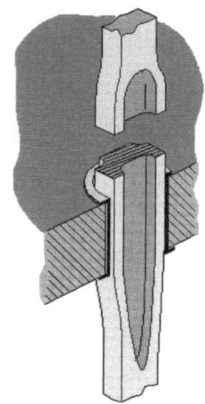

← Abb. 6.50:
Einpressstift in der Leiterplatte

Abb. 6.51: →
Einpressstift (Schliffbild)

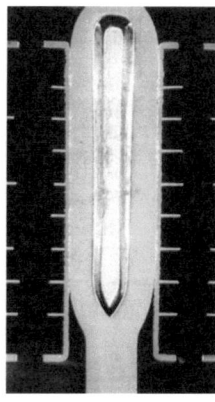

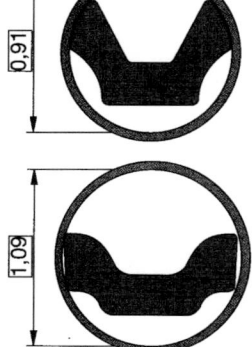

← Abb. 6.52:
Verformung eines Stiftes
mit Umkreis ⌀1,09mm in Bohrung ⌀0,91mm

(alle Bilder und Grafiken Einpresstechnik: ERNI)

7. Prüfung

7.1. Begriffsbestimmung Prüfung – Abgleich

Unter dem Begriff **Prüfung** versteht man den **Soll-Ist-Vergleich** mit den Fertigungsunterlagen (Listen, Zeichnungen, Datensätze, usw.):

> Stimmen die Werte der vorhandenen Bauteile ?
> Sind überall dort elektrische Verbindungen wo sie sein sollen ?
> Gibt es unerwünschte Verbindungen ?

Die Überprüfung dieser Punkte wird auch als MDA (Manufactor Defect Analysis) bezeichnet. Prüfungen können sowohl auf der Ebene der Leiterplatten-Baugruppe, der Baugruppe und auch des Gerätes stattfinden. Jeder Fertigungsprozess hat eine endliche Genauigkeit, dazu kommen noch mögliche Zufallsfehler bei allen vorlaufenden Prozessen (z.B. mit Blick auf die Leiterplattenbestückung: Leiterplattenherstellung, Bauteile,...). Das bedeutet, dass immer mit einer wenn auch hoffentlich geringen Fehlerquote gerechnet werden muss. Diese Fehler gilt es zu finden. Des weiteren hilft die Prüfung bei der Verbesserung eines Prozesses: Fehler müssen gefunden, die Ursache ermittelt und abgestellt werden.

Ergänzend zur Prüfung gibt es den Begriff **Abgleich**:
Mittels variabler Bauteile und/oder durch Austausch (Werteänderung) wird **das elektrische Verhalten** einer Baugruppe bzw. eines Gerätes so **verändert**, dass es dem in einer Prüfanweisung festgelegten entspricht bzw. in einen vorgegebenen Toleranzschlauch passt. Der Abgleich findet sich vornehmlich bei analogen Baugruppen(-Bestandteilen).

7.2. Prüfmethoden

Jede Prüfmethode hat ihre Stärken und Schwächen und so muss je nach Eigenschaften des Prüflings eine möglichst wenig aufwendiges Verfahren bzw. eine Kombination von Methoden eingesetzt werden. Dabei besteht das Problem darin, dass...

> die Prüfmethoden entsprechend der dargestellten Reihenfolge zwar immer aussagekräftiger werden,
> die Prüfmethoden im gleichen Sinne auch immer aufwendiger = teurer werden
> die Behebung eines Fehlers aber auch umso teurer wird, je später er entdeckt wird (z.B. Entdeckung auf Geräteebene: Ausbau der [Leiterplatten-]Baugruppe, eventuell kein Ersatz daher Stillstand der Produktion....).

Je nach Anforderung an den Prüfling wird eine sogenannte 100-%- oder aber eine Stichprobenprüfung (siehe [7.1]) vorgenommen. Die erstere bedeutet, dass jeder Prüfling im vollem Umfange geprüft wird. Der Stichprobenprüfung liegt die Erkenntnis zugrunde, dass Fehler sich entsprechend der Gauß-Verteilung verhalten, d.h. dass man von der Fehlerzahl in einer begrenzten Stichprobe auf die Fehlerzahl der Gesamtmenge schließen kann.

Tab. 7.1 zeigt einen Vergleich der Fehlererkennungsmöglichkeiten von optischen und elektrischen Prüfmethoden. Dabei wird jeweils die Gesamtheit der optischen bzw. elektrischen Verfahren betrachtet. Die einzelnen Methoden haben systembedingt z.T. weitere Einschränkungen:

Tab. 7.1: prinzipielle Fähigkeiten der optischen und elektrischen Testmethoden:

	optisch	elektrisch
fehlendes Bauteil	ja	ja (mit Einschränkungen)
falsches Bauteil	bedingt	ja (mit Einschränkungen)
Bauteilposition	ja	nein
Bauteilwert	sehr bedingt	ja (mit Einschränkungen)
Lötstelle	ja	nein
fehlerhafte elektrische Verbindung	sehr bedingt	ja (mit Einschränkungen)

Die Einschränkungen sind bedingt durch ...
- extrem kleine/große Werte bei passiven Bauteilen
- Parallelschaltungen mit z.B. sehr unterschiedlichen Werten
- im Verhältnis zur Prüfmethode zu komplexe Bauteile

7.2.1. Optische Methoden

7.2.1.1. Sichtprüfung

Dabei können prinzipiell folgende Fehler erkannt werden:
- fehlendes Bauteil
- falsches Bauteil (z.B. bei abweichender Gehäuseform, eingeschränkt bei gleichem Gehäuse aber verschiedenem „Inhalt")
- Bauteilposition
- Bauteilwert bzw. Typ (z.T. stark eingeschränkt durch fehlende Kennzeichnung)
- Lötstelle

Die sogenannte Sichtprüfung wird durch Menschen durchgeführt. Der Vergleich jedes Details Bauteil für Bauteil wird meist nur an einer Baugruppe durchgeführt, da das Verfahren ansonsten jeden Rahmen sprengen würde. Ersatzweise muss eine sogenannte „golden Unit", d.h. eine bekannt fehlerfreie Baugruppe verfügbar sein. Für die weitere Prüfung nutzt man eine Eigenschaft des Menschen aus: dem Prüfer fallen zunächst Differenzen in den „Bildern" auf – irgendetwas ist an dem Prüfling anders als an der Referenz. Erst beim genaueren Suchen wird der Fehler gefunden. Die Wirksamkeit des Einsatzes dieser Fähigkeit steht und fällt mit der Regelmäßigkeit des Layouts:
- Bauteile möglichst in Reihen und Zeilen oder Blöcken anordnen
- gepolte Bauteile immer mit gleicher Ausrichtung einsetzen
- möglichst gleich strukturierte Padgeometrien für Bauteil-Familien verwenden

Hier muss also der Layouter eine wichtige Voraussetzung schaffen.

7.2.1.2. Automatic Optical Inspection (AOI)

Dieses Verfahren entspricht in seiner Wirkungsweise der Sichtprüfung, nur dass der Mensch durch eine „sehende Maschine" ersetzt wird. Der Vorteil der Maschine liegt vor allem darin, dass sie nicht ermüdet und auch gegen eine diffuse Anordnung der Bauteile (siehe Anforderung unter 7.2.1.1.) immun ist. Bei den auf dem Markt befindlichen Systemen gibt es auch eine erhebliche Streuung in den Details der Fähigkeiten. Der Nachteil liegt im Programmieraufwand und in den erheblichen Investitionskosten.

7.2.1.3. Röntgenuntersuchung

Auch dieses Verfahren ist ein optisches, wenn auch unter Nutzung „anderen Lichtes". Es können nur Bauteilposition und Lötstellen untersucht werden. Bei den Lötstellen ist zudem nur die Projektion auf eine Ebene sichtbar. Weitere Erkenntnisse über die Lötstellen sind nur über die bei einigen Maschinen verfügbare Möglichkeit der Positionsänderung des Prüflings möglich (Perspektive). Trotzdem ist es nicht immer möglich, Lotbrücken von Bauteilen auf der anderen Leiterplattenseite zu unterscheiden (siehe Abb. 7.1). Der Aufwand ist in jeder Hinsicht hoch. Röntgen wird fast ausschließlich zur Prozessvalidation in Verbindung mit BGA und CGA eingesetzt.

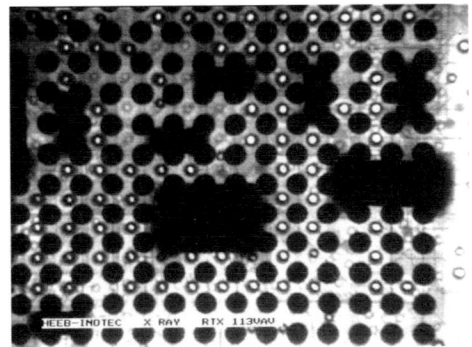

Abb. 7.1: BGA auf Leiterplatte
(Foto: KIRRON GmbH)

7.2.2. Elektrische Methoden

Bei den elektrischen Methoden können prinzipiell folgende Fehler erkannt werden:
- fehlendes Bauteil
- falsches Bauteil (z.T. eingeschränkt)
- Bauteilwert bzw. Typ (z.T. eingeschränkt)

7.2.2.1. Moving Probe Tester / Flying Probe Tester

Bei diesem System wird die Leiterplattenbaugruppe in einem Universal-Halterahmen eingespannt. Von Messspitzen an verfahrbaren Portalen werden Prüfpunkte angesteuert und kontaktiert. Die Geschwindigkeit liegt heute bei etwa 10...20 Messungen pro Sekunde. Die Halterung für die Leiterplatte ist sehr vielseitig verstellbar und die Anpassung der Messeinrichtung erfolgt nur per Software. Das Messprinzip beruht auf einem mit Gleich- bzw. Wechselstrom arbeitenden Ohm- bzw. Impedanzmessgerät, mit dem der Widerstand/die Impedanz zwischen zwei oder mehr Knoten eines Netzwerkes gemessen werden kann. Der Messbereich liegt zwischen einigen zehntel Ohm und einigen Megaohm. Der Prüfling wird dabei nicht an seine Versorgungsspannung(en) angeschlossen. Das Messverfahren kann um die Einspeisung mit der Kapazitätssonde erweitert werden (siehe Grafik, generelle Info siehe [7.2]).

Voraussetzung für den Einsatz:
- Zugänglichkeit aller Antastpunkte vorzugsweise von einer Seite des Prüflings
- Prüfdaten aus CAD verfügbar oder „Teach-In" an „Golden-Unit"

Antastpunkte können sein:
- die herausragenden Enden aller Anschlussdrähte bedrahteter Bauteile
- besondere lackfreie Punkte auf Leiterbahnen oder an diese angeschlossene Punkte (typ. reichen 0,3 mm ⌀)
- Verlängerungen von Pads von SMDs (Pads oder Bauteilanschlüsse selber sind wegen möglicher ‚Fehlervertuschung' tabu)
- Augen (Lands) von Durchkontaktierungen

 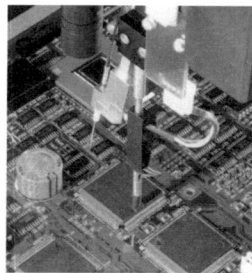

Abb. 7.2: Messung mit 3 Prüfstiften

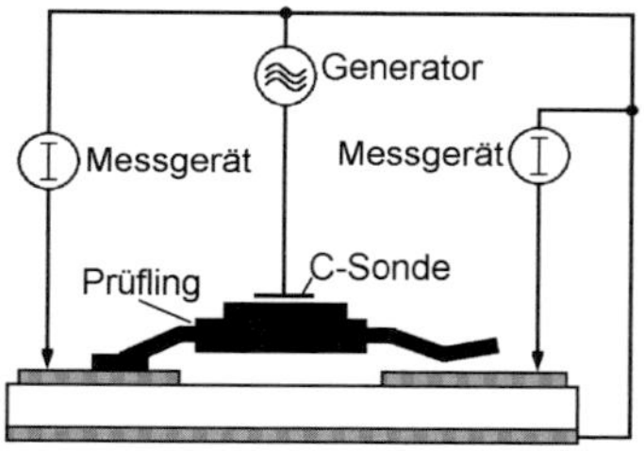

Abb.: 7.3: Messung mit Kapazitätssonde - Meßprinzip

Abb.: 7.4: Anwendung der Sonde

(Bilder: Itochu Systech GmbH)

7.2.2.2. In-Circuit-Test = ICT

Bei diesem System wird die Leiterplattenbaugruppe auf einen Adapter mit federnden Kontakten aufgesetzt (bei beidseitiger Antastung mit ähnlich gebautem Deckel versehen). Über Relaisfelder können Messsignale und Messgeräte auf die verschiedenen Punkte geschaltet und die Reaktionen des Prüflings gemessen werden. Der Prüfling kann mit und ohne Spannungsversorgung vermessen werden.

Abb. 7.5:
komplettes ICT-System
(Foto: Hewlett-Packard)

Abb. 7.6:
ICT-Testadaper für beidseitige Adaption
Federkontakte in der Grundplatte und im Deckel
(Foto: Thales Communications GmbH)

Der Vorteil des Verfahrens liegt bei wesentlich aussagefähigeren Messergebnissen aufgrund der Möglichkeit des Einsatzes komplexer Messmethoden. Nachteilig sind der große Adaptieraufwand (einige hundert Euro für den leiterplattenspezifischen Adapter, größerer Zeitbedarf für die Vorbereitung) und die hohen Investitionskosten für die Testmaschinen.

Voraussetzung für den Einsatz:

> Zugänglichkeit aller Antastpunkte von einer Seite des Prüflings (bei beidseitiger Antastung steigen die Kosten erheblich)
> Prüfdaten aus CAD verfügbar

Antastpunkte können sein:

> die herausragenden Enden aller Anschluss-drähte bedrahteter Bauteile
> besondere lackfreie Punkte auf Leiterbahnen oder an diese angeschlossene Punkte (typ. reichen 0,8 mm bis 1,0 mm ⌀)
> Verlängerungen von Pads von SMDs (Pads oder Bauteilanschlüsse selber sind wegen möglicher ‚Fehlervertuschung' tabu)
> Augen (Lands) von Durchkontaktierungen

7.2.2.3. Boundary-Scan

Das Boundary-Scan-Verfahren ist das modernste vorgestellte Test-Verfahren. Es erfordert weitreichende Vorbereitung schon bei der Konzeption der Schaltung. Es ist prädestiniert für das Testen von (Sub-)Systemen die (fast) ausschließlich aus hochintegrierten Schaltungen bestehen. In jeder der verwendeten integrierten Schaltungen muss ein „Boundary-Scan-Register" eindesignt sein. Das verteuert zwar die Bauteile etwas, erleichtert bzw. ermöglicht erst den Test sehr komplexer Schaltungen [7.3], [7.4], [7.5] , [7.6].

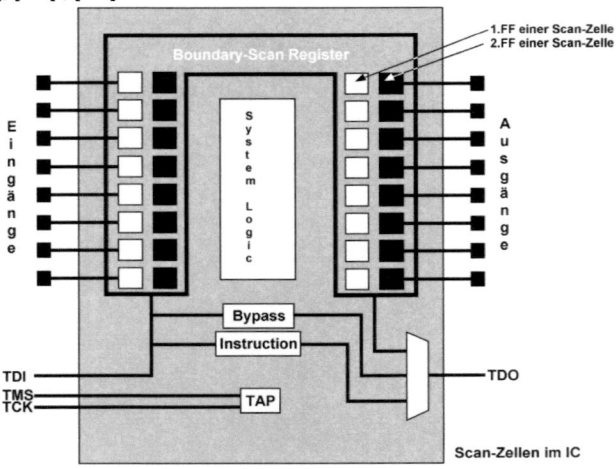

Abb. 7.7:
Prinzipaufbau eines Boundary-Scan-ICs mit integriertem Scan-Register
(aus [7.5])

Die Grundidee besteht darin, dass die ICs in den Test-Modus umgeschaltet werden können. Dazu sind alle Bauteile über spezielle Steuersignal-Leitungen verbunden. Zwischen dem IC-Kern mit der eigentlichen IC-Funktion und den Anschlussbeinchen liegt das Boundary-Scan-Register. Im Betriebsmodus sind die in jeder Ein- und Ausgangsleitung liegenden Register-Teile einfach als Durchgangsleitungen geschaltet. Im Testmodus werden die über die Eingangsleitungen ankom-

menden Test-Signale über das Boundary-Scan-Register zu den Ausgangsleitungen weitergeschaltet – letztlich von IC zu IC. An den im Layout vorzusehenden Testpunkten zwischen den ICs können diese Testsignale zudem von Testsystemen (ähnlich ICT- oder Moving-Probe-Systemen) abgenommen und überprüft werden. Mit Boundary-Scan können sowohl Unterbrechungen als auch unerlaubte Verbindungen aufgespürt werden.
Um Testen zu können muss die Betriebsspannung angelegt werden, d.h. die Baugruppe muss soweit fehlerfrei sein, dass die Baugruppe in den Testmodus gelangen kann.

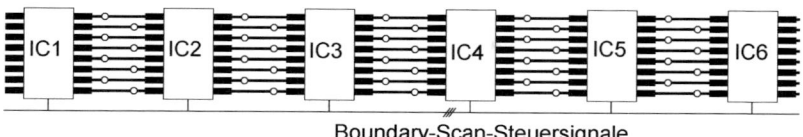

Boundary-Scan-Steuersignale

Abb. 7.8: stark vereinfachtes Schaltungsprinzip

7.2.2.4. Funktions-Test = FUT

Beim Funktionstest wird die Leiterplatte(n-Baugruppe) in ein ansonsten vollständiges Gerät oder eine Funktionsnachbildung des Gerätes eingesetzt und in ihrem statischen und dynamischen Verhalten überprüft. Der FUT erlaubt die weitestgehenden Aussagen über die Funktionsfähigkeit, setzt aber einen intakten Prüfling voraus um den Test überhaupt starten zu können. Der Aufwand kann je nach Messaufbau erheblich sein und bedarf i.d.R. längerer Vorbereitungszeit.

7.3. Abgleich

Abgleiche sind sehr individuell und oft mit großem apparativen Aufwand verbunden. Seitens des Layouts sind nur wenige Beiträge möglich aber auch unverzichtbar, d.h. die folgenden Punkte müssen im Layout berücksichtigt werden:

- ➢ Einspeise- und Messpunkte erreichbar machen
  - ♦ Antastfelder
  - ♦ Steckverbinder
  - ♦ Lötbrücken (diese möglichst vermeiden)
- ➢ Steuersignale erreichbar machen
  - ♦ Antastfelder
  - ♦ Steckverbinder
  - ♦ Lötbrücken (diese möglichst vermeiden)
- ➢ störende Funktionsblöcke abschaltbar machen
  - ♦ durch Steuersignale
  - ♦ durch Klemmung
  - ♦ Lötbrücken (diese möglichst vermeiden)

Man kann Antastfelder manuell oder mittels Federkontakte in einer passenden Baugruppenhalterung kontaktieren. Es kann aber auch durchaus wirtschaftlich sinnvoll sein, einen spezielle Steckverbinder zu spendieren um den Prüfanforderungen gerecht zu werden. Dieses muss aber, wie leicht erkennbar ist, bereits zu einem frühen Zeitpunkt (d.h. vor dem Layout) definiert werden.

8. Arbeitsorganisation

Um Baugruppen oder Geräte fertigen zu können, sind Vorarbeiten durch mehrere Funktionsbereiche notwendig: die **Fertigungssteuerung** und die **Arbeitsvorbereitung**. Unabhängig davon, ob es sich um getrennte Abteilungen oder eine einzelne handelt, ist eine enge Zusammenarbeit unverzichtbar um alle Einzelschritte steuern zu können.
Am Beispiel „Leiterplattenbaugruppe" sollen wesentliche Aspekte aufgezeigt werden. Das Prinzip gilt aber sinngemäß für weite Bereiche industrieller Produktion. Die Fertigung erfolgt auf Grund der Erteilung eines Auftrages durch z.B. den Produktbereich oder die Beauftragung durch eine (externe) Firma. Der Auftrag enthält die drei „W":

- **Was** = Definition der zu fertigenden Baugruppe oder des zu fertigen Gerätes
  (z.B. über Bezeichnung, Material-Nummer usw.)
- **Wie viel** = Stückzahl
- **Wann** = Terminierung

8.1. Analyse

Um den Fertigungsauftrag ausführen zu können, muss zunächst einmal die verfügbare Dokumentation gesichtet und bewertet werden. Typische Inhalte sind:

- **Materiallisten** ⇒ Gesamtbedarf jedes für den Auftrag benötigten (verschiedenen) Teils
  - Lagerbestand

  = zu beschaffende Teile

- **Zeichnungen** ⇒ Normgerechte zeichnerische Beschreibung aller notwendigen Details vorhanden ?
  ⇒ Müssen daraus auch für angelernte Kräfte verständliche Unterlagen abgeleitet werden („Einfachzeichnungen o.ä.) ?

- **Daten** ⇒ Gerberdaten für Leiterplatten vorhanden ?
  ⇒ Gerberdaten für Lotpastenmasken vorhanden ?
  ⇒ Bestückdaten vorhanden ?
  ⇒ Prüfdaten vorhanden ?

Aus den Ergebnissen der einzelnen Analyseschritte müssen dann alle die Aktionen abgeleitet werden, die für eine reibungslose Fertigung und die rechtzeitige Ablieferung des beauftragten Gerätes oder der beauftragten Baugruppe notwendig sind.

8.2. Zeitplanung

Auf der Basis der Analyseergebnisse muss ein mehr oder weniger detaillierter Zeitplan erstellt werden, um die Einzelaktionen zu synchronisieren. Dabei ist es zunächst wichtig, aus der Dokumentation heraus folgende Fragen zu beantworten:
- Wie schnell sind die benötigten und nicht im Lager befindlichen Materialien zu beschaffen ?
- Welche Fertigungsteilschritte sind anzuwenden (Maschinen- oder manuelle Bestückung, Reflow- und/oder Wellenlötung,....) ?

> Welcher Zeitaufwand ist für die einzelnen Fertigungsteilschritte einzuplanen?
> Welche typengebundenen (d.h. speziell nur für das zu fertigende Teil passende) Werkzeuge sind notwendig? Sind Werkzeuge neu anzufertigen?
> Müssen zusätzliche Dokumentationen in Form von Arbeitsanweisungen, Fertigungsplänen usw. erstellt werden?

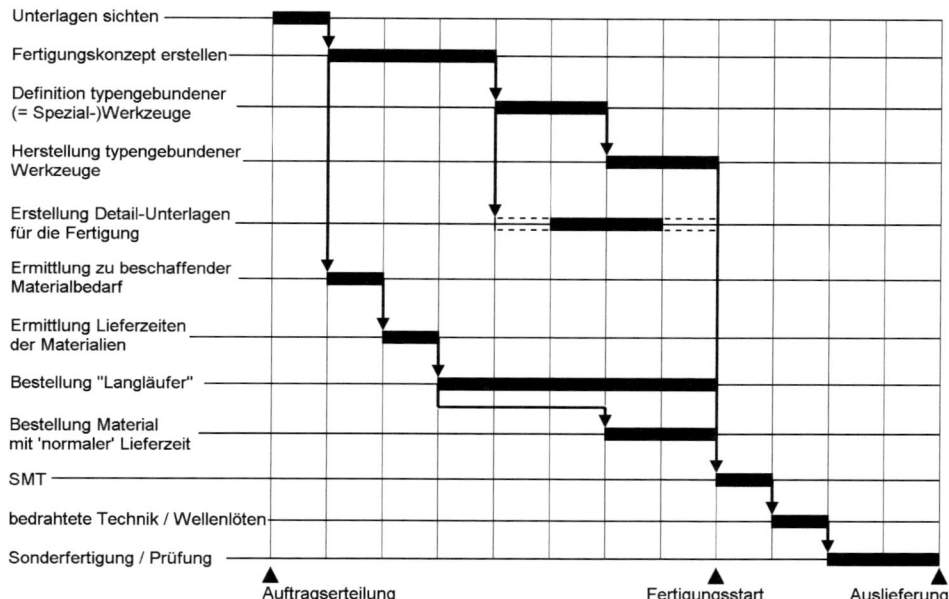

Abb. 8.1: Zeitplan für den Ablauf zwischen Auftragserteilung und Auslieferung
Hierbei sind die einzelnen Zeitspannen nur als exemplarische Beispiele zu verstehen.

Der in Abb. 8.1 gezeigte Zeitplan stellt das Prinzip einer solchen Planung für ein in seinen Eigenschaften erprobtes Produkt dar, welches aber noch nicht (in der betrachteten Fabrik) industriell gefertigt wurde. Wird an gleicher Stelle „nur" eine weitere Serie gefertigt, entfallen natürlich in der Regel Schritte wie „Fertigungskonzept erstellen" oder das gesamte Thema der „typengebundenen Werkzeuge". Bei neuen Produkten wird zunächst eine (Vor-)Serie aufgelegt, nach der meist eine Überarbeitung der Unterlagen usw. erfolgt, so dass sich weitere Zeitspannen bis zur Auslieferung der Serienprodukte anschließen.
Die Planungsaufgabe wird heute in der Regel mittels spezieller Software (z.B. MS Project) erledigt, welche dann Zeitpläne und auch Grafiken ähnlich wie in Abb. 8.1 dargestellt erzeugt

8.3. Fertigungskonzept

Das Fertigungskonzept wird in erster Linie von den konstruktiven Eigenschaften der zu fertigenden Leiterplattenbaugruppe bestimmt. Bei reiner SMT – ein-/beidseitig – (Abb. 8.2) gestaltet sich der Durchlauf durch die Fertigungslinie relativ einfach. Die Leiterplatte läuft ein- oder zweimal durch die Fertigungslinie (Bestück- und Lötmaschine) bzw. zwei in Serie arbeitende Linien.
Bei der viel verbreiteten Mischtechnik – ein- oder beidseitig SMT & bedrahtete Technik (THT) – gestaltet sich der Durchlauf nicht ganz so glatt (Abb. 8.3). Die SMT gleicht der zuvor beschrieben.

Da die maschinelle Bestückung und Lötung der SMDs meist deutlich schneller arbeitet als die Bestückung der bedrahteten Bauteile – diese werden meist von Hand gesetzt – ist eine Zwischenlagerung der teilweise fertigen Baugruppen notwendig. Diese Zwischenlagerung muss auch die notwendige „Verschachtelung" verschiedener Aufträge ausgleichen. Insgesamt wird dadurch der Fertigungsprozess aufwendiger und zeitlich gebremst.

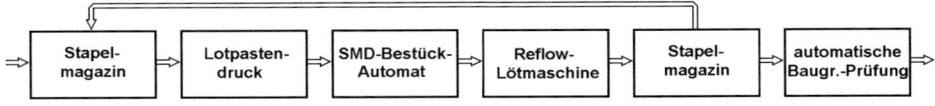

Abb. 8.2: Fertigung SMT (ein bzw. zweimal Reflow-Löten)

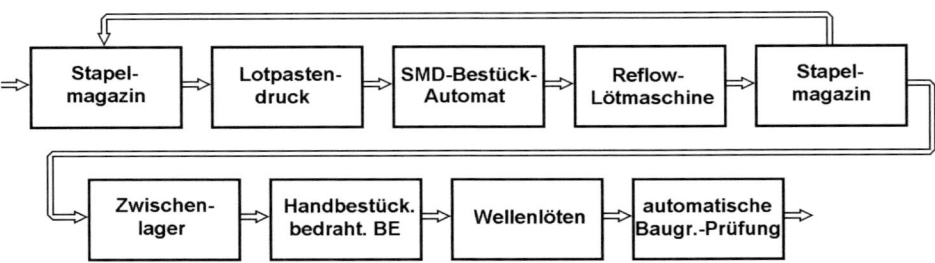

Bild. 8.3: Fertigung THT und SMT (ein bzw. zweimal Reflow-Löten + einmal Wellen-Löten)

Werden über die Bestückung normaler bedrahteter Bauteile hinaus noch weitere Fertigungsschritte (z.B. Einschießen zu verlötender Stifte, Einpresstechnik, mechanische Montage von Komponenten und Handlöttechnik,....) notwendig, so weitet sich die Fertigungslinie entsprechend aus (Abb. 8.4). Neben dem erhöhten Fertigungsaufwand fällt auch mehr Bedarf hinsichtlich Planung an, um eine gute Synchronisation der Teilschritte zu erreichen und die Verlängerung der Fertigungszeit in Grenzen zu halten.

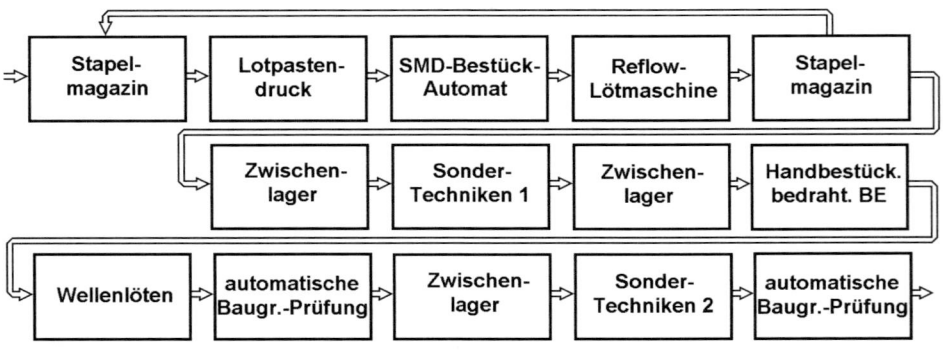

Abb. 8.4: Fertigung THT und SMT und Sondertechniken

In Tab. 8.1 werden zudem weitere Aspekte beim Einsatz der verschiedenen Technologie-Kombinationen aufgezeigt. Allerdings erfolgt schon bei der Auswahl der Bauteile und der Konstruktion der Leiterplatte(nbaugruppe) eine weitgehende Festlegung hinsichtlich der Fertigungsmethodik.

Tab. 8.1: Diskussion der Technik-Kombinationen

Technik	Vorteil(e)	Nachteil(e)	Bemerkungen
einseitig bedrahtete Technik (THT)	➢ keine Lotpastenschablone notwendig ➢ keine Maschinenprogrammierung und -rüstung	großer Arbeitsaufwand pro Bauteil	interessant für Baugruppen mit sehr wenigen Bauteilen
einseitig SMT + Wellenlötung	➢ schnelle Bestückung ➢ keine Lotpastenschablone notwendig	➢ Einschränkungen bei Bauteilen ➢ Maschinenprogrammierung und -rüstung notwendig	bei wenigen Bauteilen und kleinen Stückzahlen aufwendig
einseitig SMT + THT + Wellenlöten	➢ teilweise schnelle Bestückung ➢ keine Lotpastenschablone notwendig	➢ Einschränkungen bei Bauteilen ➢ Maschinenprogrammierung und -rüstung notwendig	bei wenigen Bauteilen und kleinen Stückzahlen aufwendig
beidseitig SMT + Wellenlöten + Reflow-Löten	(teilweise) schnelle Bestückung	➢ Lotpastenschablone notwendig ➢ Maschinenprogrammierung und -rüstung notwendig	➢ bei wenigen Bauteilen und kleinen Stückzahlen aufwendig ➢ Lotpastenschablone für sehr wenige Bauteile vermeiden
beidseitig SMT + THT + Wellenlöten + Reflow-Löten		➢	
beidseitig SMT + beidseitig Reflow-Löten	schnelle Bestückung	➢ zwei Lotpastenschablonen notwendig ➢ Maschinenprogrammierung und -rüstung notwendig	bei wenigen Bauteilen und kleinen Stückzahlen aufwendig

In die Aufstellung eines Fertigungskonzeptes und die Ablaufplanung muss auch die Vorbereitung des zu verarbeitenden Materials (schneiden, biegen magazinieren,...) und die Bereitstellung an den einzelnen Orten der Fertigungslinie(n) (Abb. 8.5) planerisch mit eingebunden werden. Diese Vorbereitung (Rüstung der Feeder der SMD-Bestückmaschine, schneiden und biegen der Drähte von bedrahteten Bauteilen,..) erfolgt meist abseits der Fertigungslinie(n), um deren Durchsatz möglichst wenig zu behindern.

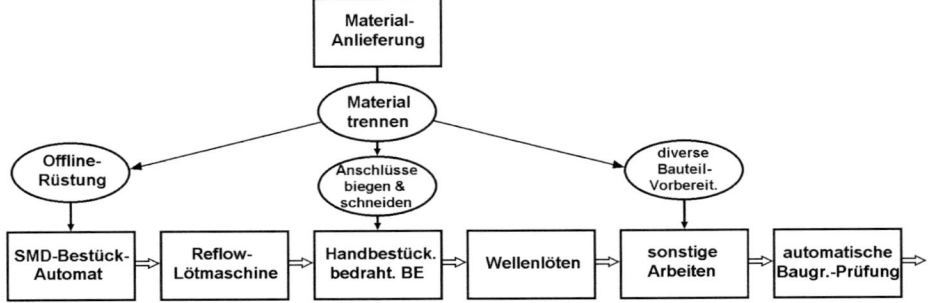

Abb. 8.5: Trennung und Vorbereitung der Fertigungsmaterialien

8.4. Typengebundene Werkzeuge

Unter typengebundenen Werkzeugen versteht man die Werkzeuge, welche zur Verarbeitung nur einer speziellen Leiterplatte (oder sehr weniger nahezu gleichartiger) oder zur Verarbeitung eines Bauteils oder einer Bauteil-Familie benötigt werden, z.B.

> Stanzwerkzeuge für den Leiterplattenzuschnitt
>> *Lowcost-Leiterplatten werden häufig nicht durch fräsen sondern durch stanzen in die gewünschte Form gebracht (incl. Trennschlitze bei einer Nutzenkonstruktion). Das erfolgt zwar beim Leiterplattenhersteller, muss aber sowohl bei den Kosten- wie den Zeitkalkulationen mit bedacht werden.*

> Lotpastenschablone für den Pastendruck

> Lötrahmen für die Reflow-Löttechnik
>> *Heute auf modernen Anlagen nicht mehr verwendet, da damit der automatische Pastendruck erheblich erschwert wird. Um kleine und kleinste Leiterplatten sowie solche mit bizarrer Kontur verarbeiten zu können werden diese üblicherweise in Nutzen mit rechteckiger Außenkontur bestellt und angeliefert.*

> Kleberschablone zum Auftragen des SMD-Klebers (Chips für Wellenlöttechnik)

> Lötrahmen für die Wellenlöttechnik

> Einpresswerkzeug(e) für Steckverbinder

> Montagehilfen für mechanisch zu montierende Bauteile

> Testadapter für die elektrische Prüfung

Leistungsstarke Layout-Software erzeugt die Daten (Gerber-Format) für die Lotpastenschablone(n) automatisch zusammen mit den Datensätzen für die Leiterplatte. Diese Daten kann der Hersteller dann direkt verarbeiten. Einpresswerkzeuge bzw. die zugehörigen Konstruktionsunterlagen können in der Regel direkt vom Hersteller des Bauteils bezogen werden.
Für alle anderen genannten Werkzeuge müssen erst Konstruktionen auf der Basis der Dokumentation der zu fertigenden Leiterplattenbaugruppe erstellt werden.

Während bei Änderungen an den Leiterplatten (z.B. bei Neukonstruktionen aufgrund der Erkenntnisse einer Vorserie) die Chance besteht, Lötrahmen, Montagehilfen und Testadapter so umzubauen, dass sie weiter verwendet werden können, ist eine Änderung an Druckschablonen nur in Ausnahmefällen möglich.

8.5. Daten- bzw. Unterlagenverteilung, Arbeitspläne

Die verschiedenen Unterlagen und Daten, die beim CAD-Layout erzeugt werden, müssen verschiedenen Stellen der Fertigungskette zur Verfügung gestellt werden (Abb. 8.6). Es ist wichtig, die Informationen über das Fertigungsobjekt in einer angemessenen Form anzubieten. So ist es wenig sinnvoll, Bestückdaten für die Maschinen in gedruckter Form vorzulegen. Ob Zeichnungen als Datenfile am Arbeitsplatz sinnvoll sind oder ein Ausdruck vorzuziehen ist, hängt von der örtlichen Infrastruktur ab. In Tab. 8.2 ist eine Übersicht über typische Dokumentationen (Zeichnungen und Daten) und deren Zuordnung zu den einzelnen Gliedern der Fertigungskette dargestellt.

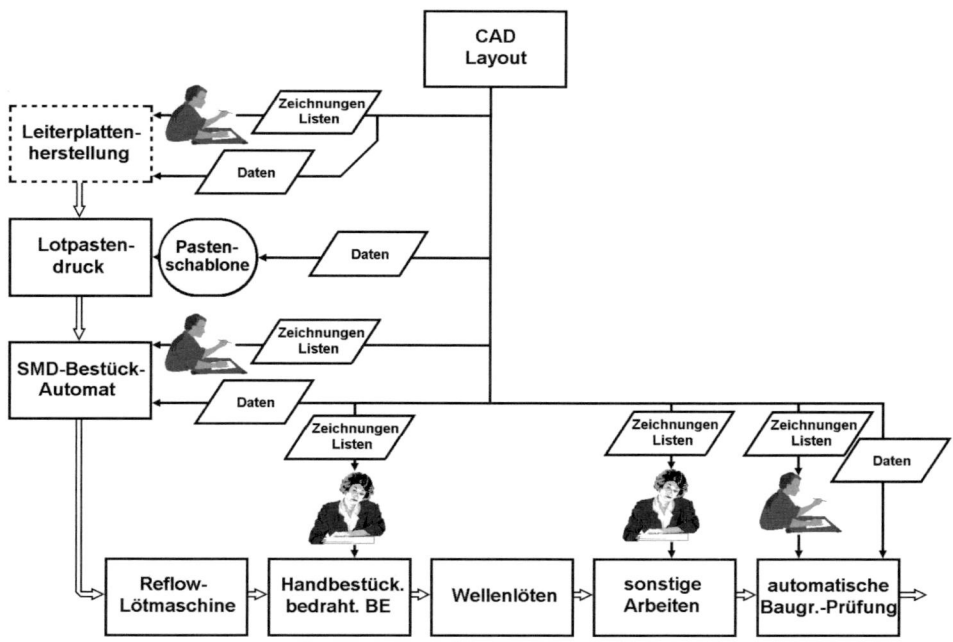

Abb. 8.6: Fertigungskette, Unterlagenbedarf und –verteilung

Die dargestellte Fertigungskette ist häufig auf mehrere Firmen aufgeteilt. Bis auf wenige Ausnahmen sind es Spezialfirmen, welche die Fertigung der Leiterplatten bzw. die der Lotpastenmasken ausführen. Gerber- und Excellon-Daten werden zur direkten Ansteuerung entsprechender Plotter bzw. zur Erstellung von Maschinenprogrammen benutzt.
Da insbesondere an Handbestückplätzen und bei ‚besonderen Arbeiten' fast ausschließlich ungelernte Arbeitskräfte eingesetzt werden, die in der Regel normgerechte Zeichnungen nicht lesen können, ist es notwendig, hierfür „Detail-" oder auch „Einfach-Unterlagen" zu erstellen.

Weiterhin gibt es gesetzlich (z.B. durch die Berufsgenossenschaft) vorgeschriebene Unterlagen, die firmenspezifisch erstellt werden müssen. Das ist z.B. der Fall wenn mit so genannten Gefahrstoffen gearbeitet werden muss.

Tab. 8.2: Technische Informationen: Inhalt, Art der Unterlagen und deren Verteilung:

Informationen über....	Art der Unterlage(n)	Nutzer der Unterlagen				
		Leiterplatten-Hersteller	Pastenmasken-Hersteller	Bestücker		
				Automaten-Programmierer	Handarbeitsplatz	Prüfung
LP Cu-Lagen	Gerber-Daten	ja	optional 1.)			
LP Lackschichten	Gerber-Daten	ja				
LP Bohrungen	Excellon-Daten	ja				
LP-Zuschnitt	Zeichnung	ja				
LP-Aufbau	Zeichnung	ja				
LP-Materialien	Liste	ja				
LP-Pastenmaske	Gerber-Daten		ja			
Bestückung	Daten: ASCII-Text			ja		optional
	Zeichnung			ja	Auszug 2.)	ja
Bauteile	Liste			ja	Auswahl 2.)	ja
Prüfung	Daten (ASCII)					ja 3.)
	Anweisung (Text)					ja 3.)

Bem.: 1.) gegebenenfalls Außenlagen zum Vergleich
  2.) gegebenenfalls durch Arbeitsvorbereitung „präparierte" Originale
  3.) z.B. in Form eines vorbereiteten Arbeitsplatzes

In den Abb. 8.7 ... 8.9 sind Auszüge aus typischen Datensätzen aufgezeigt. Alle drei können direkt in die Steuerungs-Software der entsprechenden Maschinen eingelesen werden, aber nur der Bestückdatensatz ist auch für den Bearbeiter direkt sinnvoll lesbar.

Abb. 8.7: Beispiel eines Gerber-Datensatzes (Auszug)

```
D10*X106177Y40910D02*Y41815D01*X96325Y40175D02*Y39624D01*X111579Y40910D02*Y4
1815D01*X97626Y37824D02*X97075D01*X96524D02*X97075D01*X96325Y39073D02*Y39624
D01*X96876D02*X96325D01*X95774D02*X96325D01*X97075Y37273D02*Y37824D01*X116969
Y34433D02*X115000D01*X117756Y35220D02*Y37189D01*X97075Y38375D02*Y37824D01*X4
1525Y27377D02*X41511Y27465D01*X41473Y27546*X41412Y27611*X41334Y27656*X41247Y2
7676*X41158Y27669*X41075Y27637*X41005Y27581*X40955Y27507*X40928Y27421*Y27332*X
40955Y27247*X41005Y27173*X41075Y27117*X41158Y27084*X41247Y27078*X41334Y27097*X
41412Y27142*X41473Y27208*X41511Y27288*X41525Y27377*X41322Y27446D02*X41263Y275
05D01*X41145*X41086Y27446*Y27328*X41145Y27269*X41263*X41322Y27328*X76086Y28069
D02*Y28423D01*X76263*X76322Y28364*Y28305*X76263Y28246*X76086*X76500Y28069D02*X
76441Y28128D01*Y28364*X76500Y28423*X76618*X76677Y28364*Y28128*X76618Y28069*X76
500*X76795Y28128D02*X76854Y28069D01*X76972*X77031Y28128*........................
```

Abb. 8.8: Beispiel eines Bestück-Datensatzes (Auszug)

```
EOR     INCH 1.0  0.0 0.0 0
  RM0101          PASSMARK.B   B90200   1    0.     7.186    11.3   TOP
  RM0201          PASSMARK.B   B90200   1    0.     8.580    2.971  TOP
  RM0301          PASSMARK.B   B90200   1    0.     8.574    11.30  TOP
  RM0401          PASSMARK.L   B90100   5    0.     7.186    11.3   BOTTOM
  RM0501          PASSMARK.L   B90100   5    0.     8.580    2.971  BOTTOM
  RM0601          PASSMARK.L   B90100   5    0.     8.574    11.30  BOTTOM
  A1              84511.45511  200000   5    180.   0.653    1.622  BOTTOM
  A2              84511.45510  200000   1    0.     2.103    1.943  TOP
  C1              42845.37610  A90100   6    180.   8.261    8.634  BOTTOM
  C10             42980.14410  A90100   6    180.   8.486    9.784  BOTTOM
  C11             42980.14410  A90100   6    180.   8.486    9.684  BOTTOM
  C12             42980.14410  A90100   6    180.   8.486    9.584  BOTTOM
  C13             42980.14410  A90100   6    180.   8.486    9.484  BOTTOM
  C14             42980.14410  A90100   6    180.   8.486    9.384  BOTTOM........
```

Abb. 8.9: Beispiel eines Prüfdatensatzes (Auszug)

```
   1A2       61         61      2KAKK     0       0
   2A2       68         68      2KAKK     0       0
   3A2       69         69      2KAKK     0       0
   4A2       81         81      2KAKK     0       0
   5A2       6          6       2KAKK     0       0
   6A2       9          9       2KAKK     0       0
   7R1       1          1       0KA       0       0
   8A2       19         19      2KAKK     0       0
  11A2       25         25      2KAKK     0       0
  12W3       1          1       KAKK      0       0
  13X42212   A22        A22     2KAKK     0       0
  14X42212   B22        B22     2KAKK     0       0
  15X42212   C22        C22     2KAKK     0       0
  17A2       40         40      2KAKK     0       0
  18X42201   A5         A5      1KAKK     0       0
  19A2       36         36      2KAKK     0       0
  20X42201   A30        A30     1KAKK     0       0
  21X42212   C30        C30     2KAKK     0       0
  22A2       39         39      2KAKK     0       0...................
```

9. Leiterplatten-Layout – allgemeine Voraussetzung

Es gibt eine große Bandbreite von Leiterplatten, sowohl was Abmessungen als auch Lagenzahl, Aufbaumethoden, zu verarbeitender Bauteile usw. angeht. So groß auch die Vielfalt ist: es lassen sich viele Einzeldaten in bestimmten Gruppen zusammenfassen. Weiterhin gibt es zwar viele verschiedene Bauteile, aber andererseits ist die Zahl der verschiedenen Gehäuse begrenzt (siehe Kapitel 4). Auch hier lassen sich übergreifende Kategorien definieren, die letztlich wieder auf alle Leiterplattentypen angewendet werden. Daher sollen in diesem Kapitel die katalogisierbaren allgemeingültigen Aspekte aufgezeigt werden.

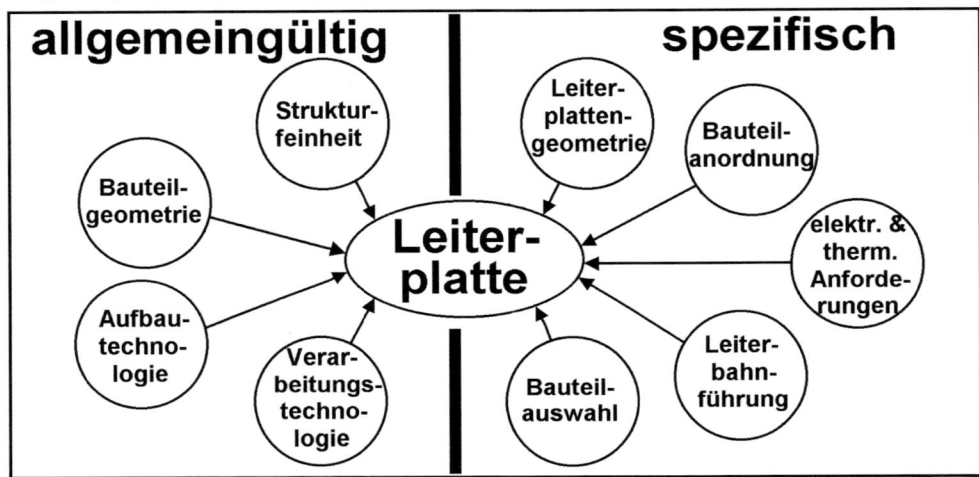

Abb. 9.1: Einflussgrößen für das Layout von Leiterplatten

9.1 Definition prozessrelevanter Parameter

9.1.1 Feinheit der Struktur

Bei der Herstellung von Leiterplatten wurden in den letzten Jahren erhebliche Fortschritte gemacht was die Feinheit herstellbarer Strukturen angeht. Aber dabei darf nicht nur die Breite einzelner Leitungen betrachtet werden. Vielmehr müssen alle relevanten Teilaspekte sinnvoll aufeinander abgestimmt sein. Dazu gibt es in der Normung des Alcatel-Konzerns [9.1], die sich an marktüblichen Werten orientiert und hier als Beispiel dienen soll, eine Einstufung nach der so genannten Density-Klasse (density = Dichte). Die **feinste (Teil-)Struktur** auf einer Lage bestimmt deren Density. Die Einstufungen einzelner Lagen der Leiterplatte können von einander abweichen. Es ist leicht verständlich, dass mit steigender Density, d.h. steigenden technologischen Anforderungen, auch der Aufwand und damit die Kosten für die Herstellung steigen. Tabelle 9.1 zeigt die Nominalwerte = Layoutdaten und auch die zugehörigen Toleranzfelder. Bei den heutigen Möglichkeiten der Datentechnik kann man allerdings davon ausgehen, dass insbesondere bei feinsten Strukturen dem Leiterplattenhersteller angelieferten Layout-Daten so manipuliert werden, dass fertigungsbedingte Maßänderungen durch Vorverzerrung weitgehend ausgeglichen werden. Dementsprechend sind die zulässigen Toleranzen der Maßabweichungen festgelegt.

Tab. 9.1: Klassifizierung der Leiterplattenstruktur

Machbarkeit (Stand 2006)		Industrie-Standard			Feinleiter	Feinstleiter	
Beispiel einer Industrie-Norm (Alcatel) Density-Klasse		4	5	6	7	8	9
Leiterbreite (w)		≥ 300 µm	≥ 200 µm	≥ 150 µm	≥ 120 µm	≥ 100 µm	≥ 80 µm 4.)
Abstände (d) Leiterzug-Leiterzug bzw. Leiterzug-Pad 1.)		≥ 300 µm	≥ 200 µm	≥ 150 µm	≥ 120 µm	≥ 100 µm	≥ 80 µm 4.)
Abstände Pad ↔ Pad bzw. Pad ↔ Via-Pad bzw. Via-Pad ↔ Via-Pad 1.), 2.)		≥ 300 µm	≥ 200 µm	≥ 200 µm	≥ 200 µm	≥ 200 µm	≥ 200 µm
Dicke der verwendeten Kupferfolie	außen	17 / 35 / 70 µm	17 / 35 µm	17 µm	17 µm	9 – 17 µm	9 µm
	innen 3.)	17 / 35 / 70 µm	17 / 35 µm	17 / 35 µm	17 / 35 µm	9 – 17 µm	9 µm
zulässige Maßabweichung Kupferfläche gegen Layoutdaten bei einer Kupferfoliendicke von ..	< 17µm	n.a.	n.a.	n.a.	± 20 µm	± 20 µm	± 15 µm
	17 µm	± 60 µm	± 40 µm	± 35 µm	± 30 µm	± 20 µm	n.a.
	35 µm	± 80 µm	± 80 µm	± 40 µm	± 35 µm	n.a.	n.a.
	70 µm	± 150 µm	n.a.	n.a.	n.a.	n.a.	n.a.
zulässige Maßabweichung Kupferfläche geg. Layoutdaten für Pads ≤ 300µm		± 20 µm					
Spalt zwischen Lötauge und Rand d. Lötstopplacks		100 µm	75 µm	75 µm	60 µm	50 µm	40 µm
Oberflächensysteme	HAL	ja	bedingt	nein			
	chem. Sn chem. Ag chem. Ni/Au	ja					
	OSP	ja					

Bem.: n.a. nicht anwendbar
„Pad" (nicht lackbedeckte) Metallfläche zum Auflöten von z.B. SMDs
„Via-Pad" Kupferfläche in welche eine Durchgangs- oder Sacklochbohrung zur Durchkontaktierung eingebracht ist.

1.) Höhere Mindestwerte aufgrund Anforderungen z.B. wegen Kriechspannungsfestigkeit sind auf jeden Fall zu berücksichtigen.

2.) Bei Applikationen wie Pad-Via-Verbindung für BGA-Anwendungen, bei denen das Pad des Via mit Lack abgedeckt wird, kann der Abstand auf 150 bzw. 100 μm (Klassen 8 und 9) verringert werden

3.) Bei partieller Durchkontaktierung, d.h. galvanischem Auftrag von Kupfer auf diesen Flächen, sind Folien entsprechend der Angaben für die Außenschichten anzuwenden.

4.) Bei Spezialisten auch noch kleinere Werte realisierbar.

Aus der Tabelle ist auch abzulesen, dass die Anwendung metallischer Oberflächen auf Leiterplatten von der Feinheit der Struktur anhängig gemacht wird. Das ist leicht zu erklären: man wird Strukturen mit Leiterbreiten von nur 200 μm oder weniger kaum für die relativ grobe bedrahtete Technik oder die ICs der Anfänge der SMT (SO-Gehäuse mit einem Pitch von 1,27 mm) anwenden. So geringe Leiterbreiten bzw. –abstände werden benötigt wenn man z.B. QFP-Gehäuse mit einem Pitch von 0,5 mm verwenden will. Dann aber sollte man auch eine plane Oberfläche haben, um einen sauberen Lotpastendruck gewährleisten zu können. Damit kommen dann fast nur noch die chemisch aufgebrachten Oberflächensysteme in Frage.

Bei der Festlegung von Leiterabständen und Leiterbreiten im Detail, d.h. oft nur an begrenzten Stellen einer Leiterplatte, sind aber noch mehr Aspekte, die zudem eine relativ klare Hierarchie aufweisen, zu berücksichtigen. Insbesondere die Sicherheitsaspekte werden noch an entsprechender Stelle detaillierter dargestellt.

Tab. 9.2: Layout-Prioritäten-Regel

(lokaler) minimaler Leiterabstand	Priorität	(lokale) minimale Leiterbreite
Sicherheitsanforderungen z.B. wegen hoher Spannungen (vgl. z.B. EN 60950-1)	1	**Sicherheitsanforderungen** z.B. wegen Strombelastung
Layoutforderungen z.B. Dichte der Leitungsführung	2	**Layoutforderungen** und **Fertigungsanforderungen** (meist aus Leiterplattenfertigung)
Formalismen wie Klassifizierung der LP-Struktur ➔Aufwand zur Realisierung	3	**Formalismen wie Klassifizierung der LP-Struktur** ➔Aufwand zur Realisierung

9.1.2 Pad und Bohrung

9.1.2.1 grundlegende Dimensionierung

Bohrungen in Leiterplatten werden aus drei Gründen benötigt:

a) zum Einstecken von bedrahteten Bauteilen

b) zur Durchkontaktierung (auch mit a) kombiniert)

c) zum Befestigen von Bauteilen und/oder der Leiterplatte (metallisiert und nicht metallisiert)

Tab. 9.3: Anforderungen an Pads und Bohrungen:

minimale Leiterbreite (w)		300 µm	200 µm	150 µm	120 µm	100 µm	80 µm
Industrie-Norm (Alcatel) Density:		4	5	6	7	8	9
Pad-Durchmesser für nicht durchkontaktierte Bohrung		B + 1mm 1.)		n.a.	n.a.	n.a.	n.a.
Pad-Durchmesser durchkontaktierte Bohrungen für den Einbau bedrahteter Bauteile	außen	B + 0,6 mm		B + 0,5 mm		B + 0,45 mm	B + 0,4 mm
	innen	B + 0,75 mm		B + 0,55 mm		B + 0,5 mm	B + 0,45 mm
Empfehlung: Pad-Durchmesser (außen) für Bohrungen B > 1 mm für den Einbau bedrahteter Bauteile		1,7 * B		1,6 * B		1,5 * B	1,4 * B
'Via-Hole' = Durchkontaktierung ohne Einbau eines bedrahteten Bauteils 2.)	Pad-∅, außen	1,2 mm	0,85 mm	0,65 mm	0,65 mm	0,6 mm	0,5 mm
	Pad-∅, innen	1,3 mm	0,9 mm	0,65 mm	0,6 mm 3.)	0,6 mm 3.)	0,5 mm 3.)
	Bohrungs-∅ 4.)	≤ 0,6 mm	≤ 0,4 mm	≤ 0,3 mm			

Bem.: n.a. nicht anwendbar

B Minimalwert Lochdurchmesser des fertigen Lochs = Definitionsmaß, incl. galvanischem Kupfer-Auftrages und metallischer Oberfläche (vgl. Kap. 3.6)

1.) Empfehlung: 2 * B, mindestens B + 1,0 mm

2.) Land-Bohrungs-Kombination nur für Durchkontaktierungen mehrerer Ebenen untereinander

3.) Auge in Form des „Teardrop" oder „Snowman" verwenden

4.) Lochdurchmesser des fertigen Lochs, d.h. incl. galvanischem Kupfer-Auftrages und metallischer Oberfläche (vgl. Kap. 3.6)

Um immer eine genügend sichere Ankontaktierung gewährleisten zu können, müssen die Pads ein Übermaß bezogen auf die Bohrung aufweisen. Das geforderte Minimum für diese Maßdifferenz wird wiederum von der Feinheit der Leiterplattenstruktur (Density) abhängig gemacht. Zusätzlich sind aber noch andere Maßnahmen zu ergreifen bzw. andere Layout-Varianten erlauben in gewissen Grenzen sogar ein Unterschreiten der Minimalwerte. Die in der Tabelle 9.3 dargestellten Werte lehnen sich an die internen Normen des Alcatel-Konzerns an und spiegeln einen mittleren Industrie-Standard wieder (Stand ca. 2006). Es gibt aber durchaus Hersteller auf dem Markt, die auch bei geringeren Abmessungen der Pads noch sichere Ankontaktierungen und gute Stabilität der Leiterplatten garantieren (siehe auch [3.1]).

Die Durchmesser der Bohrungen für ein bedrahtetes Bauteil orientieren sich am Durchmesser der Anschlussdrähte des Bauteils. Bei flachen Beinchen statt runder Drähte (z.B. DIL-Gehäuse) ist der Umkreis des Beinchens statt des Drahtdurchmessers als Rechengröße zu benutzen. Die Bohrung muss einerseits groß genug sein, um genügend Platz für den Draht oder das Beinchen zu bieten, andererseits sollte sie nicht zu groß sein, um eine gewisse Kapillarwirkung auf das aufsteigende Lot zu haben. Diese Kapillarwirkung bewirkt zunächst das Aufsteigen des Lotes in der Bohrung

und verhindert dann ein zu starkes Zurücksinken des noch flüssigen Lotes zwischen Austritt aus der Welle und dem Erstarrung (siehe Darstellung in Kapitel 6).
Für die Dimensionierung von Bohrungen gelten folgende Anhaltswerte:

Tab. 9.4: Draht- und Bohrungsdurchmesser

Draht-Durchmesser bzw. Durchmesser des Umkreises	Nennwerte des Bohrungsdurchmessers (Toleranz = + 0,15 mm)
≤ 0,55 mm	0,8 mm
0,56 - 0,71 mm	0,9 bzw. 0,95 mm
0,72 - 0,85 mm	1,05 mm
0,86 - 1,0 mm	1,20 mm
1,01 - 1,2 mm	1,40 mm
1,21 - 1,4 mm	1,60 mm
1,41 - 1,6 mm usw.	1,80 mm usw.

Im Interesse einer sicheren Produktion sollte man nicht ohne Grund und nicht all zu sehr von den oben angegebenen Wertekombinationen abweichen. Die Abstände des Lötstopplackfensters (Übermaße) sind in Tabelle 9.1 dargestellt.
Noch ein Hinweis zur Dimensionierung von Lötaugen, insbesondere für größere Bohrungen:
Vielfach findet man Bohrungen für größere Bauteile mit Bohrungen von 2 mm Durchmesser oder mehr mit der auch für die kleinsten Bohrungen geltenden Differenz von ca. 0,6 mm zwischen Bohrung und Augendurchmesser. Aus Stabilitätsgründen (Belastung insbesondere im Fall einer Reparatur) sollte man bei größeren Bohrungen auch ein entsprechend größeres Auge vorsehen – siehe Empfehlung in Tabelle 9.3. Im Umfeld solch großer Bohrungen ist meist ohnehin genügend Platz vorhanden.

9.1.2.2 Besonderheiten der Bohrung-Pad-Kombination

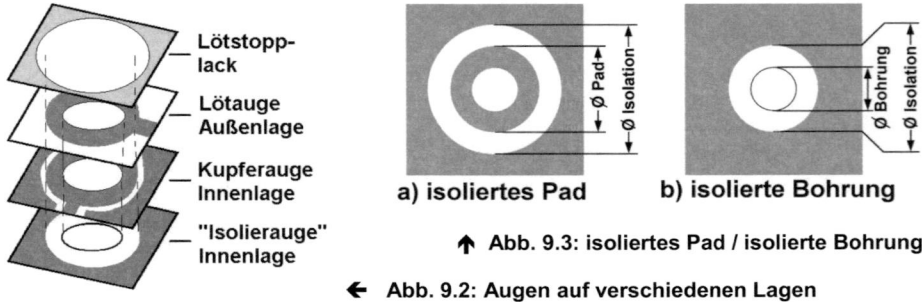

a) isoliertes Pad   b) isolierte Bohrung

↑ Abb. 9.3: isoliertes Pad / isolierte Bohrung

← Abb. 9.2: Augen auf verschiedenen Lagen

Bei durchkontaktierten Bohrungen können bei einer Bohrung durchaus ganz normale Pads mit Anbindung von Leitungen, Pads eingebettet in ganzflächige Kupferlagen (mit Leitung und isoliert) und Lagen in denen keine Kupfer-Anbindung an die Bohrung stattfindet vorkommen. Liegt die Bohrung in einem Pad, dann ist dieses entsprechend der Tabellen 9.1 bzw. 9.4 zu bemessen, ganz gleich wie die Umgebung aussieht (Abb. 9.2 und 9.3). Wird dagegen die Bohrung ohne Kupferpad durch

eine Lage hindurchgeführt, dann sollte die Isolierfläche wie ein invertiertes Pad betrachtet werden (Abb. 9.3). Das heißt, dass der Durchmesser der Isolation so dimensioniert wird, als wenn es sich um ein isoliertes Pad auf der gleichen Lage handeln würde.
Bei feinen und feinsten Strukturen sollte das Pad an einer Bohrung von der runden Form abweichen um eine ausreichende Produktionssicherheit zu erreichen (Abb. 9.4). Die Pad-Verlängerung in Richtung der ankontaktierenden Leitung vergrößert bei Lageabweichungen der Bohrung die Ankontaktierungsfläche und vermindert somit das Fehler-Risiko (Abb. 9.5 und 9.6).

Abb. 9.4: **Pad-Vergrößerung (pad-enlargement)** (Grafik: Andus)

Abb. 9.5: **Bohrung mit und ohne Versatz in kleinem Pad ohne Vergrößerung** (Grafik: Andus)

Abb. 9.6: **Bohrung mit und ohne Versatz in kleinem Pad mit Vergrößerung** (Grafik: Andus)

9.1.3   Lötstopplack

Der Lötstopplack soll das unbeabsichtigte Verzinnen von Leitungsteilen und damit auch Kurzschlüsse vor allem nahe an Bauteilanschlüssen verhindern. Weiterhin verhindert eine Lötstopplack-Barriere den Abfluss von aus Lotpaste geschmolzenem Lötzinn in benachbarte Durchkontaktierungen. Darüber hinaus bildet er auch noch einen mechanischen Schutz der Leiterzüge insbesondere bei Verwendung sehr dünner Kupfer-Folien.
Bei der Auswahl des Lötstopplack-Typs sollten folgende Randbedingungen auch beachtet werden:
> Verträglichkeit mit der metallischen Oberfläche (hier besonders chem. Ni/Au beachten)
> Verträglichkeit mit den eingesetzten Flussmitteln (z.B. Thema Lotkugelbildung)

Zur Dimensionierung von Lackflächen sind zu beachten:
- a) Lötstopplack vor dem Aufbringen der metallischen Oberfläche anwenden (ansonsten → z.B. Bildung von Orangenhaut, vgl. Kapitel 4).
- b) min. 0,1 mm Überhang des Lötstopplacks über die Kante einer abzudeckenden Kupferfläche vorsehen, sonst besteht Gefahr des Abbruchs der Lack-Kante (siehe Abb. 9.7)
- c) Lackstege mindestens 0,3 mm breit ausführen, ansonsten besteht die Gefahr dass die schmalen Stege brechen (siehe Abb. 9.9).
- d) Spalt zwischen SMD-Pad bzw. Auge um Bohrung und Rand der Lackschicht entsprechend der Klassifizierung der Leiterplattenstruktur (siehe Abb. 9.10, Werte siehe Tab. 9.1) dimensionieren – Vorhalt für Lackversatz im Prozess (siehe auch Abschnitt „Fehler" im Kapitel 3).
- e) Abstand zu mechanisch zu bearbeitenden Rändern, die nach dem Aufbringen des Lacks bearbeitet werden (Fräskontur, Bohrungen, siehe Abb. 9.8), halten, sonst → Gefahr des Absplitterns der Ränder.
- f) Um schlecht lokalisierbare Lotbrücken zu vermeiden, können unter Bauteilen ‚versteckte' bzw. an fertigungstechnisch kritischen Stellen befindliche Durchkontaktierungen vorsichtshalber zumindest teilweise mit Lötstopplack abgedeckt werden (siehe Abb. 9.10, rechts mit Pfeil). Dabei sollte ein vollständiger Verschluss aber nicht (nur) mit einer Lackschicht erfolgen da dadurch nicht polymerisierter Lack in der Bohrung verbleiben kann und dadurch Probleme beim Löten und der Langzeit-Zuverlässigkeit provoziert werden (Abb. 9.11). Aus Produktionssicht akzeptable Methoden siehe Abb. 9.12 – 9.14.

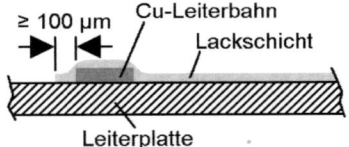

↑ Abb. 9.7: Lacküberhang

Abb. 9.8: → Lackschicht mit Abstand zu Fräsrändern und nach dem Lackieren zu bohrenden Löchern.

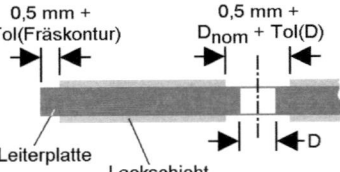

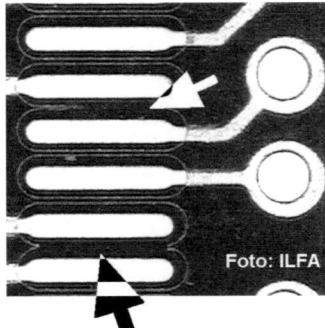

Abb. 9.9:
zu schmale Lackstege, teilweise weggebrochen, im Layout Lacksteg ca. 70 µm breit, Bruchstücke vagabundieren und finden sich z.T. in den Lötstellen wieder.

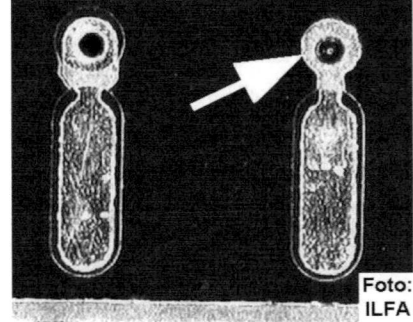

Abb. 9.10:
Spalt zwischen Lack und Pad, Lackbarriere zwischen Lötpad und Via-Pad (links), mit Lack abgedecktes Via-Pad (rechts mit Pfeil).

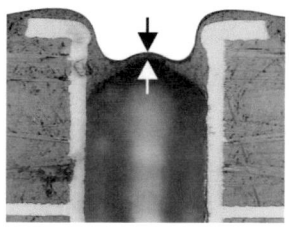

← **Abb. 9.11:**
nicht gefülltes Via mit sehr dünner (wenige µm) Lackhaut abgedeckt.
Im eingeschlossenen Hohlraum des Vias können sich unkontrolliert Rückstände des nicht polymerisierten Lackes anlagern, die beim Löten „verkokeln" oder gar „explodieren" können.

(Foto: Greule)

Produktionssichere Methoden zum Schutz von Vias gegen Belotung:

  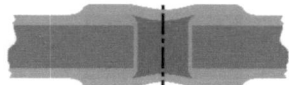

Abb. 9.12:
„Loch" im Lack etwas größer als Bohrdurchmesser.

Abb. 9.13:
Via mit Kupfer abdecken („pluggen')

Abb. 9.14:
Via vor dem Lackieren mit Spezialmaterial verfüllen.

9.1.4. Kennzeichnungsdruck

Abb. 9.15: →
Bestückungsdruck: Bauteilkonturen und Symbolik und Bauteilbezeichnungen.
Letztere verschwinden beim Beispiel (Bildmitte) z.T. unter den Bauteilen – ist das sinnvoll ?

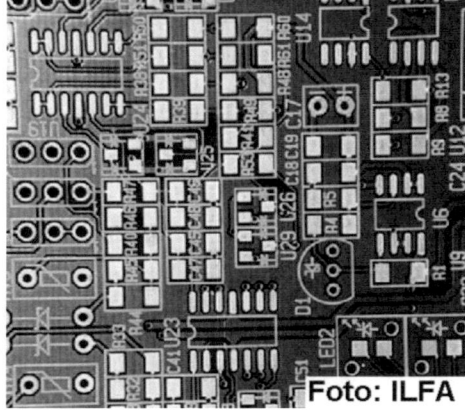

← **Abb. 9.16:**
Bestückungsdruck Einzelheit

Abb. 9.17: →
Bestückungsdruck bedeckt teilweise das Lötpad. Das ist regelwidrig ! (Qualität!)
(Fotos: ILFA)

In manchen Fällen wird ein Kennzeichnungsdruck vorgesehen. Hierdurch können sowohl Layout- bzw. Ausgabeinformationen zur Leiterplatte als auch Bauteilbezeichnungen usw. aufgebracht werden. Dabei sollte auf ein sinnvolles Layout geachtet werden:

> Bestückungsdruck sollte auch nach dem Bestücken noch lesbar sein, insbesondere bei Maschinenbestückung ist er ansonsten wenig von Nutzen (Abb. 9.15 und 9.16)

- Lötpads dürfen nicht bedruckt sein (Abb. 9.17) ⇒ Layout- und Fertigungsfehler
- Bestückungsdruck nur anwenden wenn dadurch Vorteile erzielt werden

Negativaspekte:
- Kosten für Druck,
- Verformung der Leiterplatten in heißem Trocknungs-Prozess (siehe [9.4])

9.1.5 Technologische Anforderung als Auswahlkriterium

Die dargestellte Klassifikation der Leiterplattenstruktur wird erheblich durch die Auswahl der Bauteile beeinflusst. Dazu kommen noch zusätzliche Anforderungen auf Grund der Leitungsführung. Im Folgenden sollen die als Konsequenz daraus sich ergebenden Minimalwerte für einige Standard-Bauteile aufgezeigt werden:

Tab. 9.5: Layoutdetails und sich ergebende Anforderungen an die Struktur

feinstes Layout-Detail	ausreichende Feinheit der Struktur
IC im SO-Gehäuse (LP = 1,27 mm), keine Leitungsdurchführung zwischen den Pads	d bzw. w = 300 µm (Alcatel: Density ≥ 4)
IC im SO-Gehäuse (LP = 1,27 mm), 1 Leitung zwischen zwei Pads hindurchgeführt	d bzw. w = 200 µm (Alcatel: Density ≥ 5)
IC im SO-Gehäuse (LP = 1,27 mm), 2 Leitungen zwischen zwei Pads hindurchgeführt *(schon problematisch wg. mangelnder Stabilität der Lackschicht)*	d bzw. w = 120 µm (Alcatel: Density ≥ 7)
IC mit Gullwings und Pitch = 0,5 mm (TSSOP, QFP o.ä.)	d bzw. w = 150 µm (Alcatel: Density ≥ 6)
BGA mit Pitch = 1,5 Anbindung per „Hundeknochen"	d bzw. w = 150 µm (Alcatel: Density ≥ 6)
BGA mit Pitch = 1,0 Anbindung per „Hundeknochen"	d bzw. w = 120 µm (knapp) (Alcatel: Density ≥ 7)

9.2 Symbol-Bibliothek

9.2.1 Sinn einer Bibliothek, Aufbau & Struktur

Betrachtet man die einzelnen Elemente, die sich auf einer Leiterplatte wiederfinden, dann erkennt man, dass sich offenbar gleiche und auch ähnliche Elemente vielfach wiederholen. Das gleiche gilt auch für eine Bestückzeichnung. Was also liegt näher, als die sich wiederholenden Elemente in einer Bibliothek zusammenzustellen und bei Bedarf einzusetzen. Diese Methode hat man schon vor Jahrzehnten in modifizierter Form benutzt. Damals wurden Leiterplatten durch Aufkleben von schwarz gefärbten Klebepunkten und –bändern auf transparente Träger layoutet. Und schon damals gab es „Bibliothekssymbole", z.B. eine komplette Punkteanordnung für DIL-Gehäuse als ein selbstklebendes bedrucktes Stück transparente Folie.

Heute werden Leiterplatten (fast) ausschließlich mit Hilfe von grafisch orientierten Programmen erstellt. Diese unterstützen alle den Bibliotheksgedanken. Eine Bibliothek lebt von ihrer Vollständigkeit und ihrer Übersicht, letztere wird umso wichtiger, je mehr Elemente enthalten sind. Die einfachste Variante einer Bibliothek, die nur die Layout-Elemente enthält, spiegelt die Vielfalt der Bauteilgehäuse (vgl. Kapitel 4) wieder, nicht aber unbedingt die Vielfalt der Bauteil(ewerte). Beim Blick auf ein Layout kann man z.B. das SOT-23-Gehäuse erkennen, nicht aber welcher Transistor oder welche Diode darin enthalten ist. Es gibt aber auch komplexere CAD-Systeme, welche dem Bauteil seine elektrische Beschreibung, sein Schaltsymbol für das Schaltbild, sein Gehäuse und auch noch ein Symbol für die Bestückzeichnung zuordnen. Das Gehäuse, vielfach für verschiedene Bauteile benutzt, ist dann in einer weiteren Bibliothek zusammen mit den zum Gehäuse gehörigen layoutrelevanten Daten abgelegt.

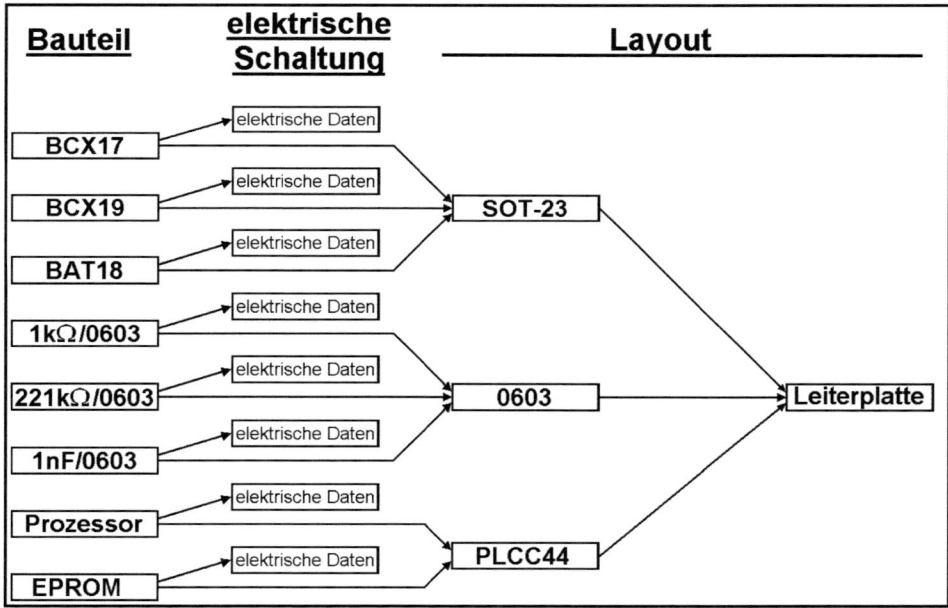

Abb. 9.18: Bauteil-Unterschiede und Zusammenfassung gleicher Elemente

Im Rahmen des hier zu behandelnden Themas beschränken wir uns nur auf den Anteil einer Bibliothek der sich auch im Leiterplatten-Layout wiederfindet.
Bei allem gilt es die Übersicht zu wahren. Dem kommt entgegen, dass die Bauteilgehäuse inzwischen zu einem erheblichen Teil, zumindest was die Anzahl der auf Leiterplatten eingebauten Bauteile angeht, genormt sind. Es bietet sich daher an, dass sich die genormte Bauteilbezeichnung in den vergebenen Namen wiederfindet – sofern es die Software zulässt.
Warnend sei darauf hingewiesen, dass insbesondere bei den modernen IC-Gehäusen bei gleichem Namen layoutrelevante Varianten existieren: z.B. „SSOPnn" mit verschiedenen Abständen der Beinchenreihen und / oder Pitches.

9.2.2 Elemente der Bibliothekssymbole

Die Informationen, die einem Bauteil zuzuordnen sind, lassen sich in Form verschiedener Schichten darstellen, Schichten, die sich zum Teil im wahrsten Sinne des Worte (a, c und d) auf der Leiterplatte wiederfinden:

- a) Kupfer-Flächen (Pads)
- b) Bohrungen für THT-Bauteile
- c) Sperrflächen für Kupfer
   (hier dürfen zur Vermeidung von Problemen keine Leitungen usw. liegen)
- d) Lötstopplack-Flächen
- e) Flächen für die Lotpaste
- f) Sperrflächen zur Prozessabsicherung
- g) Sperrflächen für andere Bauteile
   (z.B. wg. Platzbedarf für Steckerverriegelungshebel)
- h) Freiräume / Bohrungen für Befestigungselemente

Den folgenden Darstellungen liegt zum einen die Normung des Alcatel Konzerns [9.2] zugrunde, zum anderen sind für SMT Daten aus IPC-SM-782 ([9.3], auch [9.10] beachten) angegeben. Bei Alcatel gibt es umfangreiche Berechnungsformeln für alle Geometriedaten. Diese haben sich inzwischen auch bei Verwendung bleifreier Lote bewährt, wobei auch Berichte anderer Quellen bestätigen, dass ein ‚robustes Layout' für die herkömmliche Technik bei bleifreiem Löten keine Probleme aufwirft [9.15]. Die angesprochenen Formeln sind mathematische Beschreibung von Erfahrungswerten aus vielen Versuchen und langjähriger praktischer Tätigkeit und nicht zu vergleichen mit den Berechnungen, die sich zum Beispiel aus feldtheoretischen Ansätzen in der Elektrotechnik ergeben.

Die IPC enthält umfangreiche Tabellen mit Abmessungen. Auch bei vielen Herstellern gibt es zur SMT solche Tabellen, namentlich seien Siemens [9.7] und Philips [9.6] erwähnt – wobei keine Informationen über die Tauglichkeit für die Bleifrei-Technik vorliegen. Alcatel und IPC machen auch Angaben zu den Abständen zwischen Bauteilen die über die Forderungen der Density-Klassifikation hinausgehen. Deren Notwendigkeit zeigt Abb. 9.19. Diese Daten fehlen bei anderen Quellen. Angaben zum Wellenlöten finden sich bei Alcatel und Philips. Alle Angaben sollten immer kritisch im Vergleich zu den auf den physikalischen Grundlagen beruhenden Anforderungen in Tab. 9.2, 9.14 und 9.15 betrachtet werden. Die Auswirkung der Höhe auf das Lötverhalten der Bauteile sowie die Reparaturfähigkeit ist von umso größerer Bedeutung je höher das Bauteil ist und daher oft nicht zu vernachlässigen. Dieses zu berücksichtigen ist der Sinn hinter den zuvor aufgeführten Punkten e) und f).

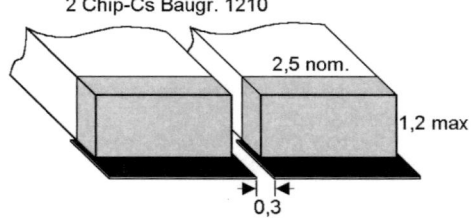

Abb. 9.19:
Zwei Keramik-Kondensatoren (Zeichnung: größenrichtige Darstellung mit Nominalwerten) mit Pad-Abstand = 0,3 mm (entsprechend der recht groben Density 4).
Der geringe Abstand wird eine merkliche Fehlerrate im Reflow-Verfahren und eine fast 100%ige Lötbrückenbildung im Wellenlötverfahren erzeugen.

**Bei allen Betrachtungen gilt immer und ohne Einschränkung
die Prioritätenregel nach Tabelle 9.2.**

Im Folgenden werden die in den Tab. 9.6 bis 9.8 dargestellten Bezeichnungen für Abmessungen benutzt:

Tab. 9.6: geometrischen Daten der Bauteilgehäuse

Zeichen	Detail	Erklärung
BTB =	Bauteil-Breite	bei SMDs über die Anschlüsse hinweg
BTGB =	Bauteilgehäuse-Breite	bei Anschlusstyp „GW" die Länge des eigentlichen Gehäuses ohne Beinchen, bei Chip-Bauteilen gilt BTB = BTGB
BTL =	Bauteil-Länge	bei SMDs mit Anschlüssen an allen 4 Kanten: über die Anschlüsse hinweg
BTGL =	Bauteilgehäuse-Länge	
BTH =	Bauteilgehäuse-Höhe	
AL =	Anschluss-Länge	bei Anschlusstyp „GW" die Länge des Fußes der die Leiterplatte berührt, bei Chip-Bauteilen Typen „MA" und „AB" die Länge der Metallisierung o.ä.
AB =	Anschluss-Breite	Breite des Beinchen bzw. Fußes, beim Anschlusstyp „AB" Breite des Metallbandes, bei Chips ist AB = BTB = BTGB
AD =	Anschluss-Distanz	Abstand (unter dem Bauteil) zwischen den Anschlüssen, z.B. Abstand der Kappen-Metallisierungen bei einem KeKo
RM =	Rastermaß, auch (Lead-)Pitch genannt	regelmäßiger und durch die Bauteilkonstruktion festgelegter Abstand zwischen den Anschlüssen vielpoliger Bauteile
RA =	Reihenabstand	Abstand der Beinchenreihen z.B. bei DIL und „JL"

Tab. 9.7: Pads und Fenster

Zeichen	Detail	Erklärung
PL =	Pad-Länge	die Abmessungen des Kupfer-Pads die sich vom Gehäuse weg erstreckt
PB =	Pad-Breite	
PAY =	Pad-Abstand in y-Richtung	Abstand von Pads in Richtung von PL
PAX =	Pad-Abstand in x-Richtung	z.B. bei QFP- und PLCC-Gehäusen die senkrecht auf PAY stehende Abmessung
LAY =	2 * PL + PAY	Gesamtlänge über Pads, y-Richtung
LAX =	2 * PL + PAX	Gesamtlänge über Pads, x-Richtung
L(L) =	Länge des Lötstopplack-Fensters	Abmessung parallel zu PL
B(L) =	Breite des Lötstopplack-Fensters	Abmessung parallel zu PB
L(P) =	Länge des Lotpasten-Fensters	Abmessung parallel zu PL
B(P) =	Breite des Lotpasten-Fensters	Abmessung parallel zu PB

Tab. 9.8: Abstands-/Sperr-Zonen (Definition basierend auf Alcatel-Normung)

Zeichen	Detail	Erklärung
L(ABS) =	Länge der Abstandszone	Ausrichtung parallel zu PAY
B(ABS) =	Breite der Abstandszone	Ausrichtung parallel zu PAX
L(KL), B(KL) =	Sperrzone für Leiterzüge aller Art	mit bzw. ohne Lötstopplackabdeckung, Ausrichtung analog zu L(ABS), B(ABS)
L(KD), B(KD) =	Sperrzone für Durchkontaktierungen ohne Lötstopplack-Abdeckung	in dieser Zone dürfen weder die Bohrung noch die zugehörigen Pads liegen bzw. hineinragen, Ausrichtung analog zu L(ABS), B(ABS)

Die Zonen dienen der Berücksichtigung von Sicherheitsabständen zur Fehlervermeidung und der Zugänglichkeit für Reparaturfälle. Die Abstandszone umgibt in den meisten Fällen das Bauteil symmetrisch. Sie dient der Absicherung des Fertigungsprozesses bzw. ermöglicht den Zugang zur Reparatur an Bauteilen bzw. Lötstellen. Es gilt die Regel:

> „Abstandszone (Bauteil 1)" darf „Abstandszone (Bauteil 2)"
> berühren aber nicht überschneiden.

An dieser Stelle noch ein Warnhinweis:
Vorschläge von Bauteilherstellern sollte man als solches, d.h. als Vorschlag betrachten, aber nicht ungeprüft übernehmen. Auch bei weltbekannten großen Herstellern wurden schon elementare Dimensionierungsfehler entdeckt – selbst ein großer Name ist kein Garant für Richtigkeit.

9.2.3. Funktion der Sperrzonen

Die Sperrzonen (siehe 9.2.2) dienen der Prozesssicherheit:
- Verhinderung von Lotbrücken bzw. Kurzschlüssen
- Platz für Zugang eines Lötkolbens zum Nachlöten
- freie Sicht zur Lötstellenüberprüfung

Die Alcatel-Normung enthält eine formalisierte Berechnung für verschiedene Zonen (siehe Tab. 9.8), die bei der fertigen Baugruppe die Sicht auf die Lötstelle mit maximal 45°-Winkel gegen die Leiterplattenoberfläche sicherstellen soll und auch die spezifischen Eigenschaften von Lötwelle und Reflowlötung berücksichtigt. Der Abstand zweier Bauteile addiert sich (mindestens) aus den beiden sog. „Abstandszonen". IPC gibt im Rahmen einer Übersicht pauschale Mindest-Abstände zwischen den Pads benachbarter Bauteile an, ordnet aber in den Detail-Tabellen auch jedem Bauteil einen ‚grid placement courtyard' (entspricht der „Abstands-Zone") zu, alles allerdings nur für die Reflow-Technik.
Der Vorteil einer solchen Systematik ist, dass einmalig jedem Bauteil seine Zonen zugeordnet werden, d.h. diese integraler Bestandteil des zum Bauteil gehörigen Datensatzes sind. Definiert man Abstände entsprechend der erwähnten Übersicht in der IPC, dann ist dieses nicht so einfach zu programmieren sondern muss bei jedem Layout erneut Bauteil für Bauteil überprüft werden.
Die Sperrzonen für Leitungen und für Vias sind ebenfalls dem Bauteil bzw. seinem Bibliothekssymbol zugeordnet und werden in Abhängigkeit von den spezifischen Bauteileigenschaften (z.B. leitendes Gehäuse, Temperaturempfindlichkeit usw.) definiert. Die Einführung dieser Elemente

ermöglicht es dem Layouter, ohne spezielle Bauteilkenntnisse bzw. ohne bei jeder Anwendung alle Aspekte überprüfen zu müssen, dennoch ein sachgerechtes Layout zu erstellen.

Tab. 9.9: Abstände von Bauteil-Pads nach Übersicht in IPC-SM-782

Abstände Anschlusspads gegeneinander	Chip Längsseite	Chip Anschluss	bedrahtetes Bauteil	SOJ / PLCC	PLCC Gehäusekante
Chip Längsseite	1,0	1,0	1,5	1,5 a)	
Chip Anschluss		0,63	1,25	0,63	
bedrahtetes Bauteil			b)	1,5	
SOJ / PLCC				1,25	
PLCC Gehäusekante					2,5

Bemerkungen:
a) nicht explizit angegeben, aufgrund ähnlicher Randbedingungen wie zu bedrahtetem Bauteil
b) keine Angaben verfügbar

9.3. bedrahtete Technik (THT)

Bei den bedrahteten Bauteilen wird der Abstand der Anschlüsse RM meist in Vielfachen von „100 mil" = 2,54 mm angegeben. Das ist zwingend da anzuwenden, wo der Abstand konstruktiv vorgegeben ist (z.B. DIL- und PGA-Gehäuse).
Bei den folgenden Betrachtungen wird immer von manueller Verarbeitung der bedrahteten Bauteile ausgegangen. In lohnintensiven Fertigungen werden bedrahtete Bauteile heute nur noch in geringem Maße und in Form sehr spezieller und oft auch schwerer Bauteile verarbeitet, was den Maschineneinsatz zur Bestückung fast immer ausschließt. Bei der Fertigung in Billiglohnländern werden auch heute noch bedrahtete Bauteile in Geräten der Konsum-Elektronik in erheblichem Maße eingesetzt – dort aber aus Kostengründen von Hand verarbeitet.

9.3.1. Block- und Scheiben-Gehäuse, 2-polig

Die Werte für RM und den Durchmesser/Umkreis der Anschlüsse ergeben sich aus den Hersteller-Angaben des Bauteils. Pad- und Bohrungsdurchmesser siehe Tab. 9.3 und 9.4.

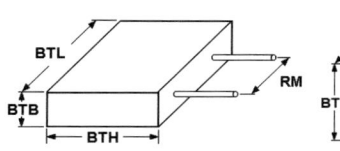
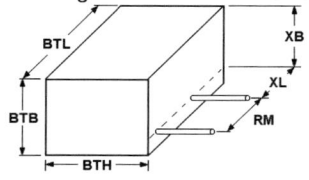
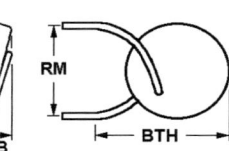

Abb. 9.20: Blockform, symmetrische Anschlussanordnung

Abb. 9.21: Blockform, asymmetrische Anschlussanordnung

Abb. 9.22: Scheibenform mit seitlich angesetzten Anschlüssen

Tab. 9.10: Layoutdimensionierung für radial bedrahtete Bauteile

	symmetrische Anschlussanordnung	asymmetrische Anschlussanordnung
L(ABS)	= BTLmax + 1,0 mm	= RM + 2 * XL + 1,0 mm (a)
B(ABS)	= BTBmax + 1,0 mm	= 2 * XB + 1,0 mm (b)
L(KL), B(KL)	Sperrzonen für Leiterzüge und Vias bei Bedarf definieren	
L(KD), B(KD)	Beim Einsatz von isolierenden Distanzhaltern / Isolierscheiben kann die Sperrzone auch bei Metallgehäusen entfallen.	

Hinweise:
a) Bei asymmetrischer Lage der Anschlüsse ist die Abstandszone dementsprechend anzuordnen. Ist der Einbau verdrehsicher, kann auch das Berechnungsprinzip für das symmetrische Bauteil sinnentsprechend angewandt werden. Ansonsten muss die Abstandszone vergrößert werden. Dabei ist XL der größere Abstand zwischen Anschluss und Gehäuse-Ende.
b) Bei asymmetrischer Lage der Anschlüsse ist die Abstandszone dementsprechend anzuordnen. Für Verdrehsicherheit bzw. Größe der Abstandszone gilt das bei a) geschriebene. XB ist der größere Abstand zwischen Anschluss und Gehäuse-Ende.

9.3.2. axiale Bauteile, 2-polig

Hier ergeben sich die Gehäuseabmessungen durch die Projektion des Gehäuses auf die Leiterplatte, d.h. bei zylindrischen Gehäusen gilt:

Tab. 9.11: Zuordnung der Abmessungen axial bedrahteter Bauteile

BTB = BTH =	Durchmesser
BTL =	Länge des (zylindrischen) Körpers
X =	Herausragelänge einer Quetschhülse oder einer Schweißstelle (im Bereich von X bzw. unmittelbar angrenzend daran darf der Anschluss nicht abgebogen werden)
RM	muss in Abhängigkeit verschiedener Parameter bestimmt werden (s. Tab. 9.11).

Die Durchmesser der Anschlussdrähte sind aus den Hersteller-Unterlagen des Bauteils zu ersehen. Pad- und Bohrungs-Durchmesser siehe Tab. 9.3 und 9.4. Die Bauteile werden meist auf der Leiterplatte aufliegend (engl. „flush mounted") eingebaut.

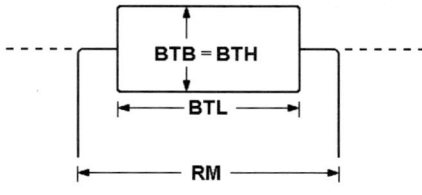

Abb. 9.23:
axial bedrahtetes Gehäuse ohne spezielle Anschluss-Formung (z.B. Widerstand), d.h. bei der Rechnung X = 0

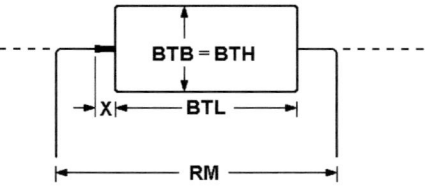

Abb. 9.24:
axial bedrahtetes Gehäuse mit einseitig in Hülse angequetschtem Anschluss (z.B. Aluminium-Elektrolytkondensator)

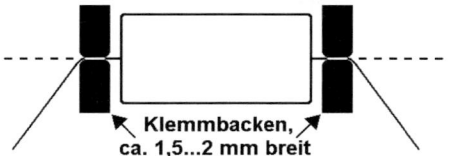

Abb. 9.25: Abbiegen axialer Anschlüsse

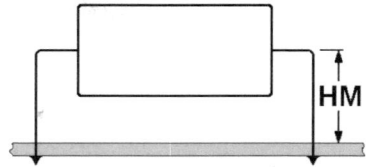

Abb. 9.26: heiß werdende Bauteile mit Abstand zur LP montieren

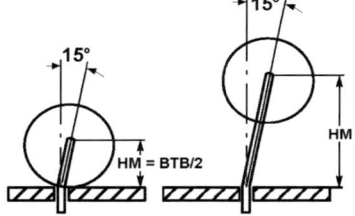

Abb. 9.27: Schrägstellung axial bedrahteter Bauteile

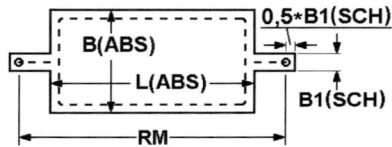

Abb. 9.28: Abstandszonen unter Berücksichtigung der Schrägstellung (vgl. Abb. 9.27)

Um das Bauteil mit seinen Anschlussdrähten in eine Leiterplatte einsetzen zu können, müssen diese üblicherweise rechtwinklig abgebogen werden (H-Biegung). Wenn die Bauteile gegurtet vorliegen, kann das maschinell erfolgen. Beim Abbiegen muss das Bauteil auf beiden Seiten zwischen Körper und Biegestelle durch zangenartige Klemmen fixiert werden (Abb. 9.25), d.h. ein entsprechender Abstand für den Werkzeugeinsatz ist zu berücksichtigen. Bei Leistungswiderständen z.B. muss man das Bauteil mit Abstand zur Leiterplatte einsetzen, um eine thermische Überlastung (Stichwort: „Glaspunkt") zu verhindern (Abb. 9.26). Liegend eingebaute axial bedrahtete Bauteile werden immer eine geringe Schräglage aufweisen können (Abb. 9.27). Das wird mittels des Berechnungsmaßes B1(ABS) berücksichtigt, was sinnvollerweise aus einem Grundbetrag und einem Anteil der Einbauhöhe besteht (siehe Tab. 9.12). Die Vorgabe ‚max. 15° Abweichung von der senkrechten Position' war bis zur Ausgabe B in IPC-A-610 enthalten, ist aber dann leider entfallen. Abb. 9.28 zeigt die Abstandszone für axial bedrahtete Bauteile. Dabei muss auch der Draht zwischen Bauteil und Lötstelle berücksichtigt werden, der aus Sicherheitsgründen von keinem anderen Bauteil berührt werden darf. Zusätzlich ist auch Abstand zu benachbarten Teilen zu halten, falls das betrachtete Bauteil durch die Verlustleistung sich selbst stark erwärmt.

Tab. 9.12: Layoutdimensionierung für axial bedrahtete Bauteile

	Anschluss-Draht-$\varnothing$ ≤ 0,8 mm	Anschluss-Draht-$\varnothing$ > 0,8 mm oder Glas-Gehäuse
RM	≥ BTLmax + 4,5 + X (a)	≥ BTLmax + 5,0 + X (a), (b)
L(ABS)	= BTLmax + 1,0 (c), (d)	
B(ABS)	= BTBmax + 1,0 + B1(ABS) (c), (d)	
B1(ABS)	= 1,27 + 0,2 * HM (e)	= 2,54 + 0,2 * HM (e)
L(KL), B(KL)	Sperrzonen für Leiterzüge und Vias bei Bedarf definieren	
L(KD), B(KD)		

Hinweise:
a) Üblicherweise wird das Maß auf das nächstgrößere ganzzahlige Vielfache von 2,54 mm hochgesetzt.
b) Vergrößerter Abstand wegen größerer Biegeradien durch den dickeren Draht bzw. größerem Abstand des Haltewerkzeuges zum Schutz bruchempfindlicher Glasgehäuse.
c) Abstandszone muss bei heiß werdenden Bauteilen vergrößert werden
d) Fläche zwischen den Anschlusspads ausmitteln bzw. einseitig um X/2 versetzt anordnen
e) HM wird = 0 gesetzt wenn das Bauteil auf der Leiterplatte aufliegt (vgl. Abb. 9.26 und Abb. 9.27). Der errechnete Wert wird üblicherweise auf das nächstgrößere ganzzahlige Vielfache von 1,27 mm gesetzt.

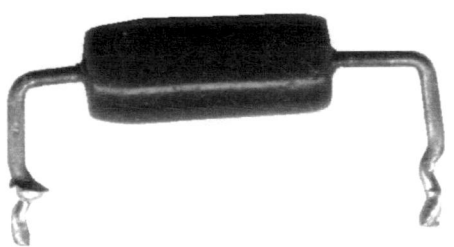 

Abb. 9.29:
Bedrahteter 2,5-Watt-Widerstand mit vorgebogenen Anschlussdrähten, die diesen bei der Montage mit ca. 5 mm Abstand zur Leiterplatte halten. Alternativ kann der Montageabstand durch über die Drähte gestülpten Röhrchen erreicht werden.

Abb. 9.30:
Bei diesem Elko mit angeschweißtem Anschlussdraht wurde der zusätzliche Abstand „X" nicht berücksichtigt. Als Folge davon tritt ein Bruch im Anschluss auf.

(Foto: IPC)

9.3.3. vielpolige Gehäuse

9.3.3.1. Steckverbinder, Schalter u.a. („Electromechanics")

Diese Bauteile haben meist eine der Block-Form angenäherte Bauform. Aufgrund der großen Vielfalt können hier nur einige allgemeine Regeln bzw. Hinweise zur Berechnung angegeben werden:

Tab. 9.13: Anhaltspunkte zur Layoutdimensionierung für diverse vielpolige bedrahtete Bauteile mit komplexen Gehäuseformen

Abmessung	Dimensionierung
BTL, BTB	ergeben sich analog den Block- bzw. axial bedrahteten Bauteilen durch Projektion des Gehäuses auf die Leiterplatte, dabei auch beliebige Abweichungen von der Rechteckform möglich
BTH	durch die Bauteil-Konstruktion vorgegebenes Maß, eventuell vergrößert durch einen erzwungenen Abstand > 0 zwischen Leiterplatte und Bauteil.

Tab. 9.13: Anhaltspunkte zur Layoutdimensionierung .... (Fortsetzung)

Abmessung	Dimensionierung
RM	Durch Bauteil-Konstruktion vorgegeben oder Abbiegung wie bei den axial bedrahteten Bauteilen aufgezeigt, wobei Raum für den Werkzeugzugriff (Klemmbacken o.ä.) vorgesehen werden muss.
Bohr-∅	**für Anschlussdrähte und zu verlötende Einschnapphalter:** wie bei den blockförmigen und axial bedrahteten Bauteilen beschrieben dimensionieren (Tab. 9.3 und 9.4)
Bohr-∅	**für Befestigungen ohne Kontaktierung:** nicht metallisierte Bohrungen mit typ. 10% größerem Durchmesser als der des Befestigungselementes vorsehen, Sperrflächen für Kupferbahnen und Bauteile zum Einbau von Muttern, Schraubenköpfe, Unterlegscheiben nicht vergessen.
L(ABS), B(ABS)	typisch: die durch **BTL** und **BTB** beschriebene Fläche mit zusätzlichem umlaufendem 0,5 mm breitem Rand, Ergänzung durch Platz z.B. für aufzusteckendes Gegenstück bei Steckverbindern oder bewegte Elemente bei Schaltern berücksichtigen
L(KL), B(KL), L(KD), B(KD)	**Sperrzonen für Leiterzüge und Vias** bei Bedarf definieren Beim Einsatz von isolierenden Distanzhaltern / Isolierscheiben kann die Sperrzone auch bei Metallgehäusen entfallen.

9.3.3.2. Transistorgehäuse, ICs in runden Metallgehäusen o.ä.

Auch hier gibt es eine Reihe verschiedener Bauformen. Dabei werden bei einigen die Anschlussdrähte in wesentlich geringerem Abstand aus dem Gehäuse geführt als Bohrungen in Pads unter Berücksichtigung der Anforderungen aus der Klassifizierung (vgl. Tab. 9.1) in der Leiterplatte untergebracht werden können. Daraus resultiert, dass mindestens in diesen Fällen die Beine so abgebogen werden müssen, dass ein layoutfähiges Raster entsteht. Normalerweise sitzen die Gehäuse der bedrahteten Halbleiter nicht auf der Leiterplatte auf, so dass mögliche Berührungen meist nicht beachtet werden müssen. Werden Leistungshalbleiter so auf die Leiterplatte montiert, dass diese den Kühlkörper darstellt, dann sind die Überlegungen aus 9.3.3.4 anzuwenden. Daraus resultieren außer der Beachtung der Prioritätenregel aus Tab. 9.2:

Tab. 9.14: Anhaltspunkte zur Layoutdimensionierung für diverse Halbleitergehäuseformen

Paddurchmesser	siehe Tab. 9.3
Bohrungsdurchmesser	siehe Tab. 9.4
Abstandszone =	die größere der beiden Flächen: 1.) Umkreis um Pads der Transistor-/IC-Anschlüsse 2.) Projektion des Gehäuses auf die Leiterplatte
Sperrzonen für Leiterzüge und Vias	bei Bedarf definieren Beim Einsatz von isolierenden Distanzhaltern / Isolierscheiben kann die Sperrzone auch bei Metallgehäusen entfallen.

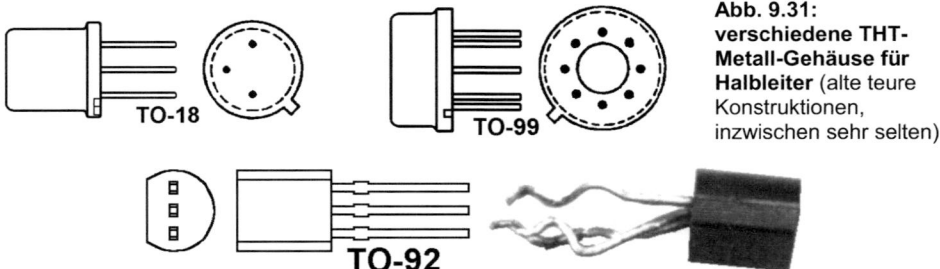

Abb. 9.31:
verschiedene THT-Metall-Gehäuse für Halbleiter (alte teure Konstruktionen, inzwischen sehr selten)

Abb. 9.32:
Transistor im TO-92-Plastik-Gehäuse, rechts mit vorgebogenen Anschlüssen zum Einbau mit definiertem Abstand zur Leiterplattenoberfläche

(Grafiken Abb. 9.31 & 9.32 nach Alcatel-Unterlagen)

9.3.3.3. ICs in DIL-Gehäusen (Dual-Inline)

Bei diesem Gehäusetyp gestalten sich die Berechnungen sehr einfach. Das Raster ist durch das Bauteil vorgegeben, Pad- bzw. Bohrungsdurchmesser nach den Herstellerangaben für die Anschlüsse aus Tab. 9.3 und 9.4 ermitteln, die Abstandszone wird durch das Rechteck dargestellt, welches die Pads bzw. das Gehäuse (die jeweils größere Abmessung ist die Seitenlänge des Rechtecks) umschließt.

9.3.3.4. Leistungshalbleiter mit Kühlkörpern u.ä.

Hier erfolgt die Berechnung im gleichen Sinne wie bei 9.3.3.1. beschrieben. Da fast ausnahmslos metallisch leitende Flächen vorhanden sind, müssen die Sperrzonen für Leitungen und Durchkontaktierungen dringend beachtet werden. Es ist wichtig, dabei nicht nur die Maßtoleranzen der Teile sondern auch durch Übergrößen der Bohrungen usw. möglichen Verschiebungen der Teile auf der Leiterplatte zu beachten – quasi eine Vergrößerung der Bauteiltoleranzen.

Funktionsmodule

Hierzu gehören z.B. Oszillatorschaltungen, Spannungswandler, Kartentransformatoren usw. Derartige Bauteile weisen fast ausnahmslos Blockform auf, z.T. in Gehäusen mit metallenem Boden, z.T. komplett in Kunststoffbecher vergossen (isolierte Bodenfläche). In allen Fällen sind die Prinzipien aus 9.3.1 in entsprechend abgewandelter Form anzuwenden.

Abb. 9.33
Halbleiter auf Kühlkörper montiert, stehend oder liegend
(Grafiken: oben: Fischer Electronic, unten: Autor)

9.4. SMT
9.4.1 Grundlagen

Für SMDs kommen grundsätzlich die beiden ‚Haupt'-Lötverfahren für das maschinelle Löten in Frage: Wellen- und Reflowlöten. Beide Verfahren haben ihre Eigenheiten, die entsprechend im Layout zu berücksichtigen sind. Ein erster Eindruck davon wurde in Tab. 6.8 vermittelt (Kompatibilität Bauteil-Lötprozess). Betrachtet man zunächst die wellenlötbaren SMDs (z.B. KeKo-Chips) und vergleicht diese mit den zu lötenden Anschlüssen bedrahteter Bauteile, dann stellt man fest, dass die meist runden Anschlüsse der bedrahteten Bauteile in Bohrungen der meist runden Lötaugen stecken, d.h. hier liegen rotationssymmetrische Gebilde vor. Dagegen ist ein SMD meist weit von dieser Symmetrie entfernt. Für das rotationssymmetrische Bauteil ist es egal, von wo die Lötwelle kommt, während leicht einzusehen ist, dass für die SMDs die Richtung der Lötwelle sowie das Strömungsverhalten des flüssigen Lotes wesentliche Rollen spielen werden.

Beim Reflowlöten (heißes verwirbeltes Gas oder aber kondensierender Dampf) spielt die Bewegungsrichtung der Leiterplatte und die Orientierung des zu verlötenden Bauteils keine Rolle.

Als Folge dieser Überlegungen werden sich die Reflow- und die Wellenlöt-Layouts unterscheiden und für die Platzierung der Bauteile wird das Wellenlöten zweierlei Einschränkungen fordern: Positionierung und Prozesskompatibilität.

9.4.1.1 SMD in der Lötwelle

Die folgenden Abbildungen zeigen prinzipiell wie die Lötwelle Chip-Bauteile umströmt. Das genaue Verhalten am einzelnen Teil wird durch viele Randbedingungen wie z.B. benachbarte Bauteile, genaue Ausformung des zu lötenden Bauteils usw. mit beeinflusst.

Die in Abb. 9.34 gezeigte Positionierung eines Chips – genau betrachtet links Typ „GW und rechts

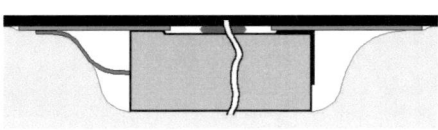

Abb. 9.34:
Chip quer zur Lötwelle
(links „GW", rechts „MA")

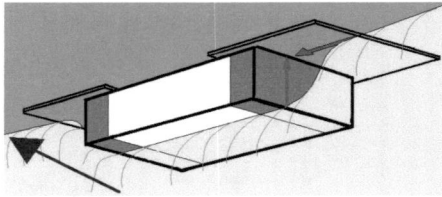

Abb. 9.35:
Chip Anschlusstyp „MA" in der Lötwelle

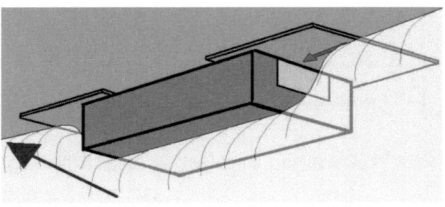

Abb. 9.36:
Chip Anschlusstyp „AB" in der Lötwelle

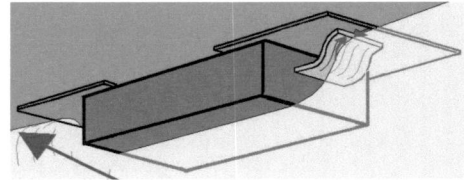

Abb. 9.37:
Chip Anschlusstyp „GW" in der Lötwelle

Typ „AB" – quer in der Welle stehend. Wie die Grafik zeigt, streicht das flüssige Lot nicht zwangsweise an der Bauteiloberfläche entlang. Vielmehr ergibt sich bei nicht benetzbaren Oberflächen ein allmählicher Übergang zwischen Bauteiloberfläche und Leiterplatte mit der Folge, dass bei Bauteilen mit dem Anschlusstyp „AB" keine direkte Belotung der Verbindungsstelle stattfindet (Abb. 9.36). Lot kann erst von der Stelle aus, wo es die Leiterplatte berührt und dort auf eine lötbare Oberfläche trifft (langes Pad), zum Übergang Pad-Bauteil fließen (Pfeil). Anders verhält sich das bei Bauteilen mit einer Kappenmetallisierung (z.B. Chip-KeKo, siehe Abb. 9.35). Das Lot fließt hier offenbar in zwei Richtungen: aufgrund der Zähflüssigkeit einer gebogenen Linie folgend wie zuvor beschrieben und gleichzeitig entlang der benetzbaren Oberfläche der Bauteile. Das ist zwar m.W. bisher nicht direkt beobachtet worden (technisch sehr schwierig wenn überhaupt möglich), kann aber aus vielen Erkenntnissen aus der Fertigungspraxis geschlossen werden. Aufgrund dieses Fließverhaltens kann man zur Not auch eine Ausrichtung mit der Längsachse parallel zur Lötwellenbewegung (#) hinnehmen. Bei Gullwings (Abb. 9.37) kann man aus Versuchen mit im Grunde zu hohen Bauteilen auf dafür zu kurzen Pads auf den bogenförmigen Verlauf der Lötwelle schließen: es findet zwar auf Grund des zu kurzen Pads keine Belotung der Lötstelle statt, man kann aber am oberen Bogen des Beinchens noch Spuren von Lot sehen. Die Berührung ist dann hier so knapp, dass zwar noch Kontakt zum Lot zustande kommt, das aber für ein Fließen nicht mehr ausreicht. Die niedrigen kleinen Halbleitergehäuse mit großem Beinchenabstand sind nicht besonders empfindlich hinsichtlich der Orientierung, so dass auch ein Verdrehen (*) kaum zu merklichen Problemen führt.

Abb. 9.38 zeigt die Bauteilpositionierung wie sie sich als günstigste Variante zur sicheren Lötung der diversen Bauteile herausgestellt hat.

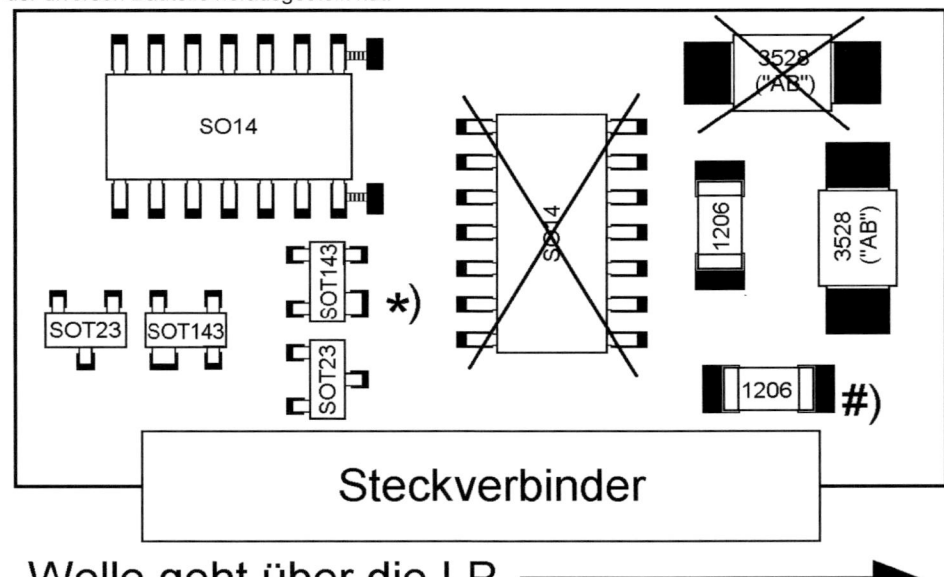

Abb. 9.38: Leiterplatte, Bauteilanordnung fürs Wellenlöten und Bewegungsrichtung der Welle relativ zur Leiterplatte
*) nicht bevorzugte aber gleichwertige Ausrichtung
#) bei Bauteilen mit Kappenmetallisierung (d.h. auch auf der Oberseite lötfähige Metallisierung) im Notfall akzeptable Anordnung)

Aus den vorstehenden Darstellungen geht ganz klar hervor, dass eine wesentliche Voraussetzung für erfolgreiches Wellenlöten von SMDs eine ausreichende Länge der Lötpads ist. Der Abstand der Lötpads gegen einander orientiert sich hauptsächlich an dem Abstandsmaß der Anschlüsse am Bauteil selber. Dimensioniert man die Pads so, dass auch im Extremfall die Bauteilanschlüsse immer auf den Pads aufsitzen, dann kann unter keinen Umständen ein solcher Anschluss einen elektrischen Konflikt mit einer Leitung, die quer unter dem Bauteil durchführt, hervorrufen.

9.4.1.2 SMDs beim Reflowlöten

Im Gegensatz zur Verarbeitung von SMDs im Wellenlötprozess, wo die Bauteile zuvor festgeklebt werden, liegen die Bauteile nach der Bestückung und vor dem Reflowlöten nur leicht in die feuchte Paste gedrückt auf der Leiterplatte. Die Paste weist eine wenn auch geringe Klebrigkeit (engl. ‚stickiness') auf. Für die Belange der Fertigung ist dieses Fixierung ausreichend. Im Lötprozess wird aus der Paste aber ein Tropfen zähflüssigen Metalls. Die Gestaltung des Pads wie auch die Form und Größe der mit Paste bedruckten Fläche haben einen wesentlichen Einfluss darauf, ob das Bauteil an Ort und Stelle bleibt und sich dabei sogar selbst zentriert oder aber ob es wegrutscht oder sich verdreht.

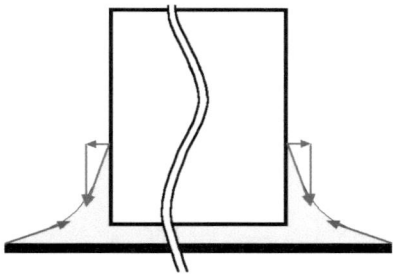

Abb. 9.39:
Kräfte durch die Oberflächenspannung des flüssigen Lotes:
zentrische Lage des Bauteils auf richtig dimensionierten Pads.

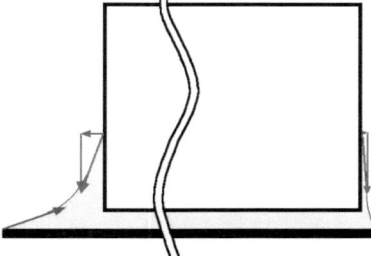

Abb. 9.40:
Kräfte durch die Oberflächenspannung des flüssigen Lotes:
leicht versetzte Lage des Bauteils auf richtig dimensionierten Pads.

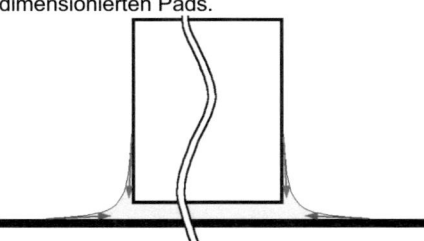

Abb. 9.41:
Kräfte durch die Oberflächenspannung des flüssigen Lotes:
Lage des Bauteils auf zu großem Pad – die zentrische Lage ist eher Zufall, da keine horizontalen Kräfte durch die Oberflächen-spannung entstehen.

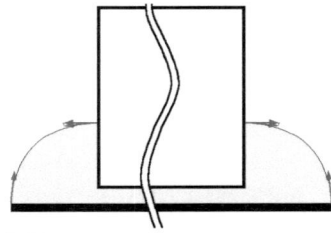

Abb. 9.42:
Kräfte durch die Oberflächenspannung des flüssigen Lotes:
Lage des Bauteils bei zu großer Lotmenge – die horizontalen Kräfte sind nahezu unabhängig von der Bauteilposition auf dem Pad.

Abb. 9.39 zeigt ein Bauteil zentrisch auf einer richtig dimensionierten Kupferfläche mit angemessener Lotmenge. Die parallel zur Lotoberfläche angreifende Kraft aus der Oberflächenspannung hat eine deutliche horizontale Komponente, die ein Gleichgewicht zwischen rechter und linker Seite anstrebt: Selbstzentrierung. Bei leichtem Versatz (Abb. 9.40) wird der horizontale Anteil rechts deutlich kleiner und das Bauteil wird nach links zur Idealposition hin gezogen.
Bei falscher Pad-Dimensionierung, d.h. zu großer Breite (siehe Abb. 9.41) sind die horizontalen Kräftekomponenten sehr klein und vor allem bewirkt ein Versetzen des Bauteils auf dem Pad keine Änderung der Kräfte: der Selbstzentrierungsmechanismus ist nicht gegeben. Die genaue Lage der Bauteile wird von anderen Einflüssen wie z.B. Strömungen des heißen Gases im Reflow-Ofen beeinflusst (siehe auch Abb. 9.43). Bei zu großer Lotmenge sind zwar ausgeprägte horizontale Kraftkomponenten vorhanden, eine Verschiebung des SMD bewirkt aber auch hier kaum eine merkliche Änderung: auch hier gibt es keine sichere Selbstzentrierung. Als zusätzliche Fehlerquellen in Bezug auf die Baugruppe kommen bei zu viel Lotpaste noch „Lotperlen" (siehe auch [9.5]) bzw. „Brückenbildung" (insbesondere bei vielbeinigen ICs) zwischen den einzelnen Anschlüssen dazu (siehe auch Abb. 9.44).
Die gleichen Grundüberlegungen gelten im Übrigen auch in Längsrichtung z.B. eines Chips: auch hier sorgt die Oberflächenspannung bei angemessenem Layout für eine automatische Zentrierung. Für die Pad-Geometrie bzw. den Abstand von Pads bzw. Pad-Reihen gelten einfache Regeln (Tab. 9.15 und 9.16):

Abb. 9.43:
Auswirkung richtiger & falscher Pad-Größen:
rote Pfeile: Bauteile auf zu großen Pads
weiße Bauteile oben rechts: Chips auf richtigen Pads

Abb. 9.44:
zu großes Pad und zu viel Lotpaste:
Ein um ca. 30 % zu langes Pad wurde ganzflächig mit Lotpaste bedruckt (effektiv 100 % zu viel Lotpaste). Das geschmolzene Lot ist am Bauteilanschluss zusammengelaufen.

Tab. 9.15: Anforderungen an Lötpads für SMDs

a)	**Pad-Längen + Pad-Abstand** über alles so groß, dass auch beim größten Bauteil ➤ noch ein kleiner Rand der Pads unter dem Bauteil herausragt (Reflow) bzw. ➤ die Pads so weit nach außen ragen, dass sie von der Lötwelle noch benetzt werden können.
b)	**Pad-Abstand** nur so groß, dass auch das kleinste Bauteil mit seinen Anschlüssen immer noch auf den Pads sitzt (vgl. Abschnitt über „SMDs in der Welle").
c)	**Pad-Breite** so groß, dass auch das breiteste Bauteil / der breiteste Anschluss noch auf dem Pad sitzt.

Da die Rechnungen zur Dimensionierung häufig zu Angaben bis in den Mikrometer-Bereich führten, dieses aber wenig sinnvoll ist, werden in den folgenden Darstellungen die anzuwenden Maße entsprechend Tab. 9.16 gerundet.

Tab. 9.16: Rundungsregeln Dimensionierung von Lötpads für SMDs

(↓)	**Rechenwert (wenn nötig) auf den nächsten glatten**
	➢ 0,05 mm-Wert abrunden für Abmessungen < 1 mm
	➢ 0,1-mm-Wert abrunden für Abmessungen ≥ 1 mm
(↑)	**Rechenwert (wenn nötig) auf den nächsten glatten**
	➢ 0,05 mm-Wert aufrunden für Abmessungen < 1 mm
	➢ 0,1-mm-Wert aufrunden für Abmessungen ≥ 1 mm

9.4.1.3. Lötstopplackfenster

Bei der Dimensionierung von Lötstopplackfenstern muss ein geringes Übermaß gegenüber den Kupfer-Pads eingehalten werden um Prozessfehler bei der Leiterplattenherstellung abfangen zu können. Die übliche Regel lautet:

| Kantenlänge Lötstopplackfenster | = | Kantenlänge Cu-Pad + 0,15...0,2 mm |

Ausnahmen:
➢ Layouts für BGA bzw. CSP bei nach „solder-mask-defined"-Methode
➢ Bei filigranen Konturen #) wird oft ein gemeinsames Lötstopplackfenster für mehrere Pads definiert !

#) Chip-Bauteile ≤ Baugröße 0603 oder auch größere, wenn per Layoutregel festgelegt ist, dass unter dem Bauteil keine Leitung gezogen und keine Durchkontaktierung platziert werden darf.
Fine-Pitch-ICs zur Vermeidung von abbröckelndem Lack (vgl. Abb. 9.9).

9.4.1.4 Lotpastenfenster

Die Größe des Pastenfensters und die Schablonendicke steuern die Lotmenge beim Druck. Daher muss die Dicke als Kompromiss zwischen den Anforderungen des größten Bauteils mit dem größten Bedarf an Lot und der feinsten Struktur auf der Leiterplatte definiert werden. Heute ist die 150µm-Schablone der Standard. Für besonders feine Strukturen wird z.T. auch mit nur 120µm oder sogar 100µm dicken Schablonen gearbeitet. Obwohl auch das vereinzelt propagiert wird, sind Schablonen mit verschieden dicken Bereichen (Stufenschablonen) eher als Exoten anzusehen, da sie bei der Anwendung nicht ganz problemlos sind.

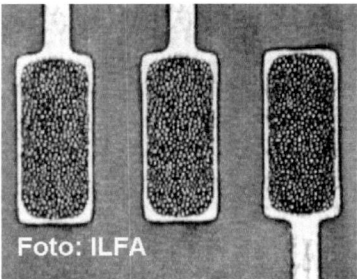

Abb. 9.45
vorbildlicher Lotpastendruck

Lotdepots sollten kleiner als die Lötpads dimensioniert sein. Dafür gibt es zwei Gründe:
- ➢ Verhinderung von Überbelotung
  (siehe auch Abb. 9.44)
- ➢ Verhinderung von vagabundierendem Lot in Form von Lotperlen durch einen Versatz beim Druck (Fehler durch Justierungsfehler und durch Verzug der Leiterplatte bei deren Herstellungsprozess)

Die Anforderungen an die Dimensionierung und Positionierung von Lotpastenfenstern in Relation zu den Kupfer-Pads lassen sich wie folgt beschreiben:

| Kantenlänge Lotpastenfenster | = | 0,9 * Kantenlänge Cu-Pad |

oder:

| Kantenlänge Lotpastenfenster | = | Kantenlänge Cu-Pad – 0,1 mm |

Lotpastenfenster zwecks besserer Auslösung mit r ≈ 0,1 – 0,3 mm) ausrunden.

Ausnahmen von der Abmessungsregel:
- ➢ **Bei Chips < 0402 Lotpastenfenster gleich groß wie Cu-Pad dimensionieren.**
- ➢ **Bei Fine-Pitch-Strukturen (bei ICs) Mindestbreite der Pads = 0,3 mm**
  oder bei schmaleren Pads:
  Pastenfensterbreite = Padbreite
- ➢ Falls Standard-Layout zur Überbelotung führt: Pastenfenster-Breite verringern (aber nicht schmaler als 0,3 mm). Andernfalls Länge des Pastenfensters verringern.

9.4.2. Layout für Chip-Bauteil (Anschluss-Typ „MA")

9.4.2.1. Wellen-Löten

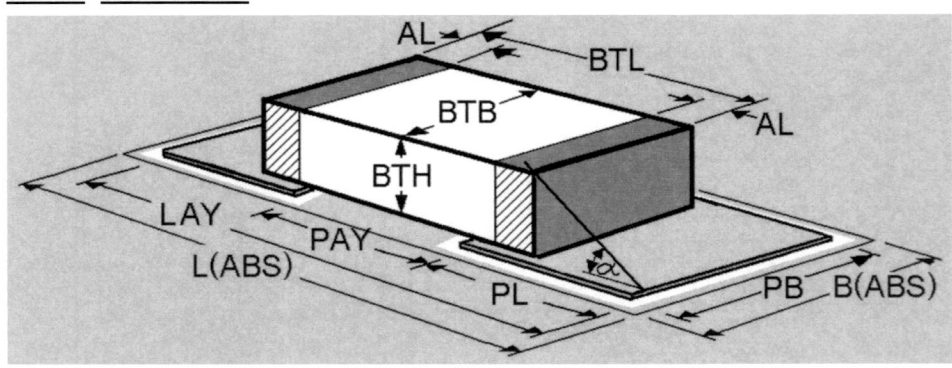

Abb. 9.46:
Bauteilabmessungen und Formelgrößen zur Dimensionierung von Pads:
Chip-Bauteile (Anschlusstyp „MA") und ähnlicher zylindrischer Bauteile

Die im Folgenden betrachteten Bauteile müssen eine lötfähige Metallisierung an Ober-, Stirn und Unterseite des Körpers aufweisen, wogegen die Metallisierung an den Längsseiten (schraffiert) nicht unbedingt benötigt wird. Bei fehlender Metallisierung auf der Oberseite sind die Ansätze zum Anschlusstyp „AB" zu benutzen. Bei zylindrischen Bauteilen wird zur Berechnung BTB = $\emptyset$ bzw. BTH= $\emptyset$ gesetzt.

Für das Wellenlöten gibt es drei Einschränkungen:

- Bauteile mit einer Länge ≤ 1,2 mm (z.B. Baugröße „0402") können nicht mit der Welle gelötet werden da sie nicht mehr mit ausreichender Sicherheit geklebt werden können (z.B. Größe des Klebepunktes ⇒ Kleber bis in Lötstelle ragend). Die Baugröße "0603" sollte in der Wellenlöttechnik vermieden werden, da die Prozesssicherheit geringer ist als bei den größeren Bauformen.
- Keramik-Kondensatoren oberhalb Baugröße 1210 und solche mit hoher Kapazitätsdichte (Herstellerangaben beachten) sollten wegen des thermischen Stresses nicht mit der Welle gelötet werden. Bei bleifreien Loten wird z.T. [11.26] die Begrenzung auf Baugröße 0805 empfohlen.
- Bauteile mit einer Höhe > 2,5 mm können durch den Druck der Welle zu leicht weggespült werden bzw. sie bleiben bei noch größerer Höhe an feststehenden Teilen der Wellenlötanlage hängen. bei Folienkondensatoren ist deren Wärmeempfindlichkeit zu beachten.

Bei allen Angaben sind immer die Forderungen der Prioritätenliste (Tab. 9.2) zu beachten. Hier können z.T. auch Widersprüche zu Herstellerangaben zu ihren Bauteilen bestehen (z.B. Kontaktabstand kleiner als nach Norm geforderte Kriechstrecke bei maximal zulässiger Spannung).

Aus der Forderung, dass das kürzeste Bauteil noch auf die Pads passen soll ergibt sich:

$$PAY (\downarrow) = BTL_{min} - 2 * AL_{nom}$$

Aus der Forderung, dass das längste Bauteil auf die Pads passen soll und ein Überhang von „x * BTH_{max}" pro Seite für den Lotzufluss notwendig ist, folgt die Bestimmungsgleichung:

$$2 * PL + PAY = BTL_{max} + 2 * x * BTH_{max}$$

Die Umformung ergibt folgende Gleichungen:

<u>sichere Produktion</u> (Längsachse Chip quer zur Transportrichtung):

$$PL (\uparrow) = 0,5 * (BTL_{max} - PAY) + 0,7 * BTH_{max} \qquad (\alpha \leq 55°)$$

<u>sehr sichere Produktion</u> (Längsachse Chip quer zur Transportrichtung):

$$PL (\uparrow) = 0,5 * (BTL_{max} - PAY) + BTH_{max} \qquad (\alpha \leq 45°)$$

$$PB (\uparrow) = BTB_{max}$$

$$L(ABS) (\uparrow) = 2 PL + PAY + 0,7 * BTH_{max}$$

$$B(ABS) (\uparrow) = BTB_{max} + BTH_{max} \qquad \#)$$

\#) Die Berücksichtigung der Höhe des Bauteils beim Sicherheitsabstand ist notwendig um die Brückenbildung sicher zu verhindern.

Hierbei sollte aber immer die gesamte Umgebung beachtet werden: andere Bauteile könnten die zufließende Welle ablenken und Lötschatten hervorrufen.

9.4.2.2. Reflowlöten (Anschluss-Typ „MA")

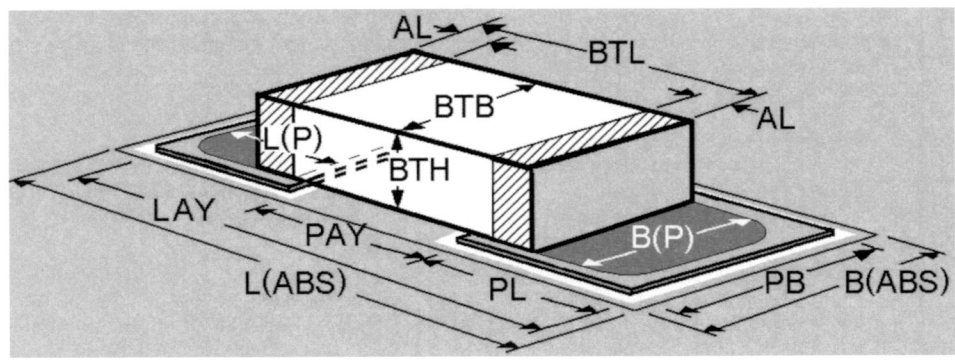

Abb. 9.47:
Bauteilabmessungen und Formelgrößen zur Dimensionierung von Pads:
Chip-Bauteile (Anschlusstyp „MA") und ähnlicher zylindrischer Bauteile

Die betrachteten Bauteile müssen eine lötfähige Metallisierung an der Stirn- und Unterseite des Körpers aufweisen, wogegen die Metallisierung an den Längs- und Oberseiten (schraffiert) nicht unbedingt benötigt wird. Bei zylindrischen Bauteilen wird statt BTB bzw. BTH jeweils der Durchmesser zur Berechnung herangezogen.
Aus der Forderung, dass das kürzeste Bauteil noch auf die Pads passen soll ergibt sich:

$$PAY (\downarrow) = BTL_{min} - 2 \cdot AL_{nom}$$

Aus der Forderung, dass das längste Bauteil auf die Pads passen soll und ein Überhang von „x" pro Seite, folgt die Bestimmungsgleichung:

$$2 \cdot PL + PAY = BTL_{max} + 2 \cdot x$$

Aus der Umformung ergibt sich die Berechnungsformel für PL:

$$PL (\uparrow) = 0{,}5 \cdot (BTL_{max} - PAY) + x$$

$$PB (\uparrow) = BTB_{max}$$

$$L(ABS) (\uparrow) = 2\,PL + PAY + y$$

$$B(ABS) (\uparrow) = BTB_{max} + y$$

Tab. 9.17: Zuschläge für die Verlängerung der Pads bzw. Abstandszonen

x (mm)	y (mm)	Chip-Größe			
		0201	0402	0603	0805 – 1812 #)
0,1	≥ 0,3	Reparaturfähigkeit eingeschränkt			
0,2 -0,3	0,3	wird z.T. für die Bleifrei-Technik empfohlen *(Nachweis der Notwendigkeit umstritten)* Reparaturfähigkeit etwas eingeschränkt			
0,4	0,8	nicht anwenden		gute Reparatur- und Inspektionsmöglichkeit	

Tab. 9.18: weitere Layoutregeln in Abhängigkeit von der Baugröße:

Chip-Größe:	01005 – 0201	0402	0603	0805 – 1812 #)
Leitung unter Chip hindurch	nein	nein	vermeiden, sehr kritisch	möglich
Lötstopplack-fenster	gemeinsames Fenster für beide Pads		Einzel-Fenster pro Pad	
Lotpastenfenster	= Cu-Pad	= Cu-Pad od. max. 5% verkleinert	standardmäßig verkleinert	

#) Baugröße 1812 auf FR4 nur für robuste Teile, d.h. relativ niedrige Kapazitäts- und hohe Spannungswerte oder Bauteile mit Polymerzwischenschicht geeignet.

Zur Dimensionierung von Strukturen für 01005-Chips sei auf die Literatur [9.12] verwiesen.
Bei allen Angaben sind immer die Forderungen der Prioritätenliste (Tab. 9.2) zu beachten. Hier können z.T. auch Widersprüche zu Herstellerangaben zu deren Bauteilen bestehen.

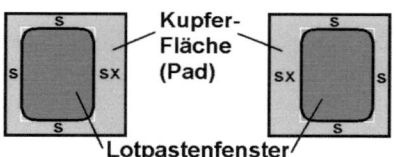

Abb. 9.48: Anordnung d. Lotpastenfenster:
Bei den größeren Bauteilen mit gegenüber dem Cu-Pad verkleinertem Lotpastenfenster sollte die Paste etwas außermittig positioniert werden um weniger unter den nicht benetzbaren Teil des Gehäuses zu bringen:
sx ≥ s, typisch: s = 0,05 mm

9.4.3. Layout für Chip-Bauteil (Anschluss-Typ „AB")

9.4.3.1. Wellen-Löten

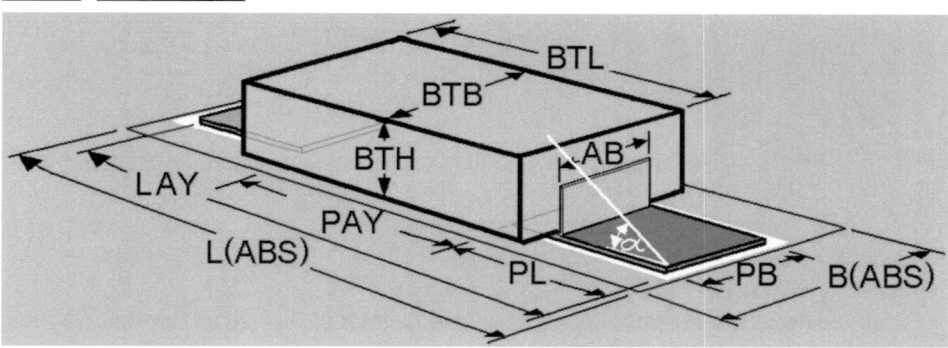

Abb. 9.49:
Bauteilabmessungen und Formelgrößen zur Dimensionierung von Pads:
Chip-Bauteile (Anschlusstyp „AB") und ähnlich aufgebauter Teile

Für das Wellenlöten gibt es eine Einschränkung:
- Bauteile mit einer Höhe > 2,5 mm können durch den Druck der Welle zu leicht weggespült werden bzw. sie bleiben bei noch größerer Höhe an feststehenden Teilen der Wellenlötanlage hängen.

Bei allen Angaben sind immer die Forderungen der Prioritätenliste (Tab. 9.2) zu beachten. Hier können z.T. auch Widersprüche zu Herstellerangaben zu ihren Bauteilen bestehen.

$$PAY (\downarrow) = BTL_{min} - 2 \cdot AL_{nom}$$

Aus der Forderung, dass das längste Bauteil auf die Pads passen soll und ein Überhang von $1,4 \cdot BTH_{max}$ pro Seite ($\alpha \approx 35°$) für den Lotzufluss notwendig ist, folgt die Bestimmungsgleichung:

$$2 \cdot PL + PAY = BTL_{max} + 1,4 \cdot BTH_{max}$$

Aus der Umformung ergibt sich für PL:

$$PL (\uparrow) = 0,5 \cdot (BTL_{max} - PAY) + 0,7 \cdot BTH_{max} \qquad (\alpha \leq 55°)$$

$$PB (\uparrow) = AB_{max} \qquad \textit{(Anschluss- und nicht Bauteilbreite !)}$$

Hinweis:
- L(ABS) und B(ABS) wie unter 9.4.2.1 beschrieben.

9.4.3.2. Reflowlöten (Anschluss-Typ „AB")

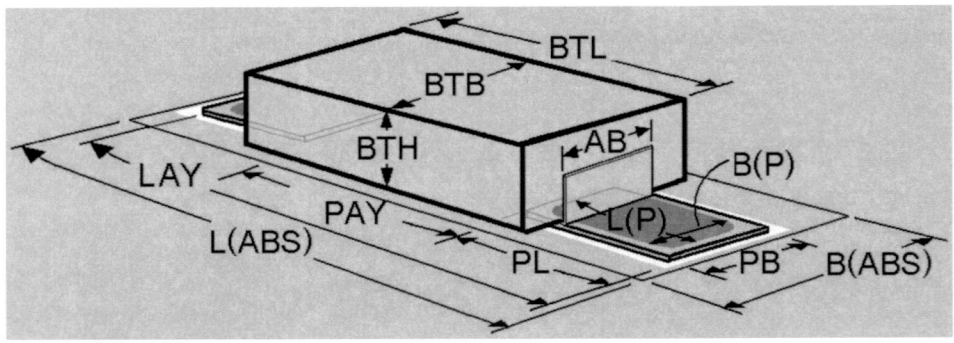

Abb. 9.50:
Bauteilabmessungen und Formelgrößen zur Dimensionierung von Pads:
Chip-Bauteile (Anschlusstyp „AB") und ähnlich aufgebauter Teile

$$PAY (\downarrow) = BTL_{min} - 2 \cdot AL_{nom}$$

Aus der Forderung, dass das längste Bauteil auf die Pads passen soll und ein Überhang von „x" pro Seite, folgt die Bestimmungsgleichung:

$$2 \cdot PL + PAY = BTL_{max} + 2 \cdot x$$

Aus der Umformung ergibt sich die Berechnungsformel für PL:

$$PL (\uparrow) = 0,5 \cdot (BTL_{max} - PAY) + x$$

PB (↑) = AB_{max} *(Anschluss- und nicht Bauteilbreite !)*

Hinweise:
> Definition von „x" siehe Tab. 9.16
> L(ABS) und B(ABS) wie unter 9.4.2.2 beschrieben.

9.4.4. Layout für Halbleiter-Gehäuse (Anschluss-Typ „GW")

Unter diese Rubrik fallen eine Reihe zwar ähnlicher aber sich in vielen Details doch unterscheidender Gehäuse: die zunächst betrachteten Typen mit wenigen Anschlüssen für diskrete Halbleiter bzw. kleine ICs (Abb. 9.51 und 9.52) und dann auch die Typen aus dem Bereich SOP, SSOP, QFP usw. (Abb. 9.53 und 9.54). Hier gilt es einige Unterscheidung hinsichtlich der einsetzbaren Löttechnik zu beachten.
Die schon zitierte Alcatel-Normung gibt Berechnungsanleitungen, während IPC-SM-782 nur für einige Bauformen tabellarisch Layout-Daten angibt. Daher wird im Folgenden wieder auf die schon postulierten Grundgedanken zur Pad-Dimensionierung zurückgegriffen.
Die folgenden Abbildungen zeigen Bauteilabmessungen und Formelgrößen zur Dimensionierung von Pads bei kleinen Gullwing-Gehäusen.

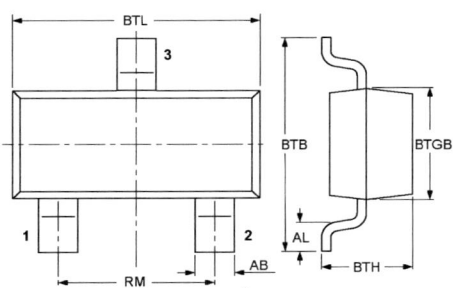

Abb. 9.51: Beispiel „SOT-23"

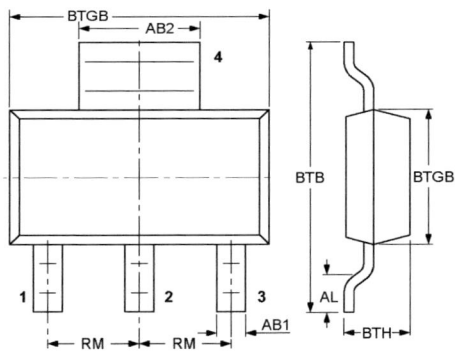

Abb. 9.52: Beispiel „SOT-223"

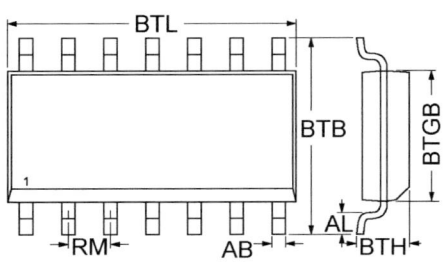

Abb. 9.53: Beispiel „SO-14"

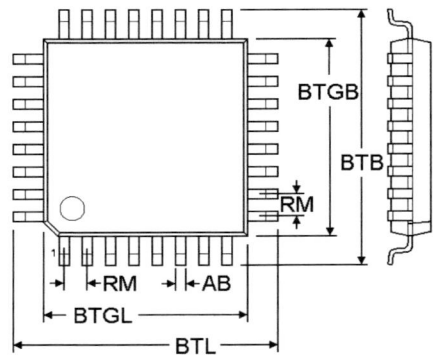

Abb. 9.54: Beispiel „QFP-32"

(Abb. 9.51 – 9.54 nach Philips-Unterlagen)

9.4.4.1. Wellen-Löten (Anschluss-Typ „GW")

einige wichtige Aspekte:
1.) Beim Wellenlöten müssen die Pads weit genug nach außen reichen um Lot „einzufangen".
2.) Die Enden der Beinchen (Abb. 9.55, rote Pfeile „E") müssen nicht verlötet sein, da hier eine nicht benetzbare Schnittkante vorliegen kann (IPC-A-610). Beurteilungskriterien für eine gute Lötung sind die Ausbildung der Lötstellen im Bereich der Abwinklung des Fußes (grüne Pfeile „K") sowie an den Seitenflanken.
3.) Bei Bauteilen ähnlich SOT-23 können die (äußeren) Pads (nach außen) hin vergrößert werden (Abb. 9.56, PB → PB*) um die Lötung noch sicherer zu machen.
4.) Begrenzung auf eine Bauhöhe von ca. 2,5 mm wie schon zuvor beschrieben
5.) Nicht oder nur nach aufwendiger Prozessoptimierung sind Bauteilgehäuse mit der Welle lötbar...
    - ... mit Beinchen an 3 oder 4 Gehäusekanten (z.B. wie Abb. 9.54)
    - ... mit Rastermaßen RM < 1,25 mm (teilw. wie Abb. 9.53 und 9.64 oder ähnlich)
    - ... mit mehr als ca. 12...14 mm Gehäuselänge da der thermische Stress beim Eintritt in die Welle die Gehäuse beschädigen kann.
    - ... mit kleinen und nicht mehr sicher klebbaren Gehäusen

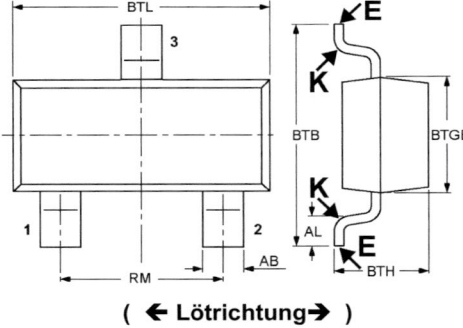

(← Lötrichtung→)

Abb. 9.55:
Lötrichtung, Punkte zur Beurteilung der Lötung (nach Philips-Unterlagen)

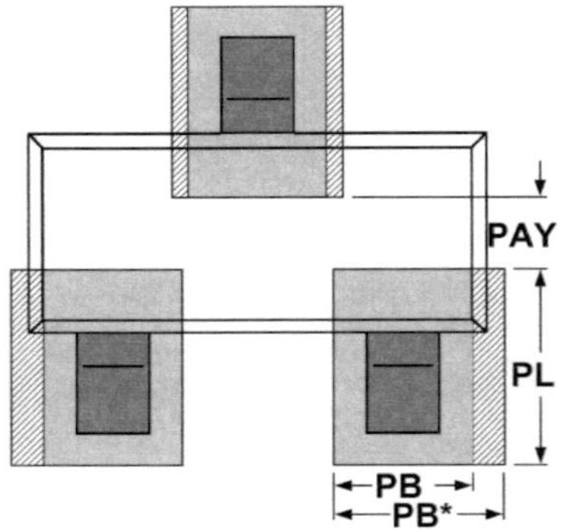

Abb. 9.56:
Pads bei kleinen Gullwing-Gehäusen – Bezeichnungen und Anordnung für Wellenlöten: Beispiel „SOT-23"

Auf Grund der sehr verschiedenen Kombinationen von Gehäusehöhen (BTH), Bauteile-Breiten (BTB) und Fußlängen (AL) können die Regeln nicht ganz so einfach formuliert werden wie das für die Chip-Bauteile der Fall ist. Es gelten aber die gleichen grundlegenden Überlegungen zur Benetzung und zum „Einfangen des Lotes" (Winkel α) wie zuvor beschrieben.

$$PAY (\downarrow) = BTB_{min} - 2 \cdot AL_{min} - 0{,}8 \text{ mm} \quad \#)$$
Mindest-Rechenwert für AL_{min} = 0,5 mm

#) Man nimmt hier AL_{min} statt des Maximalwertes, da man mit großer Sicherheit davon ausgehen kann, dass das minimal breite Gehäuse nicht auch die längsten Füße aufweist. Dennoch müssen Layoutabmessungen und Gehäusegeometrie verglichen werden.

Falls keine Angaben für AL verfügbar sind:
$$PAY (\downarrow) = BTGB_{min}$$

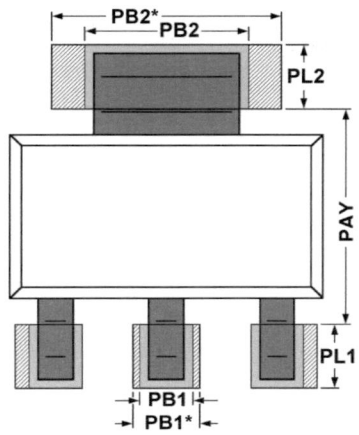
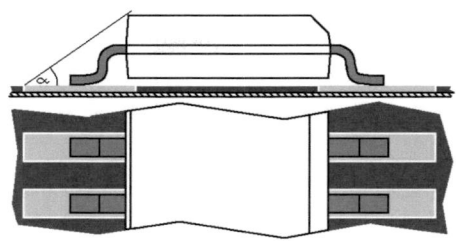

Abb. 9.58:
Mindest-Ausladung der Pads in Abhängigkeit von der Gehäusehöhe

Abb. 9.57:
Pads bei kleinen Gullwing-Gehäusen – Bezeichnungen und Anordnung für Wellenlöten: Beisp. „SOT-223"
(Bild nach Philips-Unterlagen)

Aus der Forderung, dass das Bauteil mit den am weitesten ausladenden Beinchen auf die Pads passen soll, folgt die Bestimmungsgleichung:

$$2 * PL + PAY = BTB_{max} + 0{,}6 \text{ mm}$$

Bei Bauteilen mit relativ hohem Gehäuse und kurzen Beinchen sollte analog zur Darstellung für die AB-Gehäuse ein Maximalwinkel von $\alpha = 35°$ angesetzt werden (Abb. 9.58) um ausreichend weit ausladende Pads zu erhalten:

$$2 * PL + PAY = BTGB_{max} + 1{,}4 * BTH_{max}$$

Aus der Umformung ergibt sich für PL:

$$PL\ (\uparrow) = \text{Maximum} \begin{cases} 0{,}5 * (BTB_{max} - PAY) + 0{,}3 \text{ mm} \\ 0{,}5 * BTGB + 0{,}7 * BTH_{max} \end{cases}$$

$$PB\ (\uparrow) = \begin{cases} AB_{max} + 0{,}4...0{,}8 \text{ mm} & \text{(SOT-23 u.ä.)\ \#)} \\ AB_{max} + 0{,}1 \text{ mm} & \text{(SO-IC-Gehäuse u.ä.)} \end{cases}$$

\#) Durch die Verbreiterung der Pads, als zusätzliche hellere Flächen in den Abb. 9.56 und 9.57 dargestellt, sollte der Abstand nicht < 0,6 mm werden.

$$L(ABS)\ (\uparrow) = BTL_{max} + 0{,}4 \text{ mm} + x \qquad (x = \text{Verlängerung durch Lotfänger})$$

$$B(ABS)\ (\uparrow) = \begin{cases} 2\ PL + PAY + 0{,}8 \text{ mm} & \text{(SOT-23 u.ä.)} \\ 2\ PL + PAY + 2{,}4 \text{ mm} & \text{(SO-IC-Gehäuse u.ä.)} \end{cases}$$

Hierbei sollte aber immer die gesamte Umgebung beachtet werden: andere Bauteile könnten die zufließende Welle ablenken und Lötschatten hervorrufen.

9.4.4.2. Wellen-Löten – spezielle Aspekte (Anschluss-Typ „GW")

Eine Besonderheit sind die Lotfänger (engl.: ‚solder thieves'). Sie sind am Ende des ICs oder einer IC-Reihe angeordnet – dort wo die Welle das IC verlässt. Ohne Lotfänger erfolgt beim Abreißen vom letzten Pad ein Zurückschnellen des Lotes auf das vorletzte Pad und so bildet sich leicht eine

Brücke. Mit Lotfänger ist dieser das letzte Pad und von dort schnellt die Welle zurück auf das letzte Funktions-Pad des IC. Daraus leitet sich auch die Regel ab, dass der Lotfänger isoliert sein muss bzw. nur und ausschließlich mit dem letzten benachbarten Pad des IC verbunden sein darf. Via-Pads im Lotfänger mit Verbindung zum letzten benachbarten Pad des IC sind zulässig. Der Lotfänger darf mit dem letzten Pad auch durch eine Brücke im Kupfer verbunden sein. In der Fertigung sind Lotbrücken zwischen Lotfänger und benachbartem Pad zulässig und müssen auch nicht entfernt werden.

Je nach Layout versuchen Layouter auch andere Bauteile als Aushilfs-Lotfänger einzusetzen, was aber z.T. recht kritisch sein kann wie Abb. 9.61 und 9.62 belegen. Für das IC mit dem letzten Beinchen „A" soll das erste Beinchen des folgenden IC „E" den Lotfänger spielen. Wie die Lotanhäufung bei „A" zeigt, funktioniert das nur sehr bedingt – insbesondere wenn man „B" als Referenz betrachtet. Für das IC mit dem Pfeil soll der KeKo als Lotfänger fungieren. Das funktioniert auch nur zum Teil, dafür übernimmt auch das einfache und im Grunde zu kleine Pad des Via-Holes „D" einen Teil der Funktion. Die Anordnung ist durch die mangelnden Lotfänger und die versetzte

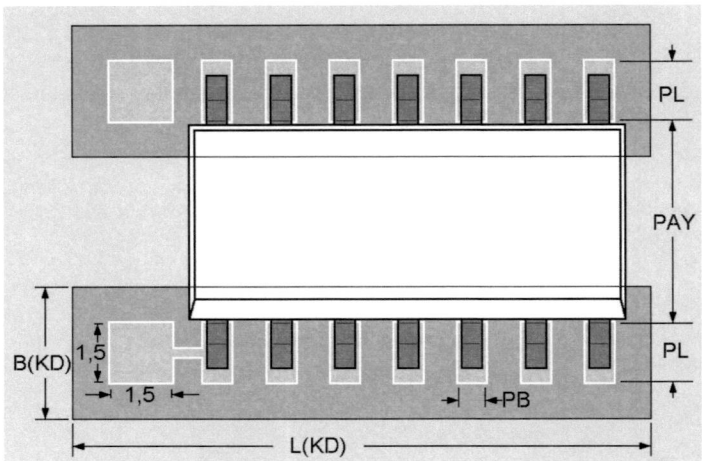

Abb. 9.59:
Pads für ICs im SO-Gehäuse „GW":
Beispiel „SO14"

Die Lotfänger (links) können mit dem Nachbarpad verbunden sein (unten) oder auch nicht (oben). Die Dimensionierung ist in der Zeichnung angegeben. Die Lötstopplackmaske umgibt auch den Lotfänger (und die Verbindungsleitung) mit einem Abstand von typ. 75 μm.

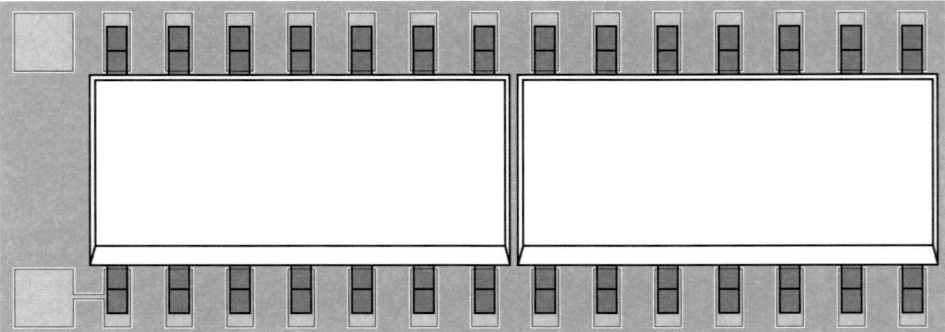

Abb. 9.60:
Pads für ICs im SO-Gehäuse „GW":
Zwei ICs im SO-Gehäuse hintereinander im Minimal-Abstand. In diesem Fall muss nur das letzte IC mit Lotfängern ausgestattet werden.

(Abb. 9.59 & 9.60 nach Philips-Unterlagen)

der ICs mit den daraus resultierenden Wirbeln in der Strömung des Lotes eine fehleranfällige Konstruktion.

Abb. 9.61:
Die Lötwelle läuft in Pfeil-Richtung (siehe nächstes Bild) über die Baugruppe.

Abb. 9.62:
Der gleiche Baugruppenausschnitt wie in Abb. 9.61 aus der Perspektive der zulaufenden Welle. Die Punkte A bis E kennzeichnen markante Stellen.

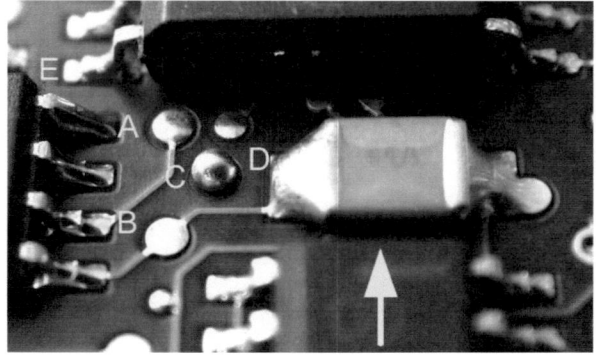

9.4.4.3. Reflowlöten (Anschluss-Typ „GW")

Die im Folgenden betrachteten Bauteile können an zwei oder auch an allen vier Seiten Beinchen in Gullwing-Form aufweisen, die Gehäuse können quadratisch oder länglich rechteckig sein (Abb. 9.51 ... 9.54). In den allermeisten Fällen haben die Beinchen an allen Seiten die gleichen Abmessungen, wovon in den folgenden Darstellungen ausgegangen wird. Im Falle verschiedener Abmessungen der Anschlüsse ändert das nichts am Berechnungsprinzip. Bestimmt werden müssen die Pad-Abmessungen sowie die Abstände der Pad-Reihen. Die Rastermaße sind durch das Bauteil vorgegeben.

Die geometrische Anordnung der verschiedenen Fenster usw. sieht der beim Wellenlöten grundsätzlich sehr ähnlich, nur dass die Gesamtabmessungen eher kleiner sind und keine Lotfänger bei den Bauteilen, die überhaupt mit der Welle gelötet werden können, gebraucht werden.

1.) Bei den Dimensionierungsregeln sind Unterscheidungen in Abhängigkeit vom Rastermaß notwendig.

2.) Bei exotischen Bauteilen können am gleichen Bauteil verschiedene Raster auftreten – dann muss individuell gerechnet werden.

3.) Bei Bauteilen mit Anschlüssen an 3 oder 4 Kanten sind die gleichen Rechnungen jeweils für die orthogonalen Anschlussfelder durchzuführen.

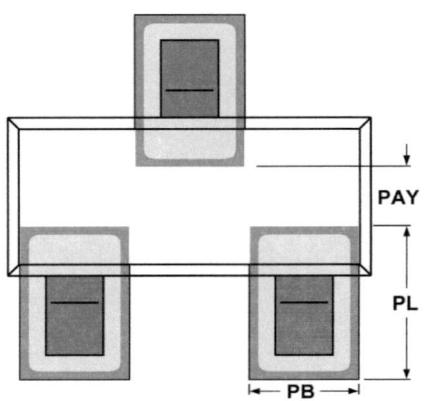

Abb. 9.63:
Pads bei kleinen Gullwing-Gehäusen – Bezeichnungen und Anordnung für Reflowlöten: Beispiel „SOT-23"

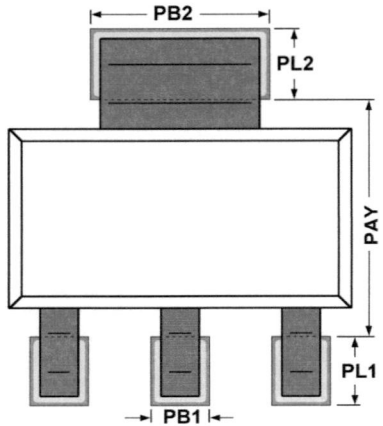

Abb. 9.64:
Pads bei kleinen Gullwing-Gehäusen – Bezeichnungen und Anordnung für Reflowlöten: Beispiel „SOT-223"

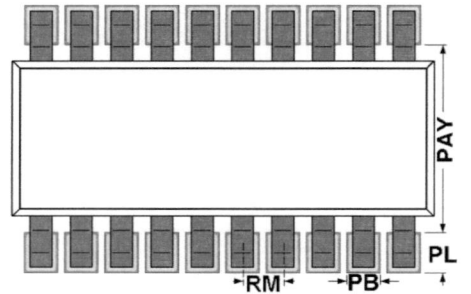

Abb. 9.65:
**Pads bei Gullwing-Gehäusen der ‚Familien'
SO, SSOP, TSOP usw.
Bezeichnungen und Anordnung für
Reflowlöten**

(Abb. 9.63 – 9.65 nach Philips-Unterlagen)

$PAY (\downarrow) = BTB_{min} - 2 \cdot AL_{min} - 0{,}8$ mm   (Mindest-Rechenwert für $AL_{min} = 0{,}5$ mm)

Falls keine Angaben für AL verfügbar sind:

$PAY (\downarrow) = BTGB_{min}$

Aus der Forderung, dass das Bauteil mit den am weitesten ausladenden Beinchen auf die Pads passen soll, folgt die Bestimmungsgleichung:

$2 \cdot PL + PAY = BTB_{max} + 0{,}6$ mm

Aus der Umformung ergibt sich für PL:

$PL (\uparrow) = 0{,}5 \cdot (BTB_{max} - PAY) + 0{,}3$ mm

$$PB(\uparrow) = \begin{cases} AB_{max} + 0{,}1\,mm & RM > 0{,}5\,mm & \#)\ *) \\ 0{,}3\,mm & RM = 0{,}5\,mm & *) \\ 0{,}25\,mm & RM = 0{,}4\,mm & *) \end{cases}$$

\#) Bei Bedarf Pads verschmälern, so dass der Abstand zwischen den Pads $\geq 0{,}15$ mm ist.

*) Bei RM < 1 mm ein gemeinsames Lackfenster für eine Pad-Reihe verwenden um Lackablösungen zu vermeiden (s. Abb. 9.66, vgl. Kap. 9.1.3.).

Abb. 9.66:
Gemeinsames Lötstopplackfenster bei kleinem Rastermaß
Bei Rastermaßen unter 1 mm würden die verbleibenden Lackstege zu schmal (vgl. Abb. 9.9). Bei einem derartig engen Rastermaß können ohnehin keine Leitungen mehr zwischen den Anschlusspads hindurchgeführt werden.

$$L(ABS)(\uparrow) = BTL_{max} + 0{,}4\,mm$$

$$B(ABS)(\uparrow) = \begin{cases} 2\,PL + PAY + 0{,}8\,mm & (SOT\text{-}23\ u.\ddot{a}.) \\ 2\,PL + PAY + 2{,}4\,mm & (SO\text{-}IC\text{-}Gehäuse\ u.\ddot{a}.) \end{cases}$$

Für sehr kompakte Layouts in Reflowtechnik und eingeschränkter Reparaturfähigkeit können L(ABS) und B(ABS) auch der Gehäuse- und Pad-Kontur mit Abständen bis minimal etwa 0,4 mm angepasst werden.

9.4.5. Layout für IC-Gehäuse (Anschluss-Typ „JL") – nur Reflow-Technik

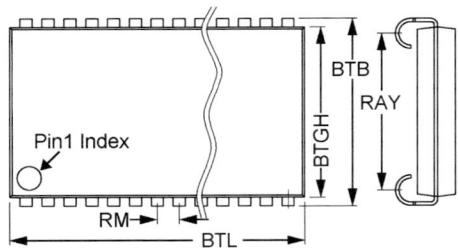

Abb. 9.67:
IC-Gehäusen mit „J-Leads": Beispiel „SOJ"

(Grafiken 9:67 6 9:68 nach Philips-Unterlagen)

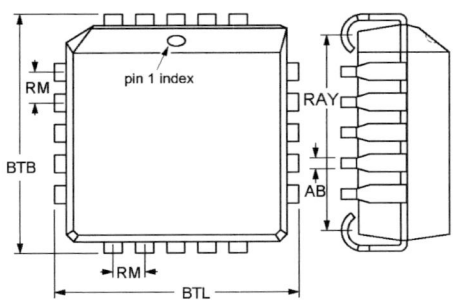

Abb. 9.68:
IC-Gehäuse mit „J-Leads": Beisp. „PLCC"

Es gibt zwei Vertreter dieses Anschlusstyps: PLCC- und SOJ-Gehäuse. Sie weisen ein einheitliches Grund-Rastermaß von 2,54 mm auf. Bei den SOJ-Gehäusen existieren aber auch Sonderkonstruktionen, bei denen die Beinchenreihen nicht vollständig sind, d.h. Lücken existieren. Das sind z.T. Speicherbausteine mit ansonsten ‚relativ normalen Gehäusen' als auch Exoten (z.B. Oszillatoren, Filter usw.), die dann oft die Bedingungen eines ‚heavy component' erfüllen. Für alle diese Bauformen gelten die folgenden Betrachtungen sinngemäß gleichermaßen.

Auf Grund verschiedener Gehäuseeigenschaften sind selbst mit ausgeklügelter Technik Bauteile in solchen Gehäusen nicht mit der Lötwelle lötbar.

Dimensionierungsregeln:

$PL = 1,7$ bzw. $2,2$ mm   1.), 2.)

$PAY (\downarrow) = RAY_{nom} - PL$ 3.)

$PB (\uparrow) = AB_{max} + 0,1$ mm   4.)

1.) 1,7 mm bei eingeschränkter Überprüfbarkeit und eingeschränkter Reparaturmöglichkeit. (Auf der Basis der Herstellerangaben für die Beinchen-Geometrie und Erfahrungswerten festgelegte Maße.)

2.) Bei PLCC Pad-Länge an den Eck-Pins bei Bedarf auf der Innenseite so weit reduzieren, dass an der engsten Stelle zwischen den Pads der Abstand mindestens 0,3 mm groß ist.

3.) Bei Anschlüssen an allen vier Kanten jeweils Rechnung mit RAX für PAX bzw. RAY für PAY.

4.) Achtung: Breite des Beinchens in dem Bereich, der auf der LP aufsitzt, berücksichtigen!

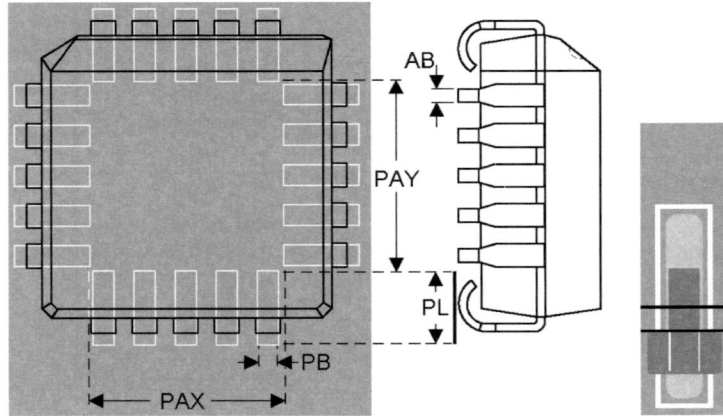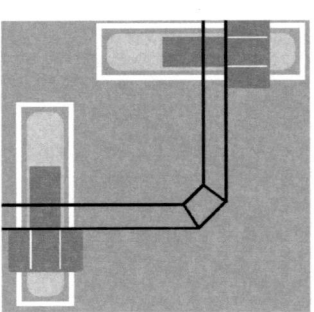

Abb. 9.69:
Pads für ICs in Gehäusen mit „J-Leads": Beispiel „PLCC"
Detailbild (rechts): Leads, Pads, Lack- und Pastenfenster: (Grafik nach Philips-Unterlagen)

Dimensionierung der Abstandszonen:

... für SOJ-Gehäuse:

$L(ABS) (\uparrow) = BTL_{max} + 0,4$ mm

$B(ABS) (\uparrow) = 2 * PL + PAY + z$

... für PLCC-Gehäuse:

$L(ABS) (\uparrow) = 2 * PL + PAX + z$

$B(ABS) (\uparrow) = 2 * PL + PAY + z$

... für Sockel (SOJ und PLCC):

$L(ABS) (\uparrow) = $ maximale Kantenlänge in X-Richtung + 0,4 mm

$B(ABS) (\uparrow) = $ maximale Kantenlänge in Y-Richtung + 0,4 mm

Überhang "z":

z = 1,0 ... 1,2 mm: bei eingeschränkter Reparaturfähigkeit und an den Stirnseiten (ohne Anschlüsse) von SOJ-Gehäusen.

z = 2,5 ... 3,5 mm: für volle Inspektions- und Reparaturfähigkeit

---

Achtung: **PLCC-Sockel und PLCC-Gehäuse erfordern die gleiche Pad-Geometrie, die Sockel weisen aber wesentlich größere Außenabmessungen auf, was bei L(ABS) und B(ABS) berücksichtigt werden muss !**

9.4.6 Layout für IC-Gehäuse (Anschluss-Typ „BGA")

Bauteile mit BGA-Anschluss finden sich inzwischen in vielfältiger Art, von Speichern mit etwa 50 Anschlüssen bis zu komplexen Schaltungen mit vielen hundert Lotkugeln als Anschluss. Die Gehäuse sind in ihrem Aufbau z.T. sehr unterschiedlich und in der Prozesstechnik sehr sorgfältig zu behandeln (z.B. häufig empfindlich bezüglich Feuchtigkeitsaufnahme).

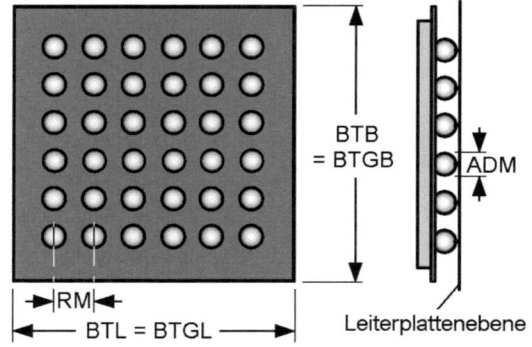

Abb. 9.70:
Gehäuse mit „BGA":
Prinzipzeichnung
ADM = Durchmesser der Lotkugel

(Grafik nach Alcatel-Unterlagen)

Für das Layout ist hier nicht in erster Linie das Gehäuse selbst ausschlaggebend sondern der Rasterabstand und der Durchmesser der Lotkugeln. Die Werte in Tab. 9.19 für die Lotkugeln und die daraus abzuleitenden Layoutdaten stammen aus der IPC7095 und bzw. basieren auf Unterlagen von Alcatel.

Wie häufig berichtet wird, sind die Layoutdaten nicht besonders kritisch, solange sie sich an den Durchmessern der Lotkugeln orientieren. Die Form der Anschlüsse bewirkt eine enorme Fähigkeit zur Selbstjustierung und, sofern der Pastendruck insgesamt stimmt, sollte das Löten dieser Bauteile mit modernen Maschinen relativ sicher sein. Aber es gilt ein paar besondere Randbedingungen beim Layouten des Padfeldes zu beachten. Zumindest bei den Bausteinen mit mehreren Reihen von Anschlüssen ist ein Ankontaktieren auf der gleichen Ebene mit den Lötflächen nicht mehr möglich. Hier müssen zwischen den Löt-Pads Via-Pads angeordnet werden, mit deren Hilfe auf einer inneren Ebene die Verdrahtung erfolgen kann.

Tab. 9.19: Layoutdaten für BGA-Padkonfiguration

Lotkugel-⌀ (ADM)	RM	IPC7095A Pad-⌀ (DP)	Alcatel Pad-⌀ (DP)	Lackfenster-⌀	Lotpasten-⌀
0,75 (+0,15/-0,1)	1,5 / 1,27	0,55	0,60	0,70	0,5
0,6 (± 0,1)	1,0	0,45	0,50	0,60	0,4
0,5 (± 0,1)	1,0 / 0,8	0,40	0,39	0,50	0,39
0,45 (± 0,1)	1,0 / 0,8 / 0,75	0,35	0,35	0,45	0,35
0,4 (± 0,1)	0,8 / 0,75 / 0,65	0,30	0,33	0,43	0,33
0,3 (± 0,1)	0,8 / 0,75 / 0,65 / 0,5	0,25	0,3	0,4	0,3

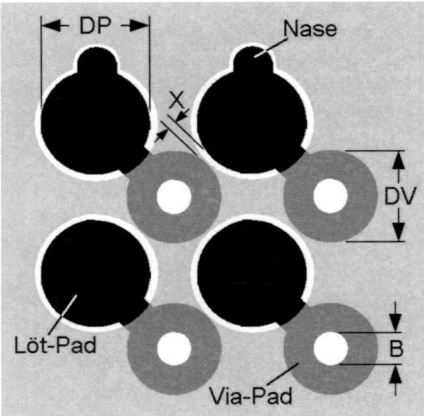

Abb. 9.71:
Ausschnitt aus einer Pad-Anordnung für „BGA":
(Grafik nach Alcatel-Unterlagen)

DP = Durchmesser des Löt-Pads
DV = Durchmesser des Via-Pads
B   = Bohrdurchmesser
X   = kleinster Abstand zwischen zwei Leitungselementen

Die gezeigte „Nase findet sich in manchen Layoutempfehlungen als Hilfe zur Untersuchung der Lötverbindungen. Das aufgeschmolzene Lot verformt sich entsprechend, so dass das erfolgte Aufschmelzen im Röntgenbild erkennbar ist.

Abb. 9.71 zeigt einen Ausschnitt aus einer Pad-Konfiguration mit Löt- und Via-Pads. Bei einer derartigen Konfiguration müssen die Via-Pads unter Lack gelegt werden (mit Freisparung der Bohrung zur Absicherung der Lackaushärtung) um eine akzeptable Prozesssicherheit garantieren zu können. Es wird aber schnell deutlich, dass die Minimalabstände „X" die Layoutmöglichkeiten begrenzen. Tab. 9.20 zeigt das Ergebnis der Analyse der geometrischen Daten. Dabei wird errechnet, wie groß das Via-Pad höchstens sein darf, wenn benachbarte Leitungselemente sich auf den minimalen Abstand, den die angegebene Feinheit der Struktur (Density) zulässt, annähern. Die grau hinterlegten Ergebnisfelder zeigen die Pads an, in denen bei den angegebenen Maximalabmessungen keine Standard-Bohrungen mit einem Durchmesser von 0,3 mm mehr realisiert werden können. Bei diesen Pad-Durchmessern müssen die Bohrungen deutlich kleiner werden, was nur in Verbindung mit sehr dünnen Leiterplatten oder Sacklochbohrungen realisiert werden kann. Bohrungen mit sehr kleinen Durchmessern werden heute meist mittels Laser gebohrt, zumal bei dieser Technik die Bohrtiefe sehr genau kontrollierbar ist.

Tab. 9.20: Lotkugel- und Pad-Durchmesser – Auswirkungen auf die Dimensionierung der Via-Pads (Angabe der maximal möglichen Durchmesser)

Mindest-Leiterabstand =		150µm	120µm	100µm	80µm
RM	DP	DV max	DV max	DV max	DV max
1,5	0,6	> 1,20	> 1,20	> 1,20	> 1,20
1,0 und 1,27	0,35 ... 0,6	> 0,60	> 0,60	> 0,60	> 0,60
0,8	0,39	0,44	0,50	0,54	0,58
	0,35	0,48	0,54	0,58	0,62
	0,33	0,5	0,56	0,60	0,64
	0,3	0,53	0,59	0,63	0,67
0,75	0,35	0,41	0,47	0,51	0,55
	0,33	0,43	0,49	0,53	0,57
	0,3	0,46	0,52	0,56	0,60
0,65	0,3 und 0,33	0,29 - 0,32	0,35 - 0,38	0,3 - 0,42	0,43 - 0,46
0,5	0,3	0,11	0,17	0,21	0,25

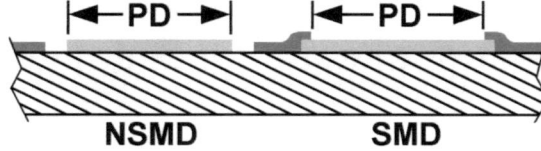

Abb. 9.72:
Begrenzung der Lötstellen durch die Abmessung des Kupfers (Lackschicht mit Abstand zum Pad „NSMD") bzw. durch ein Fenster im Lack (SMD)

Zwei Methoden zur Begrenzung der Lötpads werden diskutiert:

> **Festlegung des benetzbaren Fensters durch die Kupferabmessungen** (NSMD = non solder mask defined) mit einem Lackfenster, welches einen 0,05...0,1 mm größeren Durchmesser als das Kupfer-Pad hat. Es ist die meistpropagierte Methode.

> **Festlegung durch ein Lackfenster** auf einem (leicht vergrößerten) Kupfer-Pad (SMD = solder mask defined).

Abb. 9.73
Layout-Detail für „BGA":
Hilfe zur optischen Kontrolle der Positionierung bzw. Erleichterung von Reparaturen von BGA-Bausteinen: Ecken (in Kupfer geätzt, Schenkellängen etwa 1....1,5 mm, Breiten 0,2....0,3 mm).

(Grafik nach Alcatel-Unterlagen)

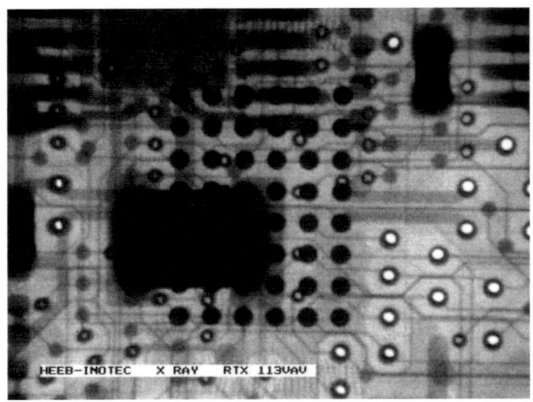

Abb. 9.74:
Layout-Detail in Verbindung mit „BGA":
Lötstellen und Bauteile mit Keramik-Gehäusen auf der anderen Leiterplattenseite unter dem BGA / CSP machen die Lötstellen dieser Bauteile im Röntgen unsichtbar!

(Foto: Kirron)

9.4.7 Layout für Bauteile mit Flächenanschlüssen

Abb. 9.75:	Abb. 9.76:	Abb. 9.77:
QFNL-Gehäuse	QFNL-Gehäuse	D²PAK-Gehäuse
(Foto Infineon)	(Foto Infineon)	(Foto: filairsoft)

Die beiden oben gezeigten Gehäusebauformen stehen exemplarisch für verschiedene Gehäuse, die entweder ausschließlich flächige Anschlüsse an der Unterseite ohne seitliche Metallisierungen aufweisen (Abb. 9.75 und 9.76 sowie Abb. 4.30) oder aber größere Lötflächen mit Gullwings o.ä. kombinieren (Abb. 9.77).

Die Dimensionierungen der Flächen für Kupfer und Lötstopplack unterscheiden sich nicht grundsätzlich vom bisher dargestellten:
- Beim QFNL-Gehäuse sollten die Abmessungen der Kupferflächen gleich groß wie die Anschlüsse des ICs sein. Lötstopplack unter dem Bauteil ist entbehrlich, da er im Zweifelsfall eher Fehler produziert als sie zu vermeiden.
- Beim D²PAK und ähnlichen Gehäusen gilt für die Beinchen das schon für Gullwings an SO-Gehäusen dargestellte. Für die große Flansch-Fläche muss das Kupfer-Pad mindestens so groß sein wie der Flansch selber plus einem zusätzlichen Übermaß von umlaufend 0,2...0,4 mm. Lötstopplack kann wie üblich mit einem umlaufenden Randabstand zum Kupfer dimensioniert werden.

Bei der Bemessung der Pastenfenster ist Vorsicht geboten. Bei der Dimensionierung wie bei den Anschlusstypen „MA", „AB", „GW" und „JL" käme es zu einer Überbelotung, was nicht nur Lötbrücken zur Folge hätte. Bei den genannten Anschlussformen kann Lötzinn, welches an der Lötstelle unterhalb des Bauteils oder des Beinchens nicht benötigt wird, in der Kehle vor der Lötstelle (Abb. 9.78) oder seitlich und an der Ferse des Gullwing (Abb. 9.79) abgelagert werden. Diese Möglichkeit fehlt bei den QFNL und bei allen großflächigen Lötungen. Auf den zu hohen

← Abb. 9.78

Abb. 9.79 →
(Bild: Texas Instruments)

Schichten flüssigen Lotes neigt das Bauteil dazu wegzuschwimmen. Das wird auch dadurch begünstigt, dass bei den Anschlüssen dieser Bauteile keine seitlichen benetzbaren Flächen wie z.B. bei Chip-Widerständen und -Kondensatoren bzw. Gullwing-Anschlüssen existieren, welche die Positionierung der Bauteile auf den Pads selbsttätig korrigieren (vgl. Kap. 9.4.1.2). Auch besteht bei der Kombination aus großen und kleinen Lötflächen z.B. an einem QFNL das Risiko, dass bei ungleichmäßigem Aufschmelzen sich auf der großen Fläche ein Lotbuckel bildet, auf dem das leichte Gehäuse aufschwimmt und abkippt und dann auf einer Seite offene Lötstellen die Folge sind. Daher muss die Pastenmenge deutlich reduziert werden – in der Größenordnung von 50%. Bei den kleinen Flächen ist das Pastenfenster gegenüber dem Pad zu verkleinern, bei den großflächigen Lötungen wie beim großen Pad unter dem IC (vgl. Abb. 4.30 und 9.75) empfiehlt sich ein Aufrastern (Punkte oder Streifen) der Lotgeometrie.

9.4.8 Layout für „Exoten"

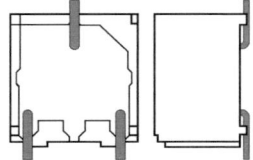 

Abb. 9.80:
SMD-Poti mit eng anliegenden Beinchen (Grafik: Bourns)

Abb. 9.81:
Block mit flachen Beinchen

Abb. 9.82:
Modul in Keramik-Körper, Anschlüsse sind metallisierte Flächen auf der Unterseite

Abb. 9.83:
Modul aufgebaut auf einer Leiterplatte, Anschlüsse sind am Rande metallisierte Kehlen

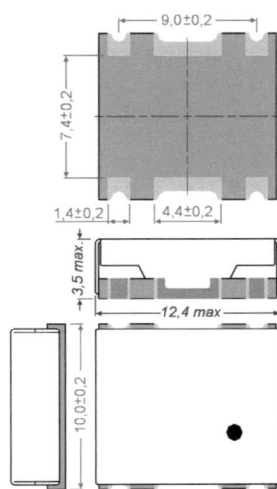

Abb. 9.84: →
Beispiel einer Maßzeichnung eines Moduls nach Abb. 9.83

Die allermeisten hier angesprochenen Bauteile sind nur in Reflow-Technik zu verarbeiten. In der Regel sind die Layouts auf die bei den Chip-Bauteilen bzw. Bauteilen mit Gullwings angestellten grundsätzlichen Überlegungen zurückzuführen. Ansätze zur Dimensionierung:

- Kombination der Layout-Ansätze verschiedener Bauteile
- Pads je nach Bauteil 0,1 bis 0,2 mm breiter als die größte Breite der Anschlüsse (um Toleranzen von RM aufzufangen)
- Beachtung der Aufbautechnologie des Bauteils zur Definition der relevanten Maße & Toleranzen

Die Bauteile in Abb. 9.80 und 9.81 zeigen eine gewisse Ähnlichkeit mit denen im Gullwing-Gehäuse. Daher liegt es nahe, auch die dort angegebenen Berechnungsmethoden anzuwenden. Das hat sich dann auch in der praktischen Anwendung bestätigt. Für Bauteile, wie sie in Abb. 9.82 und 9.83 dargestellt sind, hat es sich dagegen bewährt, diese als Überlagerung mehrerer Chip-Bauteile zu betrachten (Typ „MA"). Bei Bauteilen nach Abb. 9.80. – 9.82 ist es ratsam, die Überlegungen bezüglich Lotmengenreduzierung aus Kap. 9.4.7 zu berücksichtigen. Bei Abb. 9.83 ist dieses wegen des Vorhandenseins der Lotkehlen nicht so kritisch.
Die Maßzeichnung in Abb. 9.84 zeigt unterschiedlich dargestellte Angaben: die roten gerade gedruckten Maße sind besonders wichtig für das Layout der Pad-Geometrie während die blauen kursiv gedruckten Maße allenfalls für die Sperrzonen von Bedeutung sind.
Für die meisten dieser exotischen Bauteilgehäuse gilt, dass sie als „schwere Bauteile" („heavy components") behandelt werden müssen (siehe 9.4.9).

9.4.9 schwere / große Bauteile („heavy components')

Bauteile mit dieser Eigenschaft müssen beim Layout für doppelseitiges Reflowlöten besonders beachtet werden: sie dürfen nicht so platziert werden, dass sie im ersten Lötvorgang verarbeitet werden – es besteht die Gefahr dass sie beim zweiten Löten (→ über Kopf) abfallen. Beim zweiten Lötvorgang werden die Lötstellen auf der Unterseite wieder flüssig und die Bauteile müssen von der Oberflächenspannung des flüssigen Lotes gehalten werden. Das funktioniert nur bei leichten / kleinen Teilen mit relativ (zur Größe) vielen Lötstellen, die auch noch möglichst symmetrisch angeordnet sein sollten.

Anhaltspunkte zur Identifizierung von „heavy components" (Erfahrungswerte):

- Bauteilhöhe > 4 mm
  Diese sind auch bei ausreichend großer Beinchenanzahl insbesondere in Reflow-Anlagen mit „forced convection" gefährdet, da sie der Luftströmung eine große Angriffsfläche bieten.
- RM > 1,27
- aufgelötete Metalldeckel (vgl. Abb. 9.83 – diese können sich separat lösen)
- bezüglich Anschlüssen stark asymmetrische Gehäuse
- Körpervolumen > 50 mm³ pro Anschluss

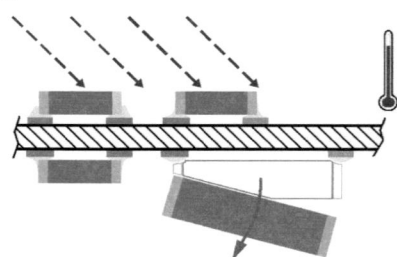

Abb. 9.85:
zu schwere / zu große Bauteile fallen beim „Überkopf-Löten" leicht ab

10. Leiterplatten-Layout – Details

An dieser Stelle muss nochmals klargestellt werden, dass aufgezeigte Grenzen häufig keine Grenzen im Sinne physikalischer Gesetze sind. Vielmehr handelt es sich um Abgrenzung dessen, was heute (in etwa) industrieller Standard ist. Das Überschreiten solcher Grenzen ist zwar häufig technisch möglich, hat aber in aller Regel erhöhte Kosten und / oder ein höheres Produktionsrisiko zur Folge, was sich letztlich dann auch wieder in höheren Kosten niederschlägt.

10.1 Festlegung der Eckdaten der zu konstruierenden LP

10.1.1 Kontur und Befestigung

Bevor mit dem Layout einer Leiterplatte begonnen werden kann müssen in aller Regel die Grenzen festgelegt werden. Von der funktionalen Seite her sind das der Stromlaufplan / das Schaltbild und die Bauteil-Liste. Dazu kommen die mechanischen Begrenzungen, die sich fast immer aus der Einbausituation ergeben.
Bei der Bestimmung der Abmessungen der Leiterplatte müssen auch die Toleranzen der beteiligten Komponenten, gegebenenfalls auch geforderte Sicherheitsabstände sowie etwas „Luft" eingeplant werden – eine nicht so seltene Fehlerquelle. Die „Luft" ist notwendig, um ein Klemmen bei der Montage zu vermeiden. Dafür sind Werte von ca. 0,5...1,5 mm (je nach den sonstigen konstruktiven Randbedingungen) zweckmäßig. In der Praxis überwiegen drei Einbauprinzipien:

> Steckkarte ohne wesentliche mechanische Führung auf Mutterplatte

> Einschub-Systeme (Racks)

> Einbau in ein Gehäuse (Begrenzung durch Seitenwände)

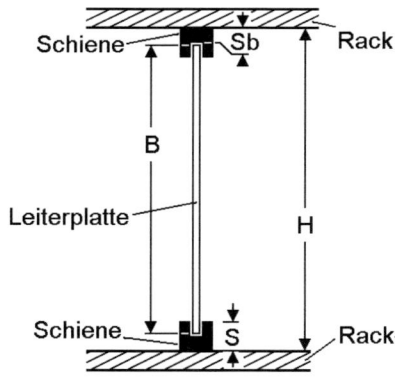

Abb. 10.1:
Leiterplatte als Einschub in Rack

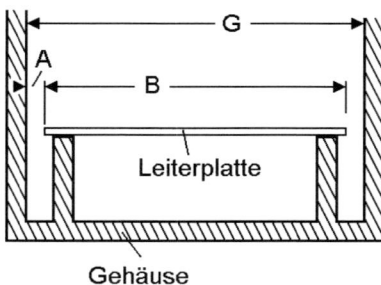

Abb. 10.2:
Leiterplatte als Einbau in Gehäuse auf Stützen
Der Abstand A gilt sinngemäß für alle Kanten der Leiterplatte

Für den Rack-Einbau (Abb. 10.1) müssen die beiden folgenden Forderungen erfüllt sein, so dass die Leiterplatte ohne Zwang einzuschieben ist und andererseits bei den Extremtoleranzen nicht aus der Führung heraus fällt:

$$B_{max} \leq H_{min} - 2 * Sb_{max} - Luft$$

$$B_{min} > H_{max} - 2 * S_{min}$$

Bei der Führung in Schienen muss zudem der Randbereich frei von Kupferflächen gehalten werden, wodurch auch gleichzeitig (mechanische) Konflikte zwischen den Lötstellen von Bauteilen und den Schienen vermieden werden.
Beim Einbau in Gehäuse (Abb. 10.2) sind natürlich die mechanischen Abmessungen des Gehäuseinneren zu berücksichtigen, zusätzlich aber auch noch etwas „Luft" für die Montage bzw. notwendige Sicherheitsabstände (vgl. z.B. EN 60950) – letztere unter „A" zusammengefasst:

$$B_{max} \leq G_{min} - 2 * A_{min}$$

Ohne Sicherheitsanforderungen sollte für A mindestens 0,5 mm angesetzt werden. In allen Fällen ist es wichtig, die Toleranzen und gegebenenfalls auch die Wärmeausdehnung der beteiligten Materialien zu berücksichtigen.

Tab. 10.1: Randabstände Kupfer und Lack zum Rand der Leiterplatte

Aufbauprinzip:	Rack-Einbau in Schienen aus..		Gehäuse-Einbau
	Kunststoff	Metall	
Kupferflächen auf Außenlagen an den in den Schienen geführten Kanten	3,0	$S_{max} - Sb_{min} + D_{Cu}$ $D_{Cu} \geq 0,5$ 1.)	
Kupferflächen auf Außenlagen an den anderen Kanten	1,0 1.)	1,0 1.)	1,0 1.), 2.)
Kupferflächen auf Innenlagen	1,0 2.)	1,0 2.)	1,0 2.)
Lötstopplack	> 0,5 3.)	> 0,5 3.)	> 0,5 3.)

Bemerkungen:
1.) D_{Cu} beschreibt den Abstand der Kupferflächen (gleich ob Pads oder Leitungen unter Lack) zur Führungsschiene, wobei für D_{Cu} der **Mindestwert der Sicherheitsforderung** aus EN 60950 eingehalten sein muss.
2.) An zwei (langen) parallelen Kanten min. 3,0 mm (Anforderung Prozesse automatischer Pastendruck + Bestückung), sonst Nutzenkonstruktion, vgl. Kap. 9.1.3
3.) siehe Kap. 9.1.3

Beim Einbau auf Stützen – gleich ob metallisch-leitend oder aus isolierendem Kunststoff – in Gehäusen müssen die verschiedenen Toleranzfelder und deren Überlagerungen berücksichtigt werden (siehe Abb. 10.3). Ergänzend dazu sind je nach Konstruktion gegebenenfalls auch Isolationsabstände einzuhalten. Soll die Auflagefläche auf einer (metallischen) Stütze auch gleichzeitig ein lackfreies Kupferpad sein um z.B. einen Massekontakt herzustellen, muss zusätzlich eine Sperre gegen fließendes Lot durch eine Lackschicht vorgesehen werden.

Sperrzone für Auflagefläche D_C:

$$D_C \geq D_S + \Delta + 2 * L_V + 2 * (D_B + D_G)$$

Durchmesser D_{Lack} des Lack-Rings zur Vermeidung unerwünschter Belotung:

$$D_{Lack} \geq D_C + 2,0 \text{ mm}$$

Für ein einfaches Beispiel mit

D_S = 6,0 mm, Δ = 0,2 mm, L_V = 0,2 mm, D_B = 3,3 mm und D_G = 3,0 mm (M3)

ergibt sich $D_C \geq 7,2$ mm.

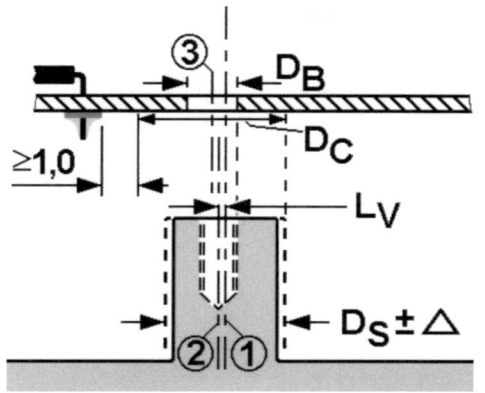

Abb. 10.3:
**Befestigung einer LP auf einer Stütze –
Bestimmung der Sperrfläche**

die Formelzeichen und Markierungen bedeuten:

D_B = Durchmesser Bohrung in der LP, typ. Gewinde-$\varnothing$ + 0,3
D_C = Durchmesser Sperrzone
D_G = Gewindedurchmesser
D_S = Nenn-Durchmesser Stütze
Δ = Toleranz Durchmesser Stütze
L_V = Loch-Versatz Bohrung gegenüber dem angegebenem Zentrum
① = Mittellinie Stütze
② = Mittellinie Gewinde-Bohrung in der Stütze (ausgeführt)
③ = Mittellinie der Bohrung in der Leiterplatte

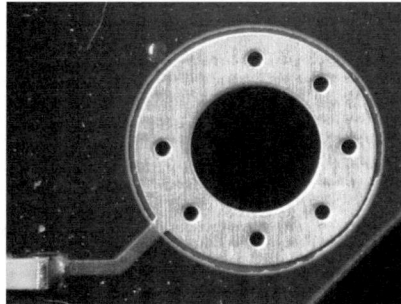

Abb. 10.4:
Absicherung der Durchkontaktierung einer Befestigungsbohrung

Werden Schrauben / Befestigungselemente mit großen Köpfen oder Unterleg- bzw. Sicherungs-Scheiben eingesetzt, so müssen deren mögliche exzentrische Lagen – bezogen auf die Schraube und umgerechnet auf die (theoretische) Mittelachse eines Systems ohne Toleranzen – auch berücksichtigt werden.

D_C ist aber die reine Sperrzone ohne Sicherheitsabstände usw. Sind Lötstellen nahe der metallisierten Auflagefläche auszuführen, dann muss zur Sicherung der Prozessfähigkeit ein Abstand von min. 1,0 mm eingehalten und dieser mittels einer Lackbarriere gegen Lotfluss gesichert sein. Bei Befestigungspunkten, die gleichzeitig zur elektrischen Verbindung benutzt und als durchkontaktierte Bohrungen ausgeführt werden sollen, besteht die Gefahr des Hülsenbruchs durch den Pressdruck der Verschraubung. Daher sollte(n) parallel zur Befestigungsbohrung reine Via-Holes außerhalb des Bereichs des Schraubenkopfes vorgesehen werden (siehe Abb. 10.4).

Ein erhebliches Problem für Leiterplatten ist der Stress, der durch mechanische Vibration verursacht wird. Hierbei ist zweierlei zu unterscheiden:

> stationär betriebenes System, welches nach dem Zusammenbau (z.B. in Rack) zum Bestimmungsort transportiert werden muss,

> mobiles System, welches jederzeit den spezifischen Stresssituationen des Einbauortes ausgesetzt sein kann.

Im ersten Fall muss entweder die Konstruktion die Randbedingungen des Transportes berücksichtigen, für den Transport müssen definierte Randbedingungen vorgeschrieben werden oder aber der Zusammenbau darf erst am Bestimmungsort erfolgen.
Im zweiten Fall muss durch Versteifung des Systems z.B. durch Mehrfach-Verschraubung mit kurzen Abständen der Befestigungspunkte für die notwendige Stabilität gesorgt werden (vgl. Abb. 10.5). Dieses ist umso notwendiger, je schwerer die Bauteile auf der Leiterplatte sind (z.B. Spannungswandler-Module usw.).

Abb. 10.5:
Leiterplatte mit 9 Befestigungspunkten bei Abmessungen von nur 235 mm * 72 mm für ein mobiles Funksystem

10.1.2 Technologieauswahl

Vor Beginn des Layouts müssen die anzuwenden Fertigungstechnologien festgelegt werde, da eine nachträgliche Änderung kaum mehr möglich ist. Andererseits hat eine unpassende Kombination von Technologien unweigerlich einen erhöhten Aufwand, z.B. manuelle Fertigung statt Maschineneinsatz zur Folge, was sich dann auch wieder in erhöhten Kosten niederschlägt.
In Abb. 10.6 wird versucht, die gegenseitige Einflussnahme der wesentlichen Parameter darzustellen. Dabei sind z.B. Einflussgrößen wie Stückzahlen und Kostenlimits noch nicht berücksichtigt. Es zeigt sich, dass der Entscheidungsprozess sehr komplex ist und in der Regel nur eine Annäherung an das Optimum gefunden werden kann.

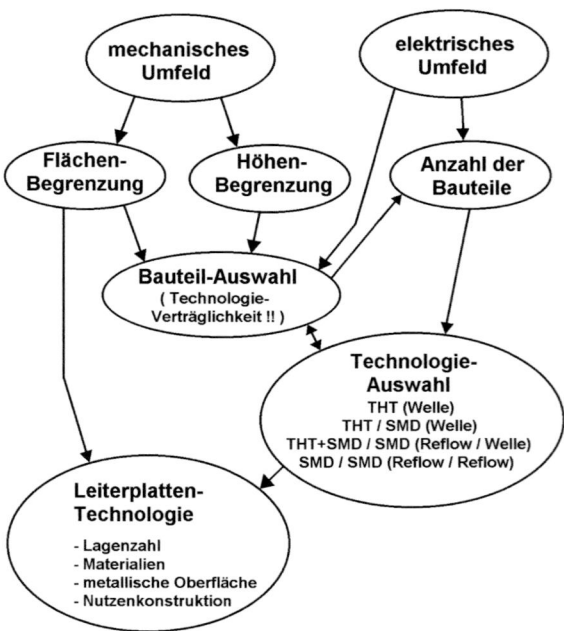

Abb. 10.6:   Einflussgrößen Technologieauswahl

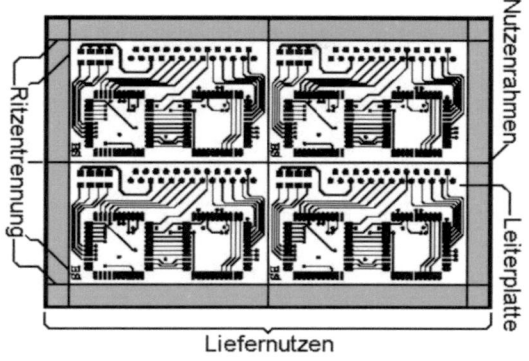

Abb. 10.7: Prinzipzeichnung Nutzen

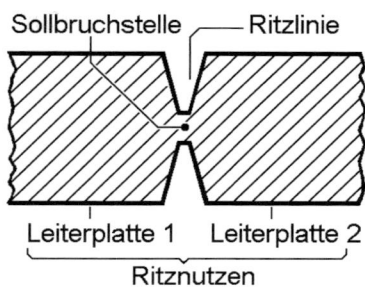

Abb. 10.8:
Nutzentrennung in Ritztechnik

Abb. 10.9: Ausführung Ritztechnik

(Abb. 10.7 – 10.9: ILFA, [10.2])

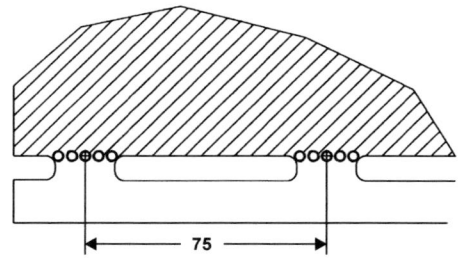

Abb. 10.10:
Abtrennung der Leiterplatte vom Nutzenrahmen durch gefräste Nuten, optional mit Bohrungen zur Erleichterung des Abtrennens („mouse-bite")

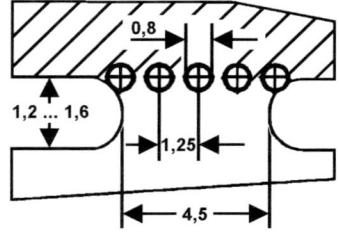

Abb. 10.11:
Detailzeichnung der Trenn-Stellen

(Abb. 10.10 & 10.11:
Grafiken IPC-SM-782)

Wenn die Notwendigkeit der Nutzenkonstruktion besteht, dann muss auch dieses schon beim Layout berücksichtigt werden. Das Hauptproblem ist die mögliche Schädigung von Bauteilen beim Trennen der Nutzen je nach verwendeter Technik.

Übliche Methoden zum Austrennen der Einzel-Leiterplatten sind:
- Stanzen
- Brechen
  (geritzte LPs vgl. Abb. 10.8 – 10.9, mit Sollbruchstellen mittels Bohrungen versehen vgl. Abb. 10.10 – 10.11)
- Schneiden mittels Rollmesser
  (geritzte LPs vgl. Abb. 10.8 – 10.9)
- Schneiden mittels Linearmesser
- Fräsen
  (mit Trenn-Nuten versehen vgl. Abb. 10.10 – 10.11, Bohrungen nicht notwendig))

Stanzen und Brechen kommt nur für Hartpapier und ähnliches Material (z.B. FR2) in Frage. Bei den gewebeverstärkten Materialien wie FR4 können beim Stanzen erhebliche Probleme mit dem Werkzeug auftreten. Beim Brechen dieser Materialien besteht das Risiko, dass die Leiterplatten zu stark gebogen werden. Dabei treten dann schnell unzulässige Kräfte an den Lötstellen und auch an den Gehäusen von Chip-Bauteilen auf, die insbesondere bei keramischen Materialien zu Kontaktabrissen und Gehäusebrüchen führen können [10.1].

Weit verbreitet ist das Schneiden mittels Roll-Messer (z.B. von CAB). Problematisch ist aber auch hier die nur schwer vermeidbare LP-Durchbiegung mit den schon zuvor beschriebenen Konsequenzen. Daher wird diese Methode auch von vielen Herstellern z.B. von KeKo-Chips abgelehnt und die Schneidwerkzeuge als „....am besten für Pizza geeignet... " klassifiziert [10.1]. Bei größeren Abständen der Chips von der Schnittkante (AVX empfiehlt mindestens 5 mm) sowie bei Leiterplatten mit bedrahteten Bauteilen ist die Methode durchaus anwendbar.

Für anspruchsvolle Systeme mit der Forderung nach hoher Zuverlässigkeit kommt im Wesentlichen der Trennung mittels Fräsung in Betracht. Die einzelnen Platten werden nur noch von Stegen gehalten, die mittels Fingerfräser aufgetrennt werden (vgl. Abb. 10.10 – 10.11, wobei die Bohrungen entbehrlich sind). Wenn die Geometrie der Leiterplatte das zulässt, ist auch der Einsatz eines Linearmessers möglich. Der mechanische Stress ist ähnlich dem des Fräsens.

10.1.3 Definition des Aufbaus

Entsprechend den aufgezeigten Aspekten müssen unter Abwägung der Randbedingungen die Eckdaten der Leiterplatte festgelegt werden. Dazu kann eine tabellarische Auflistung im Sinne eines „Pflichtenheftes" hilfreich sein. Hier können dann alle Einzelaspekte, die sich aus Einbau-Situation, zu verwendenden Bauteilen usw. zusammengefasst werden.

Logistik: Bezeichnung der LP:
geplante Stückzahl:
Abmessungen L*B*D (mm):
Material:

Bestückung:

Bauteile	Oberseite: Löttechnik			Unterseite: Löttechniken			
	Reflow	Hand	sonstiges	Welle:	Reflow	Hand	sonstiges
THT							
SMD							
SMD heavy							

Lagenaufbau:

Lage:	Density	Cu-Dicke (vor Galvanik)	Durchkontaktier. nach...
Oberseite			
1. Innenlage			
2. Innenlage			
3. Innenlage			
4. Innenlage			
5. Innenlage			
6. Innenlage			
7. Innenlage			
8. Innenlage			
9. Innenlage			
10.Innenlag.			
Unterseite			

Bohrungen:

Durchmesser	durchkontaktiert	nicht durchkontaktiert	Bem.

Oberfläche der Pads: | OSP | HAL | chem. Sn | chem. Ni/Au | sonstige:

Reparaturfähigkeit:

vorgesehene Prüftechnik:

sonstiges:

10.2. erste Schritte im Layout

10.2.1 Bauteilplatzierung

Das eigentliche Layout beginnt üblicherweise mit dem Platzieren der Bauteile, wobei hier in erster Linie die von der Einbausituation bestimmten (Steckverbinder, Montage an Gehäusewänden,...) sowie große und vielpolige Bauteile betroffen sind. Dabei sollten die in Tab. 10.2. aufgeführten Punkte beachtet werden.

Tab. 10.2: Bauteilplatzierung – zu beachten

Oberbegriff	Stichwort	zu beachten
THT	Bestückseite der LP	nur auf einer Seite platzieren, ansonsten Handarbeit
	Größe, Gewicht	schwere / große Bauteile so verteilen, dass keine Probleme mit der mechanischen Stabilität auftreten
SMD	auf Wellenlötseite	Prozesskompatibilität beachten
		Ausrichtung beachten
	auf Reflowlötseite	bei beidseitigem Reflowlöten: „heavy components" nur auf eine Seite (2. Durchlauf im Ofen)
Signalführung	empfindliche Leitungen	Bauteile möglichst nahe zusammen → kurze Leitungen, gegebenenfalls Schirmung vorsehen
	Busstrukturen	möglichst gleichmäßige Anordnung, so dass eine gleichmäßige Leitungsstruktur realisiert werden kann
	high speed	Bauteile nahe zusammen → kurze Leitungen **und** möglichst gleichmäßige Anordnung, so dass eine gleichmäßige Leitungsstruktur realisiert werden kann
	hohe Spannungen	Sicherheitsforderungen bei hohen Spannungen berücksichtigen
	hohe Ströme	Bauteile mit hohem Strombedarf nahe an Quelle positionieren, Platz für ausreichend breite Leitungen vorsehen, Leitungspositionierung beachten
Sperrflächen	Zugang zu Bauteilen	Platz für den Zugriff / Nutzung vorsehen, z.B. Zugang für Gegenstück bei Steckverbindern freihalten
Bauteilausrichtung	gepolte Bauteile	in zwei (rechtwinklig zueinander stehenden) Richtungen ausrichten um die visuelle Kontrolle zu erleichtern
Wärme	Abfuhr Verlustleistung	insbesondere bei Chips die gegenseitige Beeinflussung beachten, ‚hot spots' verhindern

10.2.2. thermische Aspekte

Für Chip-Bauteile sowie Halbleitergehäuse mit entsprechender thermischer Anbindung (SOT-89, SOT-223=TO261AA, TO252=DPAK, TO263=D²PAK) stellt die Leiterplatte den Kühlkörper dar – der Literaturstelle [10.3] liegen umfangreiche Untersuchungen zu Grunde. Dabei zeigte sich, dass nur je etwa 10% der Wärmeabfuhr direkt vom Bauteil über Strahlung und Konvektion aber ca. 80% über die Leiterplatte erfolgt. Hierbei sind zwei kritische Werte zu beachten:
- die Oberflächentemperatur des Bauteils
- die Lötstellentemperatur

Erstere wird durch die Materialeigenschaften der Leiterplatte (z.B. ‚Glaspunkt') begrenzt. Für eine hohe Zuverlässigkeit sollte die zulässige Lötstellentemperatur (siehe Kap. 6.2.1.3) nicht überschritten werden. Nach den Angaben in [10.3] kann man die mittlere Verlustleistungs-Flächenbelastung für eine Leiterplatte in ruhender Luft abschätzen. Die Werte in Tab. 10.3 gelten für zeitliche Mittelwerte und setzen einen gleichmäßigen Wärmeeintrag und die Abdeckung der Leiterplatte mit Lack o.ä. für ein gutes Wärmeemissionsvermögen (vgl. Tab. 10.5) voraus. Die tatsächlichen Werte sollten im Interesse einer hohen Zuverlässigkeit niedriger liegen. Bei Impulsbelastungen müssen zusätzlich die Grenzwerte der Bauteile für Ströme und Spannungen berücksichtigt werden.

Tab. 10.3: maximale spezifische Wärmebelastung von Leiterplatten bei *gleichmäßiger Verteilung der Wärmequellen* und maximaler Lötstellentemperatur von 115°C
(Details im Text beachten !)

Umgebungstemperatur	40	70	90	°C
maximale Verlustleistung **(Idealbedingungen)**	260	150	85	mW / cm²
Verlustleistung **im praktischen Layout realisierbar** (Abschätzung)	150	80	50	

Fallen lokal höhere Verlustleistungen an, so muss mit Layoutmaßnahmen (breite Leiterzüge, Cu-Flächen usw.) dafür gesorgt werden, dass sich die Verlustleistung auf eine größere Fläche verteilt. Große Vorsicht ist beim Layout mit Bauteilen mit Verlustleistungen ab einigen 100 mW geboten. Hier sind z.T. konstruktive Maßnahmen zur Wärmeabfuhr und / oder die Verwendung anderer Materialien für Leiterplatte und Lot notwendig. Dabei sind die Wärmeleitfähigkeiten der verwendeten Materialien sowie die Fähigkeiten verschiedener Oberflächen Wärme abzugeben zu beachten.

Tab. 10.4: Wärmeleitfähigkeiten verschiedener Materialien (z.T. aus [10.4])

Werkstoff	Wärmeleitfähigkeit Watt / (m * °C)	Werkstoff	Wärmeleitfähigkeit Watt / (m * °C)
ruhende Luft	0,028	Stahl	ca. 40
Epoxid	0,2	Zinn-Blei-Lot	ca. 50 – 60
Silpad (Isolierscheiben)	1,6	Bronze (ca. 60% Cu)	ca. 60
Messing	ca. 8 – 10	Zinn-Kupfer-Lot (Sn99Cu)	ca. 70
Neusilber	ca. 30 – 40	Al88Si12 (Alu-Druckguss)	160 – 176
Zinn-Silber-Lot (Sn96Ag)	ca. 33	Kupfer (rein bzw. technisch)	ca. 300 bzw. 350

Für die Abgabe der Wärme an die Umgebungsluft haben drei verschiedene Parameter besondere praktische Bedeutung:
- Emissionsfähigkeit und Farbe des Wärme abgebenden Materials
- Oberflächentemperatur des Wärme abgebenden Objektes
- Lage der Wärmequelle horizontal / vertikal in ruhender Luft / im Luftstrom

Tab. 10.5: relatives Wärmeemissionsvermögen (WEV) verschied. Materialien durch Infrarot-Strahlung (aus [10.4])

Werkstoff	relat. WEV	Werkstoff	relat. WEV
Aluminium metallisch	0,04 – 0,055	Stahl oxidiert	ca. 0,7
Aluminium (dunkel) anodisiert	0,8	vernickelte Oberfläche	0,1
Messing	0,04	verzinnte Oberfläche	0,04
Kupfer	0,03 – 0,07	Lackfarbe (vorzugsw. dunkel)	0,8 – 0,95

Aus Tab. 10.5 ist der thermische Vorteil des Lötstopplacks in zweierlei Hinsicht (Wärmeaufnahme im Reflow-Ofen, Wärmeabgabe im Betrieb) gut zu erkennen sowie Hinweise zur Einschätzung von Kühlungsmaßnahmen zu entnehmen.

Zur Kühlung insbesondere von Hochlast-Widerständen nutzt man die Möglichkeit, deren Oberflächentemperatur auf Werte von mehr als 150°C steigern zu können und durch die vergrößerte Differenz zur Umgebungstemperatur mehr Verlustleistung abzuführen, muss aber für einen ausreichenden Abstand zu anderen wärmeempfindlichen Teilen sorgen.

Abb. 10.12: Leiterplattenschaden durch zu geringen Abstand eines Bauteils mit hoher Oberflächentemperatur

Effektive Maßnahmen zur Kühlung und damit Abfuhr der Verlustwärme sind generell:

> Luftstrom statt stehender Luft

> Vergrößerung der Wärme abgebenden Oberflächen und deren gute thermische Anbindung an die Wärmequellen (Kühlkörper mit relativ großen Materialstärken)

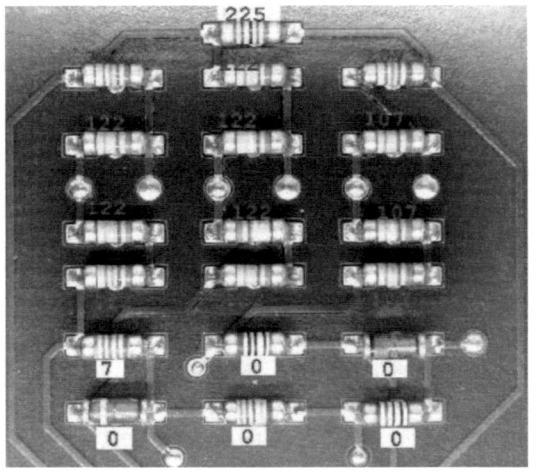

↑Abb. 10.14:
(andere LP-Seite)

← Abb. 10.13:
(Bestück-Seite)

thermische Überlastung der Leiterplatte durch lokal zu hohe Verlustleistung
Die einzelnen Bauteile können > 250 mW verkraften und werden tatsächlich nur mit den angegebenen Werten (in mW) belastet.

10.2.3. Ströme und Spannungen

Hohe Spannungen und Ströme bilden Gefahrenquellen – auch in Verbindung mit Leiterplatten. Bei Hochspannung bestehen das Risiko von Überschlägen von Stromkreis zu Stromkreis und somit Zerstörungsgefahr. Dazu kommt noch eine mögliche Gefährdung von Personen durch Berührung spannungsführender Teile. Wichtige Angaben zu einzuhaltenden Isolationsabständen bei „normalen Geräten" finden sich in der schon mehrfach erwähnten EN 60950. Dabei wird zwischen der Isolierung zwischen Primär- und Sekundärkreis (Netzanschluss- bzw. Geräteseite) unterschieden. Insbesondere bei kritischen Netzanschlüssen, bei Baugruppen die Verschmutzung

ausgesetzt sind, die in großer Höhe betrieben werden oder gar bei medizinischen Geräten u.ä. empfiehlt sich die Konsultierung eines darauf spezialisierten akkreditierten Zertifizierungslabors.
Die folgende Tabelle mit Werten aus den angegebenen Quellen (z.T. interpoliert) gibt eine Übersicht über einzuhaltende Abstände in Sekundärstromkreisen bei Leiterplatten, die in geschlossene Geräte eingebaut und <u>keiner Verschmutzung ausgesetzt</u> sind. Es handelt sich dabei um Kriechstrecken, also z.B. zwischen zwei Anschlusspads ('offene Leiter') oder zwischen einem Anschlusspad und einer daneben verlaufenden und unter Lack befindlichen Leitung ('min. ein Leiter abgedeckt'). Bei der Anwendung der letzteren Tabelle auf Leitungsstrukturen im Inneren von Multilayer-Leiterplatten ist man auf der sicheren Seite, auch wenn auf Grund der Materialeigenschaften geringere Abstände möglich wären.

Tab. 10.6: Mindestabstände in Sekundärstromkreisen für Gleichspannung bzw. Spitzenwerte von Wechselspannungen ohne Transienten (Quelle für die Werte in [10.5])

Spannung	Abstand / min. 1 Leiter abgedeckt	Spannung	Abstand / offene Leiter
0 – 30 V	0,05 mm [10.4]	0 – 15 V	0,13 mm [10.4]
		16 – 30 V	0,25 mm [10.4]
31 – 63 V	0,1 mm [10.4] und [10.5]	31 – 71 V	0,4 mm [10.5]
64 – 125 V	0,2 mm [10.5]	72 – 210 V	0,6 mm [10.5]
126 – 160 V	0,3 mm [10.5]		
161 – 200 V	0,4 mm [10.5]		
201 – 250 V	0,6 mm [10.5]	211 – 280 V	1,1 mm [10.5]
251 – 320 V	0,8 mm [10.5]	281 – 420 V	1,4 mm [10.5]
321 – 400 V	1,0 mm [10.5]		

Hohe Ströme erzeugen in Leiterbahnen mit den relativ geringen auf Leiterplatten realisierbaren Querschnitten merkliche Spannungsabfälle (mitunter für die Schaltungen problematisch) und dadurch auch eine nicht zu vernachlässigende Verlustwärme (vgl. auch Abschnitt 10.2.2). Das muss bei der Dimensionierung der Leiterbahnen berücksichtigt werden. Die notwendigen Leiterbreiten lassen sich mit Hilfe der Nomogramme Abb. 10.15 abschätzen. Am unteren kann zusätzlich auch der Spannungsabfall abgelesen werde. Zwei Beispiele sind eingezeichnet. Da die Leiterplatte durch die Leitungen so wenig wie möglich erwärmt werden soll, wird von einer zulässigen Temperaturüberhöhung der Leiterbahnen von nur 10° ausgegangen (Parameter an der Kurvenschar im oberen Teil). Bei 5 A Strom ergibt sich ein Schnittpunkt, der zu einem Querschnitt von 0,097 mm² führt (entspricht einer Stromdichte von ca. 50 A/mm²). Bei 35 µm Dicke der Cu-Schicht ergibt das eine Leiterbreite von mindestens 2,8 mm. Der Spannungsabfall bei der Minimalbreite liegt bei 5A * 1,84 mV/cm/A = 9,2 mV pro cm Leitungslänge.
Zwei Aspekte müssen bei der Bestimmung der Leiterbreiten berücksichtigt werden:

> mehrere hohen Strom führende Leitung in unmittelbarer Nachbarschaft
> den Stromfluss hindernde Strukturen

Für die Berechnung der notwendigen Leiterbreite bei Leitungsführungen wie in Abb. 10.16 gezeigt kann man für eine Näherungsrechnung die Ströme addieren und eine Leiterbreite für den Summenstrom aus den Nomogrammen Abb. 10.15 ablesen:

$$I_1 = 2 A, \quad I_2 = 3 A, \quad I_3 = I_1 + I_2 = 5 A$$

Für 10 A und eine Temperaturerhöhung von 10° ergeben sich dann 0,26 mm² Querschnitt bzw. für eine 35 µm dicke Leitung eine Gesamtbreite von 7,4 mm, die sich entsprechend der Ströme aufteilt:

$w_1 = 1,5$ mm (für 20 % des Gesamtstromes), $w_2 = 2,2$ mm und $w_3 = 3,7$ mm

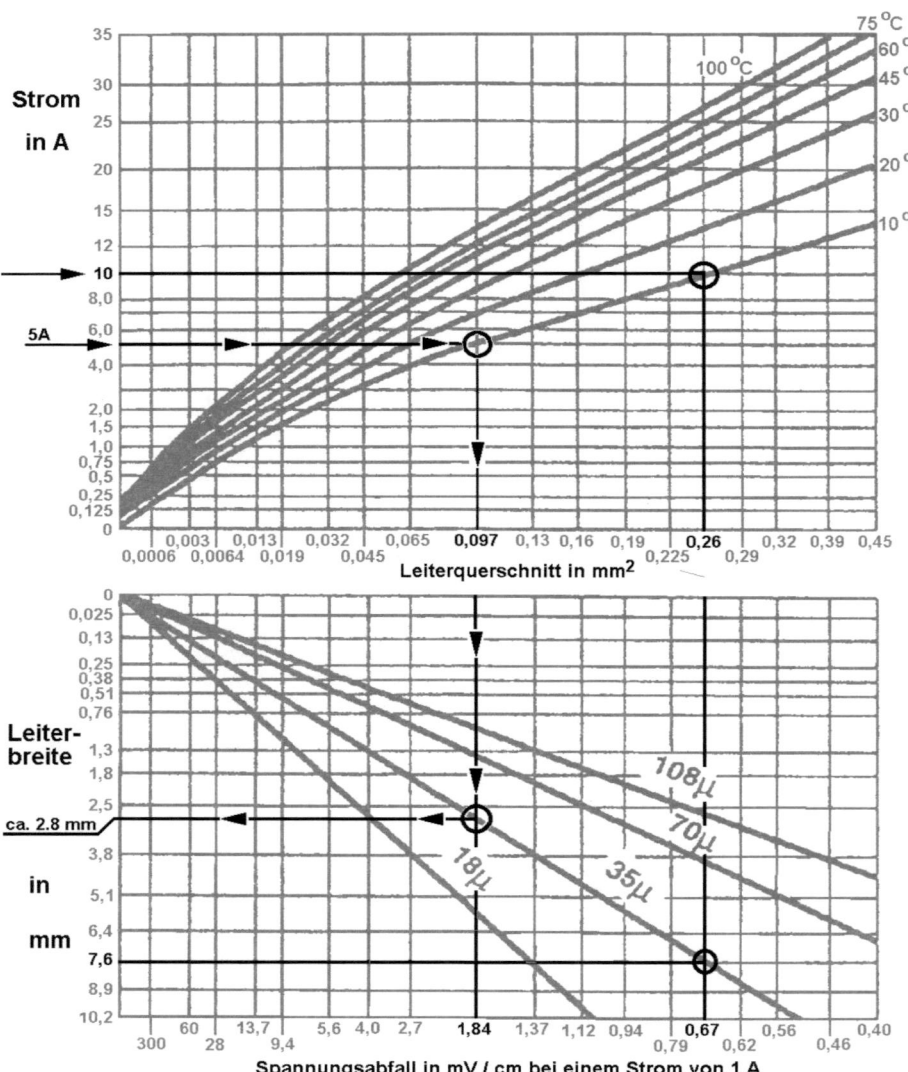

Abb. 10.15: Nomogramme zur Ermittlung der notwendigen Leiterbreite in Abhängigkeit von Strom, zulässiger Erwärmung und Leiterbahndicke
(weitere Erläuterungen siehe Text, Nomogramm aus [10.6])

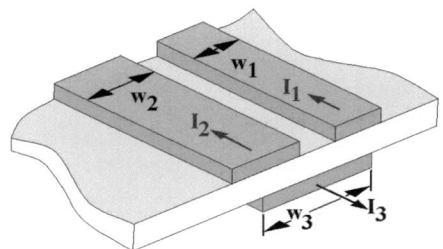
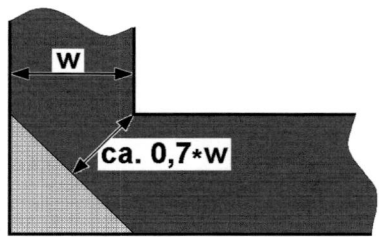

Abb. 10.16: parallel verlaufende Leiter mit hohem Strom

Abb. 10.17: effektive Leiterbreite bei Leitungsknick

Da der Querschnitt gegenüber dem ersten Beispiel erhöht ist (38,5 A/mm²) sinkt gleichzeitig der Spannungsabfall bei den angegebenen Breiten auf 10 * 0,67 mV = 6,7 mV pro cm Leitungslänge. Da die Zusammenhänge nicht linear sind und die Wärmeeinleitung auch auf eine Fläche verteilt wird, liegt die tatsächliche Leiterwärmung unter dem Ansatz von 10°.
Bei winkligen Strukturen ist zu berücksichtigen, dass der Strom sich den ‚kürzesten Weg' sucht, was zu einer effektiven Verengung der Leitung und damit theoretisch zu einer lokalen Überwärmung führen würde, wenn nicht die gute Wärmeleitfähigkeit des Kupfers diese in der Leitung verteilen würde.
Neue Untersuchungen [10.19] haben ergeben, dass die Erwärmung geringer ausfällt als in den Nomogrammen angegeben, wenn weitere Kupferflächen oder Leitungen innerhalb der Leiterplatte oder auf der Rückseite für eine verbesserte Wärmespreizung und –abfuhr sorgen.
Der Erwärmung durch den Stromfluss in den einzelnen Leitern überlagert sich die Verlustwärme von Bauteilen und beide Komponenten müssen angemessen berücksichtigt werden. Sofern die Gesamtkonzeption es zulässt, werden daher oft Masse und Versorgungsleitungen als ganzflächige Lagen ausgeführt. Diese Kupferflächen verbessern nicht nur die Wärmeverteilung in der Leiterplatte sondern können auch als elektrische Schirmung einzelner Lagen genutzt werden.

10.3. Detaillierung des Layouts

10.3.1 Layout

Inzwischen sind viele Layout-Systeme verfügbar, die ein automatisches Routen anbieten. Sind nur unkritische Signale, mäßige Ströme und geringe Spannungen zu berücksichtigen, dann kann man solch einem System sicherlich den größten Teil der Arbeit überlassen. Will man beim Layout von Leiterplatten mit höheren Ansprüchen erheblichen Programmieraufwand, mit dem man dem Programm die Vorgaben für einzelne Signalpfade und deren Randbedingungen für das Layout ‚erklären' müsste, sparen, dann wird die Kombination aus Handarbeit und programmgesteuerter Automatik sinnvoll sein. Es ist zudem fraglich, ob die Programmierung vieler und komplexer Entscheidungen technisch und wirtschaftlich überhaupt möglich ist.
Daher hat es sich bewährt, nach der Platzierung der großen und / oder durch Vorgaben bestimmten Bauteile (vgl. Kap. 10.2.1) etwa wie folgt vorzugehen (*wobei es keine generell anwendbare Regel gibt !*):

- Verlegung von Leitungen mit kritischen Signalen
- gegebenenfalls Schirmelemente vorsehen
- kritische Busstrukturen platzieren
- kritische Abblock-Bauteile nahe den „Störquellen" platzieren
- Platz für breite Stromzuführungsleitungen vorsehen (sofern keine eigenständige Lage)
- sukzessive Vervollständigung des Layouts

Die folgenden Abbildungen zeigen einige Hinweise zu Layoutregeln die zu einem möglichst problemarmen Produktionsprozess führen:

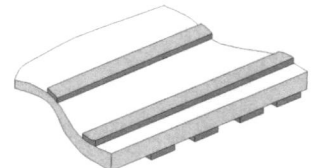

← **Abb. 10.18:**
kreuzweise Leitungsführung
Verminderung des gegenseitigen Übersprechens und Vermeidung des ‚Zustopfens' einer Lage

Abb. 10.19: →
kreuzweise Leitungsführung und Einbettung in vollflächige schirmende Lagen

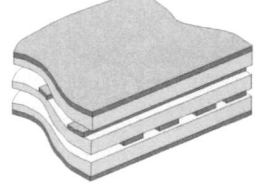

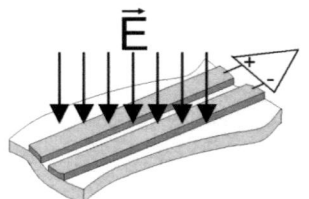

← **Abb. 10.20:**
Führung differentieller Leitungen dicht nebeneinander – das Störfeld wirkt nahezu gleich auf beide Leitungen und die Auswirkungen werden im Differenzverstärker eliminiert.

Abb. 10.21: →
Hohe Ströme führende (Hin- und Rück-) **Leitungen** dicht übereinander anordnen, so dass sich die unvermeidlichen Magnetfelder gegenseitig auslöschen

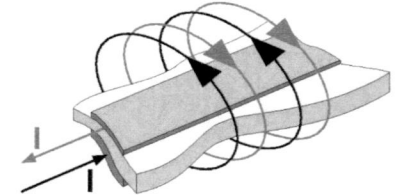

Thermolands sollen große Kupferflächen in Außen- und Innenlagen thermisch von Durchkontaktierungen oder Bauteilanschlüssen entkoppeln um das Löten zu erleichtern (vgl. Kap. 6.2.3.2). Insbesondere bei bleifreier Löttechnik sind diese auf Grund des größeren Wärmebedarfs sowie der schlechteren Fließeigenschaften des Lotes dringend nötig. Dabei auch den Hinweis auf genügend große Lötaugen in Kap. 9.1.2.1 beachten ! Eine Dimensionierung nach Abb. 10.22 vergrößert den thermischen Widerstandes etwa um den Faktor 2,5: Bei einer Anordnung nach Abb. 10.24 kann man mit einem Vergrößerungsfaktor von ca. 4 rechnen.

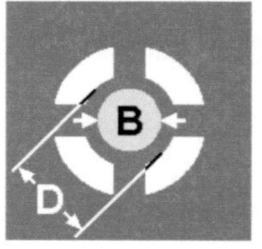 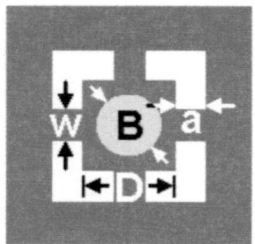

Abb. 10.22:
Thermolands für bedrahtete Bauteile
Dimensionierung nach [10.2]

B =	0,2 ... 0,49	≥ 0,5
D =	B + 0,8	B + 1,0
a =	0,2	0,3
w =	0,2	0,3

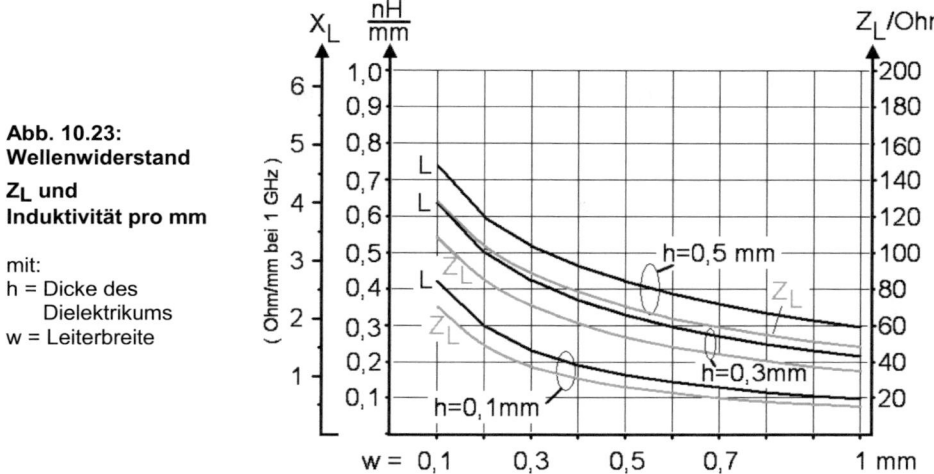

Abb. 10.23:
Wellenwiderstand
Z_L **und**
Induktivität pro mm

mit:
h = Dicke des Dielektrikums
w = Leiterbreite

Immer wieder werden Thermolands wegen „störender Induktivität" der kurzen Leitungsstücke abgelehnt obwohl diese sehr klein und zudem mehrere parallel geschaltet sind. Für Leitungen, die sehr kurz im Vergleich zum Wellenwiderstand sind, stellt Abb. 10.23 die Induktivitätswerte auf FR4-Material in Abhängigkeit von Leiterbreite „w" und Dicke „h" des FR4-Materials dar.
Nicht bedacht werden oft die erheblichen Induktivitätsbeiträge von Via-Holes und Keramik-Chip-Kondensatoren (vgl. Tab. 10.7).

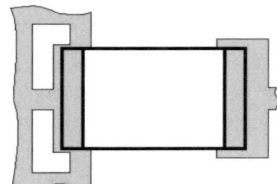

Abb. 10.24:
thermische Entkopplung bei Chip-Bauteil
(Abmessungen ≈ wie Abb. 10.22):
für 0805: R_{th} ca. um Faktor 4 vergrößert

Tab. 10.7: parasitäre Induktivitäten von Durchkontaktierungen und KeKos
(eigene Messungen bzw. Werte von Siemens VDO)

Durchkontaktierung	Serieninduktivität von KeKos bei Baugröße					
	0603	0805	1206	1210	1812	2220
ca. 1,5 – 2 nH / mm	0,7 nH	0,8 nH	1,2 nH	1,0 nH	1,4 nH	1,5 nH

In diesem Zusammenhang sei für die Dimensionierung von Abblock-Kondensatoren darauf hingewiesen, dass die parasitäre Serieninduktivität zusammen mit der Kapazität einen Serienkreis bildet und die Impedanz des Bauteils oberhalb der Resonanz stark ansteigt. Da sich die Induktivitätswerte der verschiedenen Bauformen nur wenig unterscheiden, gelten die Kurven in Abb. 10.25 nahezu unabhängig davon.

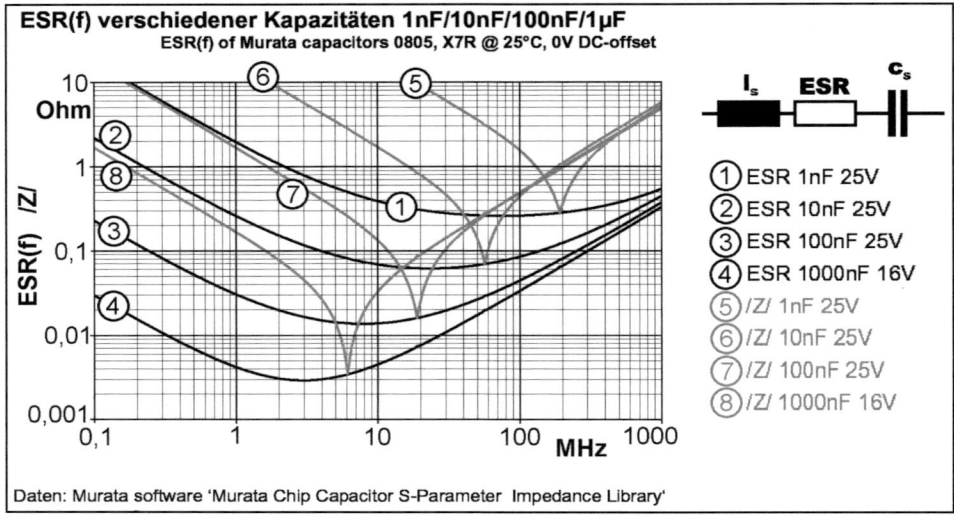

Abb. 10.25: Impedanz verschiedener Kondensatorwerte für die Baugröße 0805
(Bild: Siemens)

10.3.2 Justierung und Test

Zwei wichtige und nicht mit der eigentlichen Schaltung in Verbindung stehende Layoutelemente dürfen nicht vergessen werden:
> Prüfpunkte sofern eine Baugruppenprüfung über Adaptierung mit Nadeln (z.B. Federbeine bei ICT, gesteuerte Nadeln im Moving-Probe-Tester) vorgesehen ist
> Fiducials (Referenzmarken) für die automatische Justierung von Produktionsmaschinen

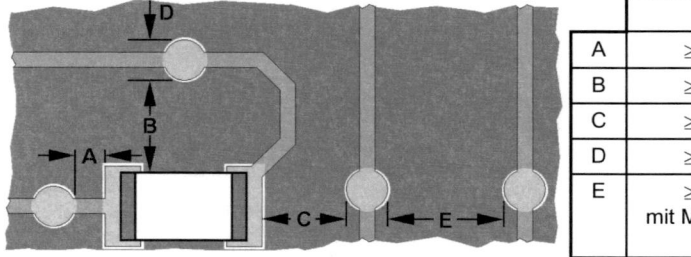

	ICT	MPT
A	≥ 0,4 mm	≥ 0,2 mm
B	≥ 1,0 mm	≥ 0,4 mm
C	≥ 0,6 mm	≥ 0,4 mm
D	≥ 1,0 mm	≥ 0,3 mm
E	≥ 2,5 mm mit Mehraufwand 1,3 mm	≥ 0,5 mm

Abb. 10.26: Testlands / Prüfpunkte

Testlands bzw. Prüfpunkte dienen dem Zugriff von Moving-Probe- (MPT) und In-Circuit-Testern (ICT). Sie sollten zur Begrenzung des Aufwandes auf einer Seite platziert werden, typischer Weise auf der Wellenlötseite bei Welle-/Reflow-Technik. Die Mindestanforderungen an die Größe der Flächen resultieren aus der Positionsgenauigkeit der MPT (besser als 0,1 mm) bzw. aus der begrenzten mechanischen Stabilität der ‚Federbeine' bei den ICT-Adaptern, verbunden mit der begrenzen Passgenauigkeit von Leiterplatte und Adapter. Insbesondere bei ICT müssen aus den

vorgenannten Gründen Sicherheitsabstände zu Bauteilen und fremden Potentialen gehalten werden. Die Werte der Tabelle sind in Anlehnung an [10.8] entstanden.
Abb. 10.27 zeigt verschiedene verwendete Layouts von Fiducials, wobei der Punkt inzwischen eine Art ‚Industriestandard' ist, da er die größte Prozesstoleranz mit guter Erkennbarkeit verbindet. Die Fiducials werden von allen automatisch arbeitenden Maschinen (Pastendrucker, Bestückmaschine, AOI-Tester, MPT) zur Lagekorrektur im Produktionsprozess benutzt. Pro Leiterplattenseite sollten mindestens zwei, besser drei Stück vorhanden sein und möglichst weit von einander entfernt auf der Leiterplatte liegen. Bei kleinen Leiterplatten, die im Nutzen verarbeitet werden, können sich die Fiducials auch auf dem Nutzenrahmen befinden (pro Einzelplatte oder auch als gemeinsame Markierungen für alle). Sie müssen gut erkennbar, nicht von Bauteilen oder Stützrahmen abgedeckt und möglichst mindesten 5 mm vom Leiterplattenrand auf der Leiterplatte positioniert sein (nach [10.7]). Bei der Einführung von Fine-Pitch-Bauteilen hat man diesen zusätzlich lokale Fiducials zugeordnet. Die sind inzwischen durch die gesteigerte Präzision der Bestückautomaten überflüssig geworden.

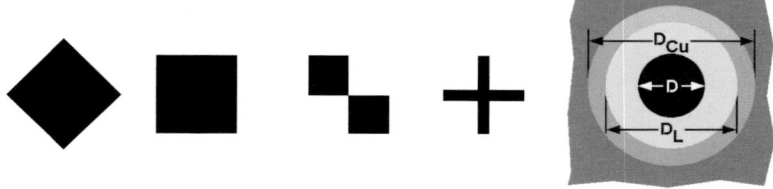

Abb. 10.27: verschiedene übliche Fiducials (Referenz-Marken)
Typische Werte sind: $D = 1{,}6$ mm (Kupfer), $D_L = 3{,}2$ mm (lackfrei), $D_{Cu} \geq 4{,}0$ mm (frei von Kupfer und Bauteilen) (Grafiken: IPC-SM-782, SEL, Thales)

10.3.3 diverse Feinheiten

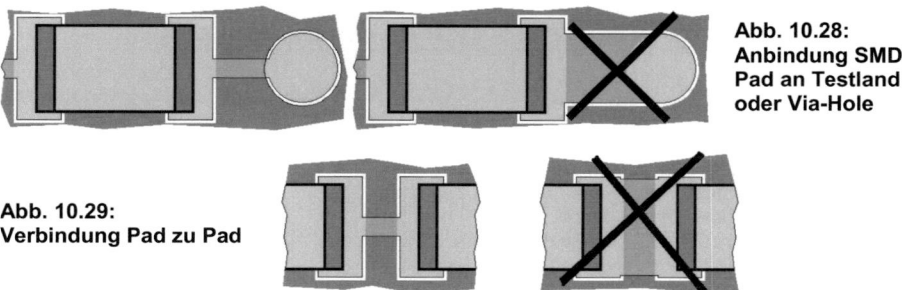

Abb. 10.28: Anbindung SMD-Pad an Testland oder Via-Hole

Abb. 10.29: Verbindung Pad zu Pad

Beim **Reflow-Prozess muss** / beim Wellenlöten sollte das SMD-Pad über ein schmale Leitung an Via-Holes, Test-Lands oder auch andere Bauteile angebunden sein (Abb. 10.28 und 10.29). Beim Reflow-Löten ist weiterhin die Lacksperre zwischen Pad und Via-/Test-Land unverzichtbar. Ansonsten sind Probleme mit Lotabfluss (= zu magere Lötstelle), schlechten Lötstellen wegen Wärmemangel oder Tombstone-Effekt zu rechnen.

Durchlaufende Leitungen sollten schräg angebunden werden (Abb. 10.30), um Prozessprobleme im markierten Bereich zu vermeiden und Eindeutigkeit für die optische Kontrolle zu erhalten. Zur Absicherung des Ätzprozesses sind die Leitungen so zu legen, dass zwischen Pad und Leitung kein spitzer Winkel entsteht (Abb. 10.31). Leitungsanbindungen sollten wenn irgend möglich so ausgeführt werden, dass sie auch später (optische Inspektion, Fehlersuche) auf der Leiterplatte als gewollte Verbindung erkennbar sind (Abb. 10.32).

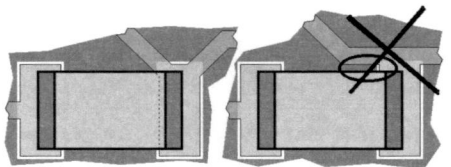

Abb. 10.30:
Anbindung von durch-laufenden Leitungen

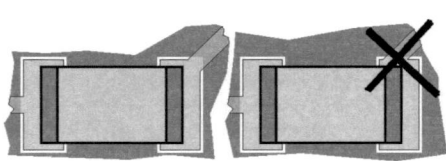

Abb. 10.31:
schräge Anbindung von Leitungen

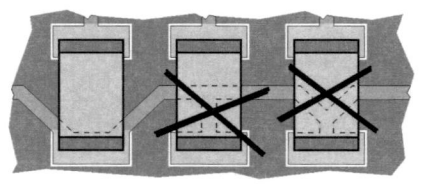

Abb. 10.32:
Anbindung von unterhalb der Bauteile verlaufenden Leitungen.

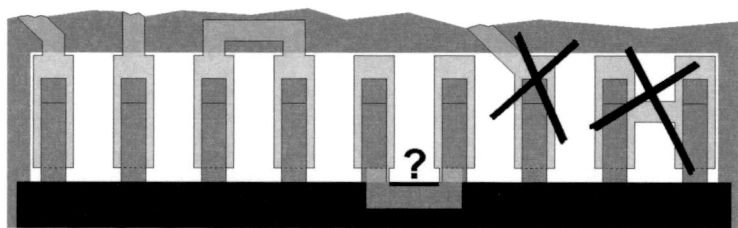

Abb. 10.33:
Anbindung an / Verbindung untereinander von Pads in Reihen (IC-Layouts)

Bei der Anbindungen von Leitungen an IC-Pads bzw. Verbindungen von IC-Pads untereinander muss darauf geachtet werden, dass die ohnehin geringen Abstände nicht unnötig weiter verkleinert und dass die zuvor gezeigten (Abb. 10.28 – 10.31) Regeln eingehalten werden.

Direktverbindungen dürfen nicht direkt zwischen den Beinchen liegen. Ideal ist die außen klar erkennbare Brücke oder, wenn dieses nicht möglich ist, die Brücke unter dem IC (mit „?" gekennzeichnet). Die direkte Brücke ist ganz fatal ohne Lötstopplackbarriere, insbesondere bei kleinen Rasterabständen unter 1 mm, bei denen die Lackschicht zwischen den Beinchen entfällt (siehe Kap. 9.4.5). Dann bildet sich fast immer eine als Fehler identifizierte Lotbrücke, die sich erst nach dem Entfernen des Lotes als erwünscht herausstellt.

Werden Chips unmittelbar an großen Kupferflächen positioniert, dann sollten Wärmefallen vorgesehen werden – beim **Reflow-Prozess** ein „**Muss**" (Abb. 10.34).

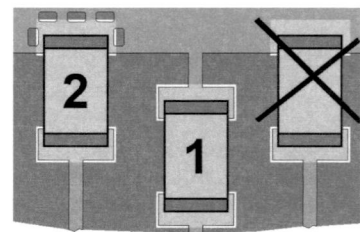

Abb. 10.34:
Chips (einseitig) an großen Kupferflächen löten

Dabei ist die schmale Leitung (1) zu bevorzugen, während die Version 2 bei sehr kleinen Bauteilen schon kritisch sein kann. Bei zu großer Asymmetrie in Bezug auf die thermische Ankopplung kann es bei kleinen Bauteilen zum Thombstoning kommen – gefährdet sind vor allem Baugrößen ab 0603 abwärts.
Beim Reflow-Löten ist weiterhin die Lack-Sperre zwischen Pad und Kupferfläche unverzichtbar (siehe Erläuterung zu Abb. 10.28 & 10.29).
Anhaltswerte für die Geometrie der Variante 2 siehe Abb. 10.22 und 10.24. Wichtige Erläuterungen zur elektrischen Wirkungsweise siehe Erläuterungen am Ende des Kapitels 10.3.1.

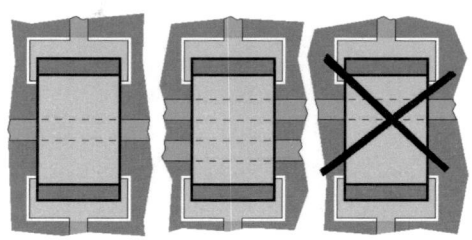

Abb. 10.35:
Leitungen und SMDs....
....sollten möglichst symmetrisch verlegt werden. Das erhöht die Prozesssicherheit ohne zusätzlichen Aufwand.

Die Aufrasterung vollflächiger Lagen (Abb. 10.36 & 10.37, typisch: Cu-Steg-Breite ≈ Fensterbreite ≈ 0,6 mm) verbessert die Gleichmäßigkeit der Kupferabscheidung in der Galvanik und die Haftung der sich auf beiden Seiten befindlichen Harz-Gewebe-Schichten beim Verpressen, ohne die Schirmwirkung merklich zu verschlechtern.

← Abb. 10.36

→ Abb. 10.37

Auch größere kupferfreie Flächen verursachen eine ungleichmäßige Galvanisierung bzw. auch Ungleichheiten beim Fließen des Harzes im Verpressvorgang bei Multilayern. Daher sollten freie Flächen mit isolierten Kupferpunkten (Abb. 10.38, typ.: ⌀ = 4 mm, Abstand 2 mm aufgefüllt werden.

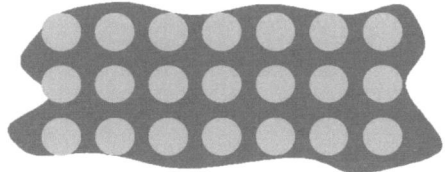

Abb. 10.38: Copper-Thieves

10.4 High-Speed-Layout
10.4.1 ideale Leitungen und Anpassung

Die zunehmend höheren Taktfrequenzen digitaler Systeme erhöhen die Ansprüche nicht nur an die Bauteile sondern auch an die Leiterplatten. Da sind zunächst die dielektrischen Verluste des Leiterplattenmaterials, die bei größeren Platten schon zu einer merklichen Schwächung der Signale führen. Zum zweiten muss auch dem Layout schneller Signale führender Leitungen mehr Aufmerksamkeit gewidmet werden. Bekanntlich setzen sich Digitalsignale auf Grund ihrer Formung aus der Grundwelle (z.B. mit der Taktfrequenz) und Oberwellen zusammen. Eine Schwächung oder Phasenverschiebung der Oberwellen bewirkt eine Signalverformung, die je nach den Rand-Bedingungen zu Problemen führen kann. Daher kommen zunehmend Strukturen, die aus der Mikrowellentechnik stammen, zum Einsatz.

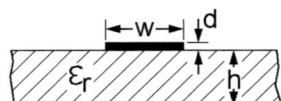 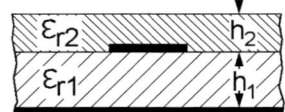 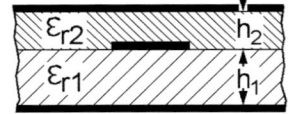

Abb. 10.39: **Hochfrequenz-Leitungsstrukturen auf bzw. in Leiterplatten**
Microstrip-Leitung (links), **Buried Microstrip** (Mitte), **Stripline** (rechts)
Diese Leitungstypen gibt es sowohl als einzelne Leitungen wie gezeigt oder auch als Leitungsbündel mit nebeneinander und auch übereinander (nur mittlere und rechte Darstellung) verlaufenden Leitungsstreifen.

Bei der **Microstrip-Leitung**: befindet sich oberhalb der Leitung Luft und unterhalb des Dielektrikums (dieses kann durchaus auch geschichtet sein) eine leitende Ebene (z.B. Masse- oder Vcc-Lage) als HF-Masse. Selbst wenn die Leiterbahn mit Lack abgedeckt wird, ist die dadurch bewirkte Veränderung gering gegenüber den durch die Toleranz der Materialien und Abmessungen verursachten Unschärfen in den elektrischen Kenndaten. Der Aufbau der **Buried Microstrip** (auch **Embedded Microstrip** oder **Covered Microstrip** genannt) ist sehr ähnlich der Microstrip, nur befindet sich oberhalb der Streifenleitung eine weitere elektrisch wirksame dielektrische Deckschicht – Varianten wie zuvor beschrieben sind möglich. Bei der **Stripline** befindet sich die Streifenleitung zwischen zwei elektrisch leitenden Schichten, die bezüglich der hochfrequenten Signale Masse-Potential sind (DC-Pegel kann durchaus verschieden sein !). Hinsichtlich der Dielektrika gilt das vorher Geschriebene. Auf allen diese Streifenleitungssysteme breiten sich bei den in Frage kommenden Frequenzen TEM-Wellen aus wie z.B. auch in Koaxial-Leitungen.

Für die Berechnung der elektrischen Kenndaten **Wellenwiderstand Z_L** (engl.: „characteristic impedance") sowie der **Dämpfungs-** und **Phasenkoeffizienten** gibt es z.T. recht komplizierte Näherungsformeln, die auf Hammerstad zurückgehen ([10.9], [10.10]). Auch wenn der Wellenwiderstand den Namen und die Dimension eines Widerstandes hat, so ist er doch nur eine mathematische Größe, die nicht direkt durch eine Strom-/Spannungsmessung zu ermitteln ist [10.11]. Mit den oben genannten Kenndaten lässt sich das elektrische Verhalten einer Leitung berechnen [10.12], [10.13]. Die genannten Gleichungen für den Wellenwiderstand einzelner Leiterstrukturen haben alle zumindest näherungsweise die Form:

$$Z_L = \frac{Z_C}{\sqrt{\varepsilon_r}} * f(w,h)$$

Z_C ist eine Konstante. Die Abhängigkeiten von Z_L von den Geometrien (Leiterbreite, Höhe des Dielektrikums usw.) lassen sich bei den verschiedenen Leiterstrukturen durch experimentell gefundene relativ komplexe Funktionen darstellen. Der Einfluss der Dicke des Leiterstreifens ist gegenüber allen anderen Einflüssen bei realistischen Strukturen vernachlässigbar gering.

Während die Leiterbreite relativ eng toleriert werden kann, variiert die relative Dielektrizitätskonstante bei FR4-Material auch frequenzabhängig durchaus um etwa 10 %, was sich allein als bis zu 5 % Veränderung beim Wellenwiderstand bemerkbar macht.
Bei komplexen Strukturen wie z.B. mehreren in relativ geringem Abstand parallel verlaufenden Leitungen wird die Berechnung aufwendiger, zumal dann Gleich- und Gegentakt-Mode („even-mode", „odd-mode") zu berücksichtigen sind. Die Betrachtung solcher Elemente wird hier ausgespart, da sie den Rahmen sprengen würden. Für die Details sei auf die Literatur verwiesen.
Die Hochfrequenztechnik lehrt, dass eine optimale Übertragung der elektrischen Leistung hochfrequenter Signale dann gegeben ist, wenn das Signal aus einer Quelle mit dem Innenwiderstand $R_i = Z_L$ über eine Leitung mit dem Wellenwiderstand Z_L zu einem Verbraucher mit dem Innenwiderstand $R_v = Z_L$ gelangt.
Diese so genannte Leistungsanpassung ist in praktischen elektronischen Schaltungen aber eher die Ausnahme – nur selten wird man so gut passende Widerstands- oder allgemeiner Impedanz-Verhältnisse vorfinden. Die Regel ist, dass der Verbraucher eine Impedanz Z_v aufweist, die sich vom Wellenwiderstand der Leitung unterscheidet. Wenn man bei Leistungsanpassung die Signal-Spannung entlang der Leitung misst, so wird man bei Vernachlässigung der Verluste an jeder Stelle die gleiche Spannung messen. Bei unterschiedlichen Werten von Z_v und Z_L dagegen wird die Spannung in Abhängigkeit von Z_v, Signalfrequenz und Ort („s") schwanken (vgl. Abb. 10.36). Dieses wird als „stehende Welle" bezeichnet. Bei den hier folgenden Betrachtungen werden zur Vereinfachung der Darstellung nur die Beträge betrachtet. Zur Beschreibung des Sachverhaltes gibt es mehrere Größen, die hier ohne weitere Herleitung nur angegeben werden:

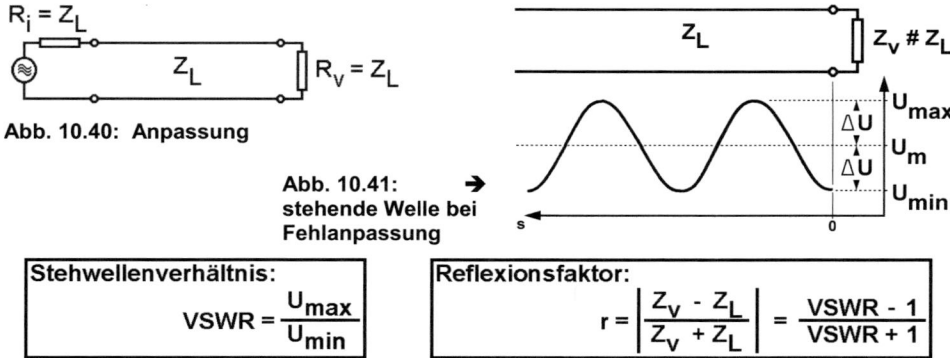

Abb. 10.40: Anpassung

Abb. 10.41: → stehende Welle bei Fehlanpassung

Stehwellenverhältnis:
$$VSWR = \frac{U_{max}}{U_{min}}$$

Reflexionsfaktor:
$$r = \left|\frac{Z_v - Z_L}{Z_v + Z_L}\right| = \frac{VSWR - 1}{VSWR + 1}$$

Wie sich leicht herleiten lässt, beschreibt der Reflexionsfaktor gleichzeitig auch den Quotienten $\Delta U / U_m$. Aus den obigen Gleichungen ergeben sich die Werte der folgenden Tabelle.

Tab. 10.8: **Variation von Z_v, Reflexionsfaktor und Stehwellenverhältnis**

Abweichung Z_v von Z_L (%)	+5 / -5	+10 / -10	+20 / -20	+30 / -30	+40 / -40	+50 / -50
Reflexionsfaktor r (%) =	2,4 / 2,6	4,8 / 5,3	9,1 / 11,1	13,0 / 17,6	16,7 / 25,0	20,0/33,3
VSWR =	1,05 / 1,05	1,10 / 1,11	1,20 / 1,25	1,30 / 1,43	1,40 / 1,67	1,5 / 2,0
U_{max} / U_m (%)=	103 / 103	105 / 105	109 / 111	113 / 118	117 / 125	120 / 133
U_{min} / U_m (%) =	98 / 98	95 / 95	91 / 89	87 / 82	83 / 75	80 / 67

Tab. 10.9: Einflüsse auf das Übertragungsverhalten von Leitungen

Schaltungs-/Layout-Detail	physikalischer Effekt	Auswirkung auf Signal
Fehlabschluss	Reflexion, dadurch Stehwelle (bei sehr kurzen Leitungen vernachlässigbare Wirkung)	Signalhöhe schwankt in Abhängigkeit vom Verhältnis Signalwellenlänge zu Leitungslänge, *durch frequenzabhängige Stehwelle Verformung von oberwellenhaltigen Signalen*
Störung der Leitungsgeometrie – Abweichung von der idealen Leitung	zusätzliche Impedanz seriell oder parallel zu Z_L	Veränderung der Anpassung ➔ *Fehlabschluss*
endliche Leitfähigkeit des Leitermaterials (Kupfer)	Leitungsverluste, nahezu frequenzunabhängig	Verringerung der Signalamplitude
	Skin-Effekt, die Stromleitung findet nur nahe der Oberfläche statt	frequenzabhängige Erhöhung der ohmschen Verluste der Leitung, *Verformung von oberwellenhaltigen Signalen möglich*
	Proximity-Effekt, die Stromleitung konzentriert sich (bei Asymmetrien) entsprechend der E-Feld-Verteilung	Verstärkung des Auswirkungen des Skin-Effektes
dielektrische Verluste des Substrates (Leiterplatten-Grundmaterial)	Leitungsverluste, frequenzabhängig	Verringerung der Signalamplitude, *wegen Frequenzabhängigkeit Verformung von oberwellenhaltigen Signalen*
parallele Leitungen	Verkopplung der Signale	kaum beschreibbar da von sehr vielen Parametern abhängig

10.4.2 reale Leitungen auf Leiterplatten

Reale Schaltungen bestehen aber nicht nur aus idealen Signalquellen, einfachen gerade verlaufenden Leitungen und idealen Verbrauchern. Es gibt eine Reihe von Layout-Details und physikalischen Effekten, die auf das Entstehen von Reflexionen bzw. Stehwellen und die Verformung von Signalen Einfluss nehmen.
Bei schnellen Digitalschaltungen kann die Signalverformung bewirken, dass sich der Zeitpunkt des Erkennens eines Low-High- bzw. High-Low-Übergangs gegenüber dem Grundtakt verschiebt. Das kann insbesondere bei Busstrukturen kritisch werden, wenn sich dieser Effekt bei den verschiedenen Leitungen verschieden stark bemerkbar macht, d.h. die Zeitrahmen sich gegeneinander verschieben.
Das Entstehen von Stehwellen beruht wie beschrieben auf Impedanzsprüngen. Diese können mehrere Ursachen haben. Aktive Elemente in Digitalschaltungen (Quellen, Verbraucher) ändern je nach Zustand ihre innere Impedanz. Leitungen haben Knicke, Verzweigungen usw. Überall dort,

wo geometrische Störungen sind und sich dadurch der Stromverlauf und wiederum dadurch die elektromagnetischen Felder ändern, treten Impedanzsprünge auf. Bei der Berechnung von Strukturen versucht man dieses durch das Einfügen von LC-Schaltungen mit infinitesimaler Länge zu beschreiben.

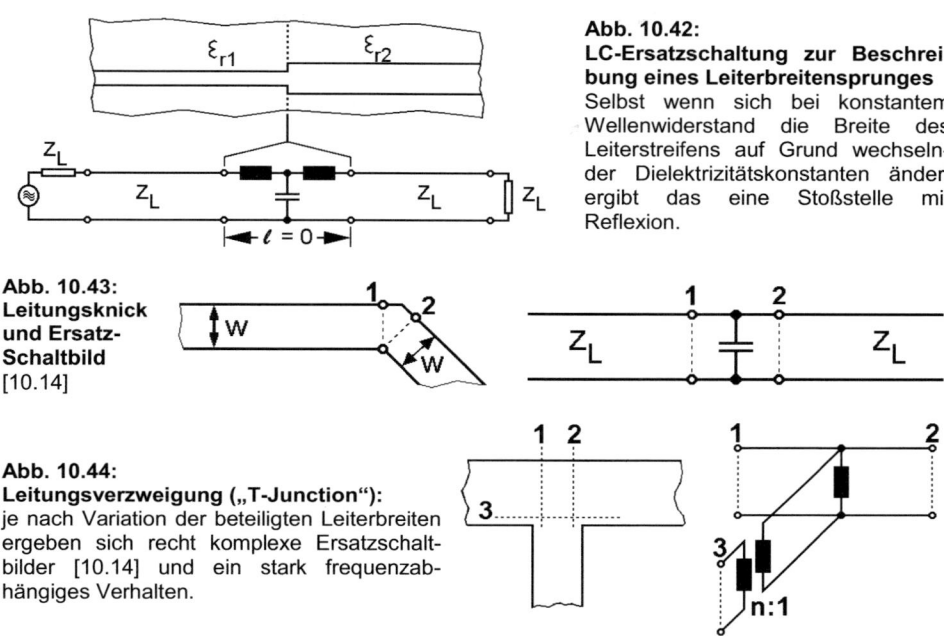

Abb. 10.42:
LC-Ersatzschaltung zur Beschreibung eines Leiterbreitensprunges
Selbst wenn sich bei konstantem Wellenwiderstand die Breite des Leiterstreifens auf Grund wechselnder Dielektrizitätskonstanten ändert ergibt das eine Stoßstelle mit Reflexion.

Abb. 10.43:
Leitungsknick und Ersatz-Schaltbild
[10.14]

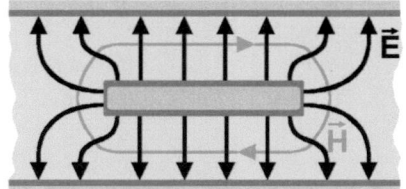

Abb. 10.44:
Leitungsverzweigung („T-Junction"):
je nach Variation der beteiligten Leiterbreiten ergeben sich recht komplexe Ersatzschaltbilder [10.14] und ein stark frequenzabhängiges Verhalten.

Wie die Ersatzschaltungen zeigen, ergeben die Unstetigkeiten häufig Tiefpasscharakter oder bei geschickter Nutzung verschiedener Wellenwiderstände und Leitungslängen (Transformation) auch Bandpasscharakter. Liegen die Unstetigkeiten der Leitungselemente aber zu dicht zusammen oder liegen verkoppelte Leitungselemente vor, dann stößt das Verfahren an seine Grenzen, da nur noch mit viel Aufwand oder gar nicht mehr Ersatzschaltbilder generiert werden können.

Abb. 10.45:
prinzipielle Feldverteilung und Stromleitung bei einer Stripline
An der Stromleitung nimmt aufgrund des Skin-Effektes nur der dunkler gefärbte Teil des Metallbelages teil.

Abb. 10.46:
prinzipielle Feldverteilung und Stromleitung bei einer Microstrip(line)
An der Stromleitung nimmt auf Grund von Skin- und Proximity-Effekt nur der dunkler gefärbte Teil des Metallbelages teil. Bei gleicher Leiterbreite ist der effektive Leiterquerschnitt kleiner als der einer Stripline.

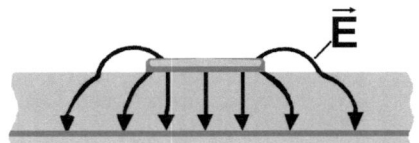

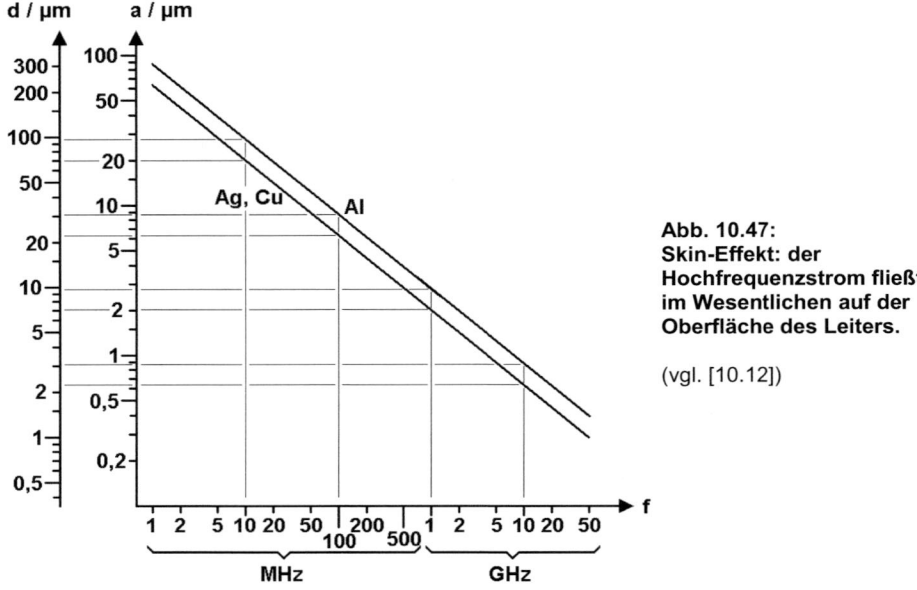

Abb. 10.47:
Skin-Effekt: der Hochfrequenzstrom fließt im Wesentlichen auf der Oberfläche des Leiters.

(vgl. [10.12])

Der Skin-Effekt bewirkt, dass der Leiter bezüglich seines ohmschen Widerstandes dünner erscheint als er geometrisch ist. Ein Leiter der Dicke „a" würde bei gegebener Frequenz die gleichen ohmschen Verluste verursachen. In der Schichtdicke „d" fließt 99,9 % des HF-Stromes.

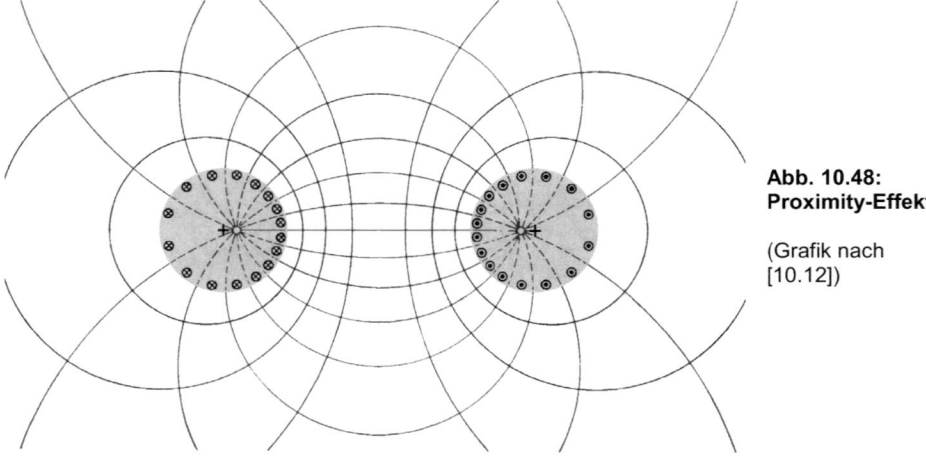

Abb. 10.48:
Proximity-Effekt

(Grafik nach [10.12])

Die Stromfäden auf der Leiteroberfläche sind, verursacht durch das E-Feld, gegenüber dem gegenpoligen Leiter dichter als auf der abgewandten Seite. Dadurch bedingt trägt die abgewandte Seite weniger zur Leitung bei (→ Verstärkung der Auswirkung des Skin-Effektes). Das gilt grundsätzlich für jedes Leitersystem (vgl. auch Abb. 10.45 und 10.46) und nicht nur für die Zweidrahtleitung der Grafik.

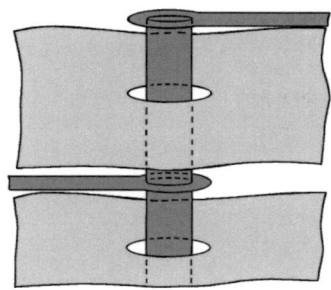

Abb. 10.49:
Ebenen-Wechsel innerhalb eines Multilayers von einer Innenlage auf die Außenlage mit Via-Hole

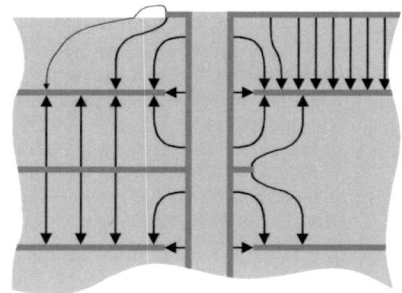

Abb. 10.50:
So etwa könnte ein statisches E-Feld in der Leiterstruktur von Abb. 10.49 in der Schnittebene aussehen.

In der Auswirkung überlagern sich den Impedanzsprüngen die Verluste auf der Leitung. Frequenzabhängige Verluste verursachen keine Stehwellen, bedämpfen aber die Signale umso stärker je höher die Frequenz ist. Die Folge ist ein ‚Verschleifen' der Signale: die Flanken verlieren ihre Steilheit und das ursprüngliche Rechteck wird mehr oder weniger stark verformt.
Feldverzerrungen, wie in Abb. 10.50 gezeigt, haben eine Wirkung, die elektrisch durch virtuelle, in die Leitungen eingefügte Blindelemente, zu beschreiben ist. Soweit bekannt, gibt es aber für derartige oder vergleichbare Gebilde keine für eine Simulation mit hinreichender Genauigkeit verwertbaren Rechner-Modelle, d.h. eine quantitative Beschreibung in der Simulation von Schaltungen ist kaum möglich.

10.4.3 Ausgangs- und Eingangsimpedanzen

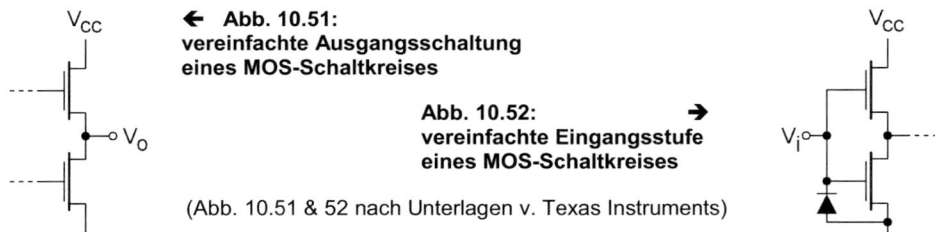

← Abb. 10.51:
vereinfachte Ausgangsschaltung eines MOS-Schaltkreises

Abb. 10.52: →
vereinfachte Eingangsstufe eines MOS-Schaltkreises

(Abb. 10.51 & 52 nach Unterlagen v. Texas Instruments)

Die Ausgangsstufe einer Digitalschaltung (Abb. 10.51) weist im Low- bzw. High-Zustand einen recht niedrigen Innenwiderstand auf, während dieser während des Umschaltvorgangs gar nicht definierbar ist, d.h. der Innenwiderstand ist zudem auch noch zeitabhängig. Eine Anpassung im Sinne von Abb. 10.40 ist daher am Ausgang der treibenden Schaltung bzw. Eingang der Leitung kaum möglich. Die sich dadurch zwischen Ausgangstransistoren und Leitungsanfang bildende stehende Welle macht sich aber auf Grund der geringen Abstände nicht nennenswert bemerkbar.
Die Eingangsstufe (Abb. 10.52) dagegen ist, statisch betrachtet, sehr hochohmig. Bei der dynamischen Betrachtung sind zwar die zusätzlichen parasitären Elemente zu berücksichtigen, aber insgesamt ergibt sich im Vergleich zu technisch realisierbaren Wellenwiderständen eine hohe Eingangsimpedanz.

10.4.4 Konsequenzen für das Layout

Hier sollen zwei Aspekte betrachtet werden. Zum einen das Thema Anpassung und zum zweiten das Thema (Phasen)Laufzeit.
Das Thema Anpassung bzw. stehende Welle spielt so lange in seiner Auswirkung keine Rolle, wie die betrachteten Leitungslängen nur wenige % der Wellenlänge des zu übertragenden Signals betragen. Allerdings muss dabei die höchste zu berücksichtigende Oberwelle und nicht die Grundwelle zu Grunde gelegt werden. Sinnvoll angepasst werden kann entsprechend den Darstellungen im vorherigen Kapitel nur am Leitungsende, Dafür werden verschiedene Methoden vorgeschlagen (Abb. 10.53 – 10.56 [10.17]).

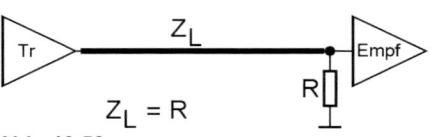

Abb. 10.53:
Abschluss am Leitungsende mit Parallel-R

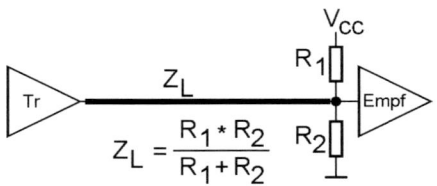

Abb. 10.54:
Abschluss am Leitungsende mit „Theverin-Schaltung"

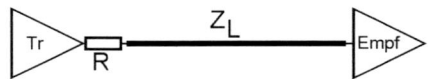

Abb. 10.55:
Abschluss am Leitungsende mit RC-Schaltung, die Auswahl des Kondensators ist problematisch

Abb. 10.56:
Anpassung am Leitungsanfang mit Längs-R. Die Dimensionierung von R ist nicht ganz einfach.

(Abb. 10.53 – 10.56 nach [10.17])

Während ein Abschluss am Leitungsende dort die Reflexion verhindert, nimmt man sie beim Längs-R an der Quelle (Abb. 10.56) am Ende in Kauf, verhindert aber die erneute Reflexion der reflektierten Welle am Eingang der Leitung.
Problematisch wird das Layout, wenn nicht eine Punkt-zu-Punkt-Verbindung erstellt werden muss, sondern wenn mehrere Empfänger mit einem Signal gespeist werden sollen. Strukturen nach Abb. 10.57 sind nur bei vernachlässigbar kurzen Leitungen, d.h. wenn Reflexionen in ihren Auswirkungen vernachlässigbar sind, akzeptabel. Alternativ muss die elektrische Schaltung die Verzweigung ermöglichen (vgl. Abb. 10.58).

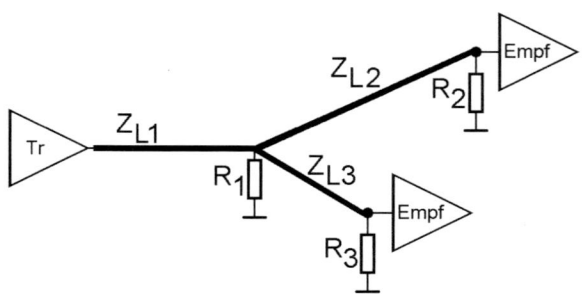

Abb. 10.57:
Anpassung bei Leitungs-verzweigungen (?)

Es gibt **keine Kombination** von $Z_{L1}...Z_{L3}$ und $R_1...R_3$, die breitbandig eine Anpassung möglich machen würde ($R_1...R_3$: beliebige Werte bis ∞).

Bei allen Leitungsstrukturen ist auch die Masseebene sorgfältig zu gestalten, da „Strom**um**wege" auch erhebliche Verzerrungen erzeugen können [10.18].
Sind bei der zu layoutenden Schaltung sehr schnelle Pulsfolgen mit steilen Flanken zu verarbeiten, dann wird auch eine Schaltung nach Abb. 10.58 kritisch, selbst wenn die elektrische Anpassung gut ist. In diesem Fall kann sich die Gruppenlaufzeit (Tab. 10.10) schon negativ bemerkbar machen. Diese ist vom Substrat (Isoliermaterial) der Leiterplatte und der Leitungsstruktur abhängig [10.18]. Bei einer Leitungslänge von 50 mm zwischen Empfänger 1 und Empfänger 4 (Abb. 10.58) und einer Taktfrequenz von 3,3 GHz erreicht das Signal den Empfänger 4 erst einen Takt später als den Empfänger 1.

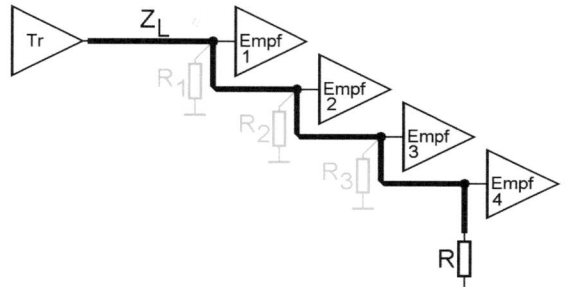

Abb. 10.58:
Leitungsabschluss bei mehreren an einer Leitung angeschlossenen Empfängern.
Die Abschlusswiderstände an den Positionen **$R_1 \ldots R_3$ sind falsch platziert**. Der **Abschluss** der Leitung darf erst **am Ende der Leitung** erfolgen.

Tab. 10.10: Gruppenlaufzeit auf Leitungen auf bzw. in FR4

Leiterstruktur:	Microstrip	Buried Microstrip	Stripline
Gruppenlaufzeit:	≈ 6 ps / mm	≈ 6…7 ps / mm	≈ 7 ps / mm

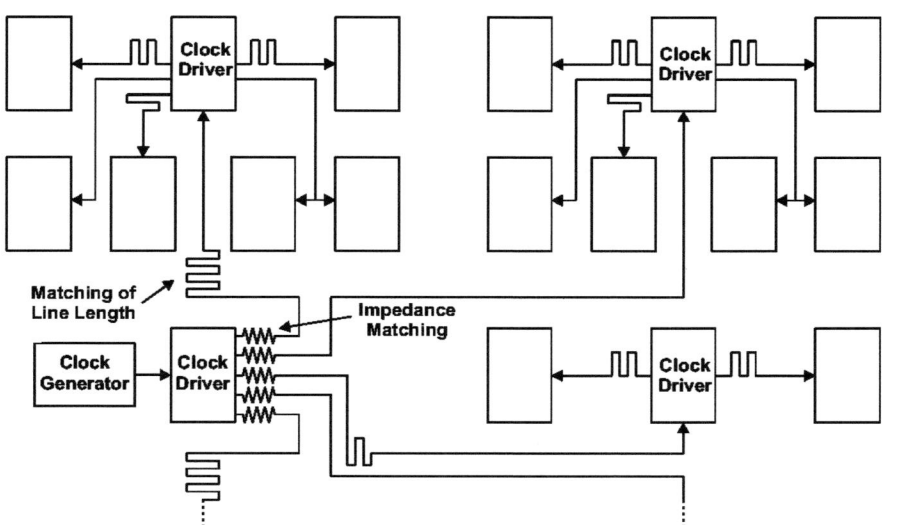

Abb. 10.59: Aufteilung eines Clock-Signals mittels Treiber-Bausteinen und Laufzeitausgleich durch mäanderförmige Leiterstrukturen. (aus [10.18])

Bei High-Speed-Layouts muss sich also die Bauteil-Platzierung an den noch akzeptablen Gruppenlaufzeiten orientieren oder aber die Schaltung muss schon entsprechende Maßnahmen vorsehen. In Abb. 10.59 ist ein Schaltungsausschnitt gezeigt, bei der das Problem der Leitungsverzweigung durch eingesetzte Treiber mit mehreren parallelen Ausgängen gelöst wurde. Um gleiche Laufzeiten zu den einzelnen Bausteinen zu erreichen, wurden mäanderförmige Leitungsverlängerungen vorgesehen.
In [10.15] wird eine (aus der Berechnung hydraulischer Systeme stammende !) grafische Methode beschrieben, das Verhalten von Impulsen bei der Übertragung über Leitungen unter Inkaufnahme und Berücksichtigung von Reflexionen zu beschreiben: die **Bergeron-Methode**. Damit ist zumindest eine Abschätzung der Impulsverformung möglich.
Aber auch diese Methode setzt ‚ungestörte' Leitungen voraus. Weiterhin spielen die angesprochenen Quell- und Lastimpedanzen sowie der Wellenwiderstand der Leitung eine Rolle. Aus diesem Zusammenhang ergibt sich, dass die Genauigkeit der Angabe des Wellenwiderstandes nicht die entscheidende Rolle spielen kann.
Die Verkopplung von Leitungen (z.B. in Bussystemen) kann zudem nicht berücksichtigt werden. Bei der Betrachtung von parallel zu übertragenden Signalen wird (indirekt) von gleichen Leitungslängen (= gleichen Laufzeiten) auf allen zu berücksichtigenden Leitungen ausgegangen.

Als Fazit aus den Darstellungen zum Thema Wellenwiderstand einer Leitung sowie Störungen der Signal-Übertragung durch Unstetigkeiten der Leitungen kann man folgende **Leitlinien** definieren:

- **Hersteller-Empfehlungen zum Wellenwiderstand zwar möglichst einhalten**, daraus aber kein Dogma machen.

- Es ist **wenig sinnvoll, Wellenwiderstände** von Leitungen **auf Bruchteile von Ohm genau** dimensionieren zu wollen, da zum einen die Anpassungs- bzw. parasitären Elemente nicht genau bekannt und kleinste Abweichungen ohnehin kaum mehr messbar sind. Man beachte den Unterschied zwischen der relativ **geringen Genauigkeit des Messsensors** und der **hoch auflösenden digitalen Anzeige** von Messgeräten !

- **Unstetigkeiten in Leitungen** sollte man, soweit das möglich ist, **vermeiden oder in ihrer Wirkung gering halten**.

- Zu den Grundlagen der Hochfrequenztechnik zählt, dass eine beliebige Impedanz über eine Leitung transformiert am Eingang mit anderer Impedanz erscheint. Das macht sich umso stärker bemerkbar, je größer der Quotient Wellenlänge dividiert durch die geometrische Leitungslänge wird. Daraus ist umgekehrt abzuleiten, dass **Leitungen möglichst (sehr) kurz zu halten** sind, da dann Fehler nicht oder nur gering in Erscheinung treten.

- Signalverzerrungen bewirken zunächst eine Verschiebung des Zeitpunktes, bei dem eine Schwelle (Umschaltpunkt ‚high→low' oder umgekehrt) erreicht wird. Durch sehr gleichmäßiges Layout dafür sorgen, dass **alle Leitungen eines Bussystems**

    ⇒ **gleich lang** sind,

    ⇒ unvermeidbare **Unstetigkeiten in gleicher geometrischer Form ausgeführt werden** und **gleichem Abstand von der Signalquelle** aufweisen,

    ⇒ **Quell- und Lastschaltung jeder der einzelnen Leitungen möglichst gleich** sind.

- Einzel-Leitungen, die ein Signal verteilen (siehe Beispiel Abb. 10.59), sollten in Ihrer **Geometrie das gewünschte elektrische Verhalten widerspiegeln** (z.B. gleiche Längen = gleiche Laufzeiten).

- **Auslegung** der elektrischen **Schaltung** und **Layout** sehr genau auf einander **abstimmen**.

10.5 Abschluss des Themas „Layout"

Alles, was beim Entwurf einer Schaltung erarbeitet wurde, ist schlussendlich zu dokumentieren, so dass andere die Baugruppe / das Gerät realisieren können. Dabei sollte man nach dem Grundsatz

> **Eine Unterlage / ein Datensatz, der den Anwender dazu zwingt Inhalte zu interpretieren, hat ihren / seinen Zweck verfehlt.**

Arbeiten, d.h. alles

- was man vorausgesetzt hat,
- was man sich bei den einzelnen Schritten gedacht hat,
- was man wie gemacht haben möchte

schriftlich, in Zeichnungen und Datensätzen eindeutig und klar beschrieben niederlegen. Dabei ist es auch wichtig, die verschiedenen Unterlagen sinnvoll aufzureihen, so dass der-/diejenige, der / die den Auftrag abarbeiten muss, nicht gezwungen ist, nach jedem Detail zu suchen oder aber vor Beginn der Arbeiten gezwungen ist, das nachzuholen, was der Ersteller der Unterlagen versäumt hat.

Dieser Anspruch erscheint zunächst einem nur Unkosten verursachenden Perfektionismus zu entspringen. Langjährige Erfahrung hat aber gezeigt, dass Unterlassungssünden bei der Dokumentation schon oft zu erheblichen Problemen mit häufig auch kostenintensiven Zusatzaufwendungen geführt haben. Daraus lässt sich eine weitere Grundregel ableiten:

> **Komplette Dokumentation und Fehlervermeidung sind erhebliche Beiträge zur Kosteneinsparung!**

Literatur und Quellen zum Kapitel 1

[1.1] Thomas Bluhm: „Normen passiver Bauelemente", Veröffentlichung Fa. BC-Components 2/2002
(enthält u.a. gute Übersicht über das Thema Normen allgemein)

Literatur und Quellen zum Kapitel 3

[3.1] www.ilfa.de, Handbuch Leiterplattentechnik c/o Link „Publikationen"

[3.2] www.leuze-verlag.de   (Fachbuch- und Zeitschriftenverlag mit mehreren Titeln zum Themenbereich Leiterplattentechnik und Fertigung von Leiterplattenbaugruppen)

[3.3] „PLUS Produktion von Leiterplatten und Systemen" (Zeitschrift aus [3.2])

[3.4] IPC-4101 (Norm zum starren Leiterplatten-Trägermaterial)

[3.5] www.isola.de, http://de.isola-group.com
(großer europäischer Material-Hersteller, umfangreiche Datenangaben)

[3.6] L. Weitzel: „Leiterplatten und das ElektroG / die RoHS",
Vortragsfolien der Fa. Würth Elektronik

[3.7] „Dickkupferlayouts in Eisbergprinzip", Elektronik Praxis 6/2006, S. 54-58

[3.8] H. Steffen: „Heiß wird's für die Leiterplatte", Elektronik 11/2006, S. 66ff

[3.9] www.greule.de , auf „Aktuelles" klicken

[3.10] http://www.technolam.de: Link „Produkte": Materialien von NAN YA

[3.11] http://de.isola-group.com/products/#product-search

Literatur und Quellen zum Kapitel 4

[4.1] http://www.nxp.com/packages

[4.2] Siemens Datenbuch 08.97: „Bereich Halbleiter, Gehäuse-Informationen"

[4.3] http://www.onsemi.com/

[4.4] www.yageo.com

[4.5] www.kemet.com

[4.6] IPC/JEDEC J-STD-020 "Moisture/Reflow Sensitive Classification for Nonhermetic Solid State Surface Mount Devices"

[4.7] IPC/JEDEC J-STD-033 "Standard for Handling, Packing, Shipping and Use of Moisture/Reflow Sensitive Surface Mount Devices"

[4.8] www.infineon.com/greenproduct

[4.9] www.ti.com/productcontent

[4.10] JEDEC/IPC Joint Publication JP002 "Current Tin Whiskers Theory and Migration Practice Guideline", www.ipc.org

[4.11] J-STD-609 „Marking and Labeling of Components, PCBs and PCBAs to Identify Lead (Pb), Pb-Free and Other Attributes"   (Ersatz für IPC-1066 und JESD97)

[4.12] Schmidt: "ESD-Schutz – Physiklischer Hintergrund und praktische Anwendung", Grin-Verlag

Literatur und Quellen zum Kapitel 6

[6.1] R.J. Klein Wassink: „Weichlöten in der Elektronik", E.G.Leuze Verlag, Saulgau
[6.2] DIN 8527 „Flussmittel zum Weichlöten von Schwermetallen"
(alt, hierin Bezeichnungen „F-SW..")
[6.3] DIN 29453 = ISO 9453 „Weichlote, chemische Zusammensetzung und Lieferformen"
[6.4] www.seho.de
[6.5] David Suraski: "Reflow Profiling" (Sonderdruck Fa. AIMsolder, www.aimsolder.com)
[6.6] www.atn-berlin.de
[6.7] www.polytec.de
[6.8] www.erni.com
[6.9] www.solvaysolexis.com, Markenname „GALDEN"
[6.10] Richtlinie 2002/95/EC ➔ 21011/65/EU „Beschränkung der Verwendung bestimmter gefährlicher Stoffe in Elektro- und Elektronikgeräten (RoHS)"
[6.11] Richtlinie 2002/96/EG „Elektro- und Elektronik-Altgeräte (WEEE)"
[6.12] Elektro- und Elektronikgerätegesetz – ElektroG
„Gesetz über das Inverkehrbringen, die Rücknahme und die umweltverträgliche Entsorgung von Elektro- und Elektronikgeräten"
Elektrostoffverordnung - ElektroStoffV
[6.13] Jennie S. Hwang: "Pb-Free PCB Surface Finish & Components", Proceedings SMT 2003
[6.14] M. Nowottnik: „Prozessierbarkeit der neuen bleifreien Lote", Tutorial 2 auf der SMT 2001
[6.15] Wendler: „Bleifreies Löten – Prozesstechnik", Tutorial 2 auf der SMT 2001
[6.16] www.nihonsuperior.co.jp/english/index.html
[6.17] www.balverzinn.com
[6.18] Günter Grossmann [eidgenössischen Materialprüfungs- und Forschungsanstalt EMPA]:
„Bleifreie Lote – Technologischer Überblick", Tagungsbeitrag Fachtagung EKON/IG-Exact, Winterthur 15.1.2004
[6.19] Prof. K. Feldmann, P. Wölflik: „Benetzungsverhalten alternativer Oberflächen", PLUS 9/2003, S 1365ff
[6.20] Wulfert [Freescale ex Motorola]: „Halbleiter-Bauelemente beim Pb-freien löten", Tagungsbeitrag Fachtagung EKON/IG-Exact, Winterthur 15.1.2004
[6.21] Forsten/Steen/Wilding/Friedrich:
„Umstellung im Wellenlötprozess auf bleifreies Lot – Ein kooperativer Praxistest", EPP 11/2000, S.16ff
[6.22] Barbini/Marguez: „Kontrolliertes Kühlen", EPP 10/2003, S.14ff
[6.23] Brodt/Peters/Schneider/Clausen:
„Bleifreie Lote: Auswirkungen auf Paste, Leiterplatte und Reflowprozess", Productronic 4/5, 2000, S.32ff
[6.24] A. Rahn: „Bleifrei Löten", Eugen G. Leuze Verlag, Saulgau
[6.25] Homepage der International Electronic Manufacturing Initiative mit viel frei verfügbarer Literatur: http://www.inemi.org
[6.26] National Institute of Standards and Technology: Sammlung von Phasendiagrammen und Daten verschiedener Lot-Legierungen:
http://www.metallurgy.nist.gov/phase/solder/solder.html

[6.27]	Grossmann, Tharian, Jud, Sennhauser: „Untersuchung der Mikrostruktur von bleifreien BGA-Anschlüssen, die mit Zinn-Blei-Lot verarbeitet worden sind", PLUS 8/2006, S1383 ff
[6.28]	„Solder Joints Pb-free" auf http://www.dfrsolutions.com
[6.29]	Engelmaier: "Printed circuit board reliability: Needed PCB design changes for lead-free soldering" in Global SMT & Packaging, September 2005, S41-43, [www.globalsmt.net]
[6.30]	Engelmaier: "Printed circuit board reliability: Loss of life during solderung" in Global SMT & Packaging, October 2006, S46&47 [www.globalsmt.net]
[6.31]	Hans Bell: "Reflow-Löten", Eugen G. Leuze Verlag
[6.32]	Hans Bell, Günter Grossmann: „Grundlagen des Reflowlötens – Teil 1: Werkstofftechnische Grundlagen der Löttechnologie", Eigenverlag Rehm Thermal Systems GmbH
[6.33]	Hans Bell: „Grundlagen des Reflowlötens – Teil 2: Reflowlötverfahren", Eigenverlag Rehm Thermal Systems GmbH
[6.34]	Hans Bell, Günter Grossmann, Heinz Wohlrabe: „Grundlagen des Reflowlötens – Teil 3: Zuverlässigkeit und Fehlermanagement", Eigenverlag Rehm Thermal Systems GmbH

Literatur und Quellen zum Kapitel 7

[7.1]	DIN ISO 2859-1, „Annahmestichprobenprüfung ..."; Identisch mit ISO 2859-1"
[7.2]	www.itochu-systech.de
[7.3]	Parthier/Wappler: „Boundary-Scan effizient einsetzen", Elektronik 13/1995
[7.4]	Wenzel: "Boundary Scan Test mit System", Productronic 10/2002
[7.5]	Auer/Kimmelmann: „Schaltungstest mit Boundary Scan", Hüthig Verlag
[7.6]	Hartung: „Electronic Engineering mit Boundary-Scan: Board-Test nicht nur für die Produktion", PLUS 11/2005, S 1930ff

Literatur und Quellen zum Kapitel 9

[9.1]	Alcatel Standard 1AA 00016 0000 ASZZA
[9.2]	Alcatel Standard 1AA 00018 0000 ASZZA....... 1AA 00018 0047 ASZZA
[9.3]	IPC-SM-782A "Surface Mount Design and Land Pattern Standard" (siehe auch [9.10]]
[9.4]	Koch / Neumann: „Anforderungen an den SMD-Prozess für die Verarbeitung von Fine-Pitch-Bauelementen", SMT Tagungsband 1994, S437ff
[9.5]	Hans Bell: „Lotperlen beim Reflowlöten – Ursachen ihrer Entstehung...", PLUS 9/2002, S1549 ff
[9.6]	H.H. Warncke: „SMD-Technologie, Bauelemente, Bestückung, Verarbeitung", Philips Bauelemente
[9.7]	Maiwald: „Empfehlungen für das Layout von Leiterplatten", Siemens
[9.8]	Bell / Kämpfert: „Haken und Ösen bei der Verarbeitung von BGAs, Teile 1 und 2", SMT 3 + 4 / 2001

[9.9] Koch: „Verarbeitung von Ball-Grid-Array Bauelementen in der SMD-Montage", Tagungsband SMT 1997, S135ff

[9.10] Ablösung der IPC-SM-782 durch eine neue Norm: IPC-7531B"Generic Requirements For Surface Mount Design And Land Pattern Standard"

[9.11] www.fed.de (Homepage des ‚Fachverband Elektronik Design', u.a. Info und Vertrieb FED-Standards)

[9.12] Belmonte, Aravamudhan: „Developing the 01005 stencil printing process", Proceedings of the Global SMT & Packaging Februar 2006

[9.13] IPC7095A "Design And Assembly Process, Implementation for BGAs"

[9.14] DIN EN 61188-5-x (= IEC 61188-5-x) "Leiterplatten und Flachbaugruppen – Konstruktion und Anwendung – Teil 5-x: Betrachtungen zur Montage (Anschlussfläche / Verbindung) ..."

    x = 2:   Einzelbauelemente
    x = 3:   Bauelemente mit Gullwing-Anschlüssen auf zwei Seiten
    x = 4:   Bauelemente mit J-förmigen Anschlüssen auf zwei Seiten
    x = 5:   Bauelemente mit Gullwing-Anschlüssen auf vier Seiten
    x = 6:   Bauelemente mit J-förmigen Anschlüssen auf vier Seiten
    x = 8:   Flächenmatrix-Bauelemente (BGA. FBGA, CGA, LGA)

[9.15] Solberg: „SMD Land Pattern für bleifreie Baugruppen", Auszüge aus einem Beitrag in *Surface Mount Technology / Ausgabe April 2006*, in PLUS 6/2006, S.936/937

Literatur und Quellen zum Kapitel 10

[10.1] John Maxwell: "Cracks: the Hidden Defect", AVX-Technical-Information

[10.2] ILFA Leiterplatten-Handbuch

[10.3] Horstmann: „Der Einfluß des Leiterplattendesigns auf die Belastbarkeit von Widerständen", SMT-Tagungsband 1994, S49ff, VDE-Verlag

[10.4] Fachverband Elektronik-Design „FED-Design-Richtlinie FED-22-02"

[10.5] EN 60950

[10.6] IPC 2221

[10.7] IPC-SM-782

[10.8] Alcatel-Norm 1AA0005700000DSZZA

[10.9] Hammerstad: "Equations for Microstrip Circuit Design", Procedings 5th European Microwave Conference 1975, S. 268-272

[10.10] Entschladen/Nagel: „Mikrowellen-Streifenleitungstechnik – ein Leitungssystem für integrierte Mikrowellenschaltungen", Elektronik-Anzeiger Band 9 (1977), Heft 4/S31-37, Heft 5/S34-37, Heft 6/S20-22, Heft 8/S19-22

[10.11] Schmidt: „Impedanzkontrollierte Leitung – Wellenwiderstand", PLUS 8, 2001

[10.12] Zinke/Brunswig: „Lehrbuch der Hochfrequenztechnik", Springer Verlag Berlin

[10.13] Geschwinde: „Kreis- und Leitungsdiagramme", Franzis-Verlag München

[10.14] Gupta/Garg/Bahl: "Microstrip Lines and Slotlines", Artech House

[10.15] K. Fleder: "The Bergeron Method: A Grafic Method for Determining Line Reflections in Transient Phenomena", Texas Instruments Application SDYA014, http://www.ti.com

[10.16] "Input and Output Characteristics of Digital Integrated Circuits", Texas Instruments Application SDYA010, http://www.ti.com

[10.17] Douglas Brooks: „Transmission line termination", http://www.ultracad.com/mentor/transmission%20line%20terminations.pdf

[10.18] Alexander Weiler and Alexander Pakosta: „High-Speed Layout Guidelines", Texas Instruments Application Report SCAA082

[10.19] Oberender: "Die Berechnung der Stromtragfähigkeit auf Leiterplatten", PLUS 5/2008

Hinweis zu Firmennamen:
Bei Nachweisen zu Bildern und Grafiken wurden die Firmen mit dem Namen genannt, der zur Zeit der Veröffentlichung aktuell war. Ob die genannten Quellen unter neuen Firmennamen an neuer Stelle auch noch zur Verfügung stehen kann nicht gesagt werden.

alte Firmenbezeichnung	heute bei
BC-Components	Yageo
Beyschlag	Yageo
Inboard	Leiterplattenwerk, ausgegliedert aus Siemens-Konzern, existiert nicht mehr
Motorola (diskrete Halbleiter, analoge ICs)	ON Semiconductor
Motorola (hochintegrierte ICs)	Freescale
Philips (Halbleiter)	NXP
Philips (passive Bauteile)	Yageo
Siemens (Halbleiter)	Infineon
Siemens (passive Bauteile)	Epcos
Roederstein	Vishay
Vitramon	Vishay

Verzeichnis gängiger Abkürzungen

ABIST	Array Built-In Self Test
AMLCD	Active Matrix Liquid Crystal Display
ANSI	American National Standard Institute
AOI	Automatic Optical Inspection
AQL	Acceptable Quality Level
ASIC	Application-Specific IC
ASM	Application Specific Module
ATE	Automatic Test Equipment
ATG	Automatic Test Generation
BGA	Ball Grid Array *(Halbleiter-Gehäuse-Bauform)*
BIBs	Burn-In Board
BIPs	Billion Instructions Per Second
BLM	Ball-Limiting Metallurgy
BSC	Boundary Scan Cells
BT	Bismalemid-Triazin-Harz *(→ Leiterplattenmaterial)*
C4	C4 Controlled Collapse Chip Connection
CAD	Computer Aided Design
CAM	Computer Aided Manufactoring
CBGA	Ceramic Ball Grid Array *(Halbleiter-Gehäuse-Bauform)*
CCD	Charged Coupled Device
CCGA	Ceramic Column Grid Array *(Halbleiter-Gehäuse-Bauform)*
CDR	Cumulative Damage Ratio
CE	Cyanatester-Harz *(→ Leiterplattenmaterial)*
CEM1 ... CEM5	Composite Epoxy Material *(→ Leiterplattenmaterial)*
CENELEC	Comité Européen de Normalisation Electrotechnique European Committee for Electrotechnical Standardisation Europäisches Komitee für elektrotechnische Normung
CGA	Column Grid Array *(Halbleiter-Gehäuse-Bauform)*
CHn	Leiterplattenmaterial
CIM	Computer Integrated Manufactoring
CISC	Complex Instruction Set Computing
CLCC	Ceramic Leaded Chip Carrier *(Halbleiter-Gehäuse-Bauform)*
CPS	Connections Per Second
CSP	Chip Size Package *(Sammelbegriff für alle Halbleiter-Gehäuse-Baufromen welche kaum größer sind als die eingebauten Halbleiter selber)*
CTE	Coefficient of Thermal Expansion

CTI	comparative tracking index *(vgl. DIN EN 60112)*
CVD	Chemical Vapor Deposition
DAS	Digital Signature Algorithm
DCA	Direct Chip Attachment
DFN(L)	Dual Flat No Leads *(Halbleiter-Gehäuse-Bauform: metallisierte Flächen an der Unterseite statt „Beinchen" an zwei Seiten, teilweise mit großer zentraler Metallisierungsfläche zur Wärmeabfuhr und/oder als Masseanschluss)*
DfR	Design for Reliability
DfT	Design For Testability
DfX	Design for Excellence
DIE	Format Die Information Exchange
DIN	Deutsches Institut für Normung e.V.
DK	durchkontaktierte Bohrung *(→ Leiterplatte)*
DMA	Dynamical Mechanical Analysis
DNP	Distance From The Neutral Point
DoD	Department of Defense
DRC	Design Rule Check
DSBGA	Die Size Ball Grid Array *(Halbleiter-Gehäuse-Bauform)*
DSC	Differential Scanning Calorimetry
DSP	Digital Signal Processors
DSS	Digital Signature Standard
DUT	Device Under Test
EDA	Electronic Design Automation
EDRAM	Enhanced Dynamic Remote
EIA	Electronic Industries Association / Electronic Industries Alliance
ELF	Early Life Failures
EMI	Electromagnetic Interference
EN	Europäische Norm, herausgegeben von CENELEC
ESD	Electrostatic Discharge
FBGA	Fine Pitch BGA *(Halbleiter-Gehäuse-Bauform)*
FEA	Finite Element Analysis
FED	Fachverband Elektronik Design
FED	Field Emissive Display
FOM	Figure Of Merit
FPC	Flexible Printed Wiring Board
FPD	Flat Panel Display
FPGA	Field-Programmable Gate Array

FR2, FR3, FR4	Leiterplattenmaterialien
FRBGA	Fine Pitch Rectangular Ball Grid Array *(Halbleiter-Gehäuse-Bauform)*
FRED	Ultra-Fast Recovery Diode
FUT	Functional Test
GC	Leiterplattenmaterial
GDSII	A Stream Format for CAD
GFT	Leiterplattenmaterial
GI	Leiterplattenmaterial
HAL	Hot Air Leveling *(metallische Oberfläche → Leiterplatten)*
HASL	Hot Air Solder Leveled = HAL
HDI	High-Density Interconnections
HTRB	High-Temperature Reversed
I/O	Input/Output
ICIS	Individual Chip Inspection
ICT	In-Circuit-Test
IEC	International Engineering Consortium
IGBT	Insulated-Gate Bipolar Transistor
IMV	Intermetallische Verbindung *(hier: Schicht zwischen Lötgut und Lot)*
IPC	Institute for Interconnecting and Packing Electronic Circuits
ISDN	Integrated Services Digital
ISO	International Organisation for Standardisation
ITO	Indium Tin Oxide
JEDEC	Solid State Technology Association
KeKo	Keramik-Kondensator *(heute überwiegend in Chip-Bauform eingesetzt)*
KGD	Known-Good Die
LBIST	Logic Built-In Self Test
LCCC	Leadless Ceramic Chip Carrier *(Halbleiter-Gehäuse-Bauform)*
LCP	Liquid Crystal Polymer
LDI	Laser Direct Imaging *(Belichtung des Fotolacks mittels Laser ohne Maske)*
LP	Lead Pitch *(= Rasterabstand von Anschlüssen usw.)*
LFBGA	Low Profile Fine Pitch Ball Grid Array *(Halbleiter-Gehäuse-Bauform)*
LRU	Lowest Replaceable Unit
LSSD	Level Sensitive Scan Design
LTCC	Low-Temperature Co-Fired
LTCM	Leadless TCM
MC	Metallized Ceramic

MCM	Multichip Module
MCM-C	MCM Using Ceramic Dielectric
MCM-D	MCM Using Deposited Dielectric
MCM-L	MCM Using Laminate Dielectric
MCP	Metallized Ceramic Package
MDA	Manufactor Defect Analysis
MFT	Mikrofeinstleiter-Technik
MID	Molded Interconnect Devices (→ Leiterplatte)
MIL	militärische Norm
MIPs	Million Instructions Per Second
MIS	Mounting and Interconnection
ML	Multilayer (→ Leiterplatte)
MLC	Multilayer Ceramic (→ Leiterplatte)
MPT	Moving-Probe-Tester
MRC	Manufacturing Rules Check
NDK	nicht durchkontaktierte Bohrung (→ Leiterplatte)
NEMA	National Electrical Manufactorers Association
NIST	Nationl Institute of Standards and Technology (US-amerikanische Behörde)
NRE	Nonrecurring Expenses
NSMD	Nonsolder Mask Defined
OSP	Organic Surface Plating oder Organic Solderability Preservative (Oberflächenschutz von LP → Leiterplatte)
PBGA	Plastic Ball Grid Array (Halbleiter-Gehäuse-Bauform)
PCB	Printed Circuit Board
PCI	Peripheral Component Interconnection
PDA	Personal Digital Assistant
PFPE	Perfluoropolyether
PGA	Pin Grid Array (Halbleiter-Gehäuse-Bauform)
PLCC	Plastic Leaded Chip Carrier (Halbleiter-Gehäuse-Bauform)
PLD	Programmable Logic Device
PLM	Pad Limiting Metallurgy
ppm	Part per Million
PQFP	Plastic Quad Flat Package (Halbleiter-Gehäuse-Bauform)
PSG	Phosphosilicate Glass
PTFE	Tetrafluoräthylen („Teflon") (→ Leiterplatte)
PTH	Plated-Through Hole

PWB	Printed Wiring Board *(siehe auch PCB)*
QFN(L)	Quad Flat Pack No Leads *(Halbleiter-Gehäuse-Bauform: metallisierte Flächen an der Unterseite statt „Beinchen" an allen vier Seiten, teilweise mit großer zentraler Metallisierungsfläche zur Wärmeabfuhr und/oder als Masseanschluss)*
QFP	Quad Flat Pack *(Halbleiter-Gehäuse-Bauform: Gullwings an allen vier Seiten)*
QPL	Qualified Parts List
R3	Reduced Radius Removal [IBM]
RISC	Reduced Instruction Set Computing
SAC	Lotlegierung(en) aus Zinn (**S**n), 3 ... 4 % Silber (**A**g) und < 1% Kupfer (**C**u)
SBU	Sequential Build Up *(→ Leiterplatte)*
SCSI	Small Computer Systems Interface
SLICC	Slightly Larger Than IC Carrier
SLT	Solid Logic Technology [IBM]
SMD	Surface Mount Device
SMD	Solder Mask Defined
SMT	Surface Mount Technology
SO	Small Outline *(Halbleiter-Gehäuse-Bauform)*
SOJ	Small Outline J-leaded *(Halbleiter-Gehäuse-Bauform)*
SPC	Statistical Process Control
SPICE	Simulation Program for Integrated Circuit Emphasis
SPQL	Statistical Process Quality Level
SRAM	Static Random Access Memory
SSMM	Solid State Mass Memory
SSOP	Shrink Small Outline Plastic *(Halbleiter-Gehäuse-Bauform)*
T260	Time to Delamination at 260°C *(siehe "Technologie der Leiterplatten")*
T288	Time to Delamination at 288°C *(siehe "Technologie der Leiterplatten")*
TAB	Tape-Automated Bonding
TAP	Test Access Port
TBGA	Tab Ball Grid Array
TC	Thermocompresssion Bonding
TCA	Temporary Chip Attachment
TCM	Thermal Conduction Module [IBM]
TCP	Tape Carrier Package
T_D	Decomposition Temperature *(siehe "Technologie der Leiterplatten")*
TFBGA	Thin Profile Fine Pitch BGA *(Halbleiter-Gehäuse-Bauform)*
Tg	Glass Temperature *(siehe "Technologie der Leiterplatten")*
TGA	Thermal Gravimetric Analysis *(siehe "Technologie der Leiterplatten")*
THT	Through Hole Technique *(bedrahtete Technik)*

TMA	Thermal Mechanical Analysis *(siehe "Technologie der Leiterplatten")*
TSM	Top Side Metallurgy
TSOP	Thin Small Outline Plastic *(Halbleiter-Gehäuse-Bauform)*
TSSOP	Thin Shrink Small Outline Plastic *(Halbleiter-Gehäuse-Bauform)*
UBM	Under Bump Metallurgy
UL94	Norm der „Underwriters Laboratories" zur Brennbarkeit von Materialien, wird weltweit sehr häufig als Referenz benutzt.
UTM	Ultra-Thin-Multilayer Board
UV	Ultraviolet
VDA	Verband der Automobilindustrie
VDE	Verband Deutscher Elektrotechniker
VFBGA	Very Low Profile Fine Pitch BGA *(Halbleiter-Gehäuse-Bauform)*
VOC	Volatile Organic Compound - organisches Lösemittel
VSO	Very Small Outline *(Halbleiter-Gehäuse-Bauform)*
VSWR	Voltage Standing Wave Ratio